KB187545

주 석 달 린

플랫랜드

주 석 달 린
플랫랜드

FLATLAND
An Edition with Notes and Commentary

에드윈 A. 애벗 지음
서민아·강국진 옮김

P 필로소픽

차례

제1부 플 랫 랜 드 의 세 계

제2부 다 른 세 계 들

서문

에드윈 애벗 애벗의 《플랫랜드》는 구球의 안내로 3차원 공간의 미스터리한 현상을 접하게 된 2차원 세계의 주민인 한 사각형이 들려주는 이야기다. 1884년에 처음 출간되었기 때문에 지금 이 책을 읽는 우리로서는 빅토리아 시대의 관습이나 단어, 당대 사람들은 분명하게 알아차렸던 역사적 암시들을 이해하기 어렵다. 따라서 이번 판본에서는 현대의 독자들이 이 고전 풍자소설의 '많은 차원들'을 이해하고 음미할 수 있도록 돕고자 한다. 본문 내용에 대한 상세한 주석에는 수학적인 설명과 도해가 포함되어, 고차원 기하학에 대한 기본 입문서로서 《플랫랜드》의 유용성을 높였다. 또한 역사적인 설명을 통해 후기 빅토리아 시대 영국과 고대 그리스의 연관성을 제시했으며, 애벗의 다른 저서들과 플라톤, 아리스토텔레스의 저작들에서 따온 인용문들로 내용의 이해를 도왔다. 플라톤의 '동굴의 비유'와 《플랫랜드》 사이의 밀접한 유사성을 언급하였고, 모호한 단어에 대한 정의를 비롯해 이 책의 언어와 문체를 설명했다. 부록에서는 애벗의 생애와 작품을 포괄적으로 설명하였다.

많은 차원들에 관한 로맨스

《플랫랜드》의 부제에 쓰인 "로맨스 romance"라는 말은 가상의 인물들이 평범한 일상의 시공간과 전혀 다른 시공간에서 어떤 사건에 휘말리며 벌어지는 일을 다룬 산문체 이야기라는 의미다. 기하학 도형들이 사는 2차원 세계 플랫랜드는 일반 생명체가 사는 세계와 전혀 다르다. 그럼에도 불구하고 출간 초기에 대다수 독자들은 플랫랜드의 '물리적 공간'에 대해 아주 잘 알고 있었다. 플랫랜드의 공간은 유클리드 평면으로, 이것은 빅토리아 시대 공립학교의 필수 교과 과정인 유클리드 《기하학 원론》의 주된 연구 대상이다.

"많은 차원들에 관한"이라는 말은 "차원"의 다양한 의미를 일컬은 것이다. 단어의 (기하학적인) 의미 그대로,《플랫랜드》는 보다 높은 차원들의 기하학에 관한 입문서다. 하지만 애벗은 수학자가 아니었고 기하학 교재를 쓸 생각도 없었다. 자신의 "많은 차원들에 관한 로맨스"가 고차원 기하학의 기본 입문서로 이용되고 있다는 걸 안다면 깜짝 놀랄지도 모르겠다. 그가 말한 "차원"은 주로 비유적인 의미였으며, 그런 의미에서《플랫랜드》에는 사실상 많은 차원들이 이야기되고 있다. 이것은 수학 용어로 표현한 은유의 확장이고, 빅토리아 시대 사회에 관한 풍자적인 이야기이다. 또한 플라톤의 동굴의 비유의 기하학적 버전이자 종교적 원리를 표현한 것이고, 상상은 모든 지식의 근간이라는 애벗의 견해를 보여준 사례이다. 한편《플랫랜드》의 또 다른 요소인 희곡 형식이 종종 오해되어 온 측면이 있다. 이 책은 분명 기지와 재치로 가득하며, 애벗은 독자들에게 즐거움을 주기 위해 이런 형식을 이용하였다. 그러나《플랫랜드》의 성격을 단순히 해학적인 잡문 정도로 여긴 평론가들은 플라톤의 대화편에 녹아 있는 농담 섞인 진지함과 동일한 성격으로 쓰인 이 책을 과소평가했다.

빅토리아 시대 영국의 플랫랜드 / 고대 그리스의 플랫랜드

애벗이 기하학 도형들이 사는 2차원 세계를 상정한 최초의 인물은 아니었지만, 고도로 발달한 사회·정치적 구조를 갖춘 그런 세계를 상상한 인물로는 그가 처음이었다. 애벗이 염두에 둔 이 구조의 기본 모델은 의심의 여지가 없는 풍자 대상인 후기 빅토리아 시대 영국이 아니라 고대 그리스다. 전통적인 공립학교 교육은 고대 그리스·로마 고전에 특히 중점을 두었기 때문에 애벗과 동시대 사람들은 플랫랜드 사회의 구조가 그 공간만큼이나 익숙했을 것이다.

빅토리아 시대 작가들은 일반적으로 고대 그리스인과 영국인이 유사하다는 확신을 가졌다. 그들은 "두 문명의 역사적 상황이 본질적으로 유사하다고 믿었다. 이 견해는 20세기 초반으로 그쳤으나 빅토리아 시대 지적 생활의 핵심이었고, 고대 그리스에 관한 빅토리아 시대의 학문, 비평, 해석의 관점을 결정했다." 두 문명 간의 유사성을 주장하기 위해 매슈 아널드 같은 작가들은 근본적인 차이를 합리화해야 했고, 그리스 사회의 도덕적인 반감 요소에 대해서는 모르는 척해야 했다. 그밖에 애벗과 견해를 같이 했을 다른 작가들은 그리스 고전기가 영국과 닮은 데가 없고, 영국은 그리스 고전기를 물려받지 않았다고 주장했다(터너Turner 1981, 11, 61, 252).

《플랫랜드》를 작업할 때 애벗은 과거를 재현하기 위해서가 아니라, 과거 속에서 현재를 재현하기 위해 '역사적 상상력'을 이용했다. 그는 그리스 고전기의 '문명'과 유사한 문명을 지닌 2차원 공간 안에 후기 빅토리아 시대 영국을 다양한 방식으로 투영함으로써 기하학적 은유를 확장시켰다. 그뿐 아니라 빅토리아 시대 옹호자들이 합리화해온 그리스 고전기의 양상들 가운데 일부—예를 들어 노예제도, 엄격한 계급체계, 여성혐오, 사회다원주의—를 이 상상의 문명 안에 부각시킴으로써 당시 사회에 대한 풍자적인 해석을 강조했다.

플랫랜드와 플라톤 동굴의 비유

많은 작가들은《플랫랜드》에서 무엇보다 '그리스와의 연관성'(플라톤의 동굴의 비유와의 유사성)에 주목했다. 《국가》 7권에서 소크라테스는 어릴 때부터 다리와 목이 묶인 채 동굴에 갇힌 죄수들에 대해 이야기한다. 죄수들은 이렇게 묶인 바람에 고개를 돌릴 수가 없고, 따라서 그들의 위편과 뒤편에 활활 타오르는 불길을 볼 수 없다. 불길과 죄수들 사이에는 성벽이 있고 이 성벽에 낮은 담이 둘러쳐져 있는데, 어떤 남자들이 담 위에 여러 가지 물건들을 올려놓아 불길이 일렁이면 죄수들 앞 동굴 벽에 이 물건들이 그림자를 드리운다. 그리하여 이 그림자와 성벽 위 남자들의 목소리만이 죄수들이 아는 유일한 "현실"이 된다(《국가》, 514a-518b).

《플랫랜드》에서 애벗은 플라톤의 비유를 확장시켰고, 동굴과 죄수들을 기하학 도형들이 사는 2차원 평면 세계로 대체함으로써 그것을 기하학 용어로 옮겼다. 애벗이 자신의 모델 출처를 명백하게 밝히지 않았고 두 이야기의 세부 내용이 동일하지도 않지만, 그럼에도 불구하고《플랫랜드》가 플라톤의 비유에서 비롯된 것은 분명하다. 무엇보다 중요한 사실은, 두 내용이 각기 인간 조건의 본질과 무지에서 앎으로 향하는 개인의 정신적 여정을 비유를 들어 설명한다는 것이다.

플라톤이 수학에 중요성을 부여한 만큼, 동굴 우화에 대한 애벗의 '기하학적 고찰'은 특히 적절하다고 할 수 있다. 플라톤은 수학이 "영원히 존재하는 것에 대한 지식"이며 진리를 향해 영혼을 이끄는 데 이바지하고 "지금은 땅으로 잘못 향한 능력을 위로 향하게 하여 정신에 철학적 사고방식을 야기"한다고 보았다. 그래서 국가의 수호자들을 위한 교육 과정에 기하학을 포함시켰다(《국가》, 527b).

플랫랜드 이전의 글

고차원 기하학에 대한 연구는 헤르만 그라스만(1844), 아서 케일리(1846), 베른하르트 리만(1854)의 저서와 함께 시작되었다.《플랫랜드》가 등장하던 무렵에는 관련 주제에 관한 수백 편의 글들이 쏟아졌다. 고차원 공간에 대한 관심은 결코 과학계에만 한정되지 않았고, 관련된 수많은 글들이 일반 독자층을 겨냥했다. 고차원에 관한 대중적인 에세이를 쓴 몇몇 작가들은 평면 위에 살고 있어 3차원 공간에 대해 도무지 감을 잡지 못하는 2차원 존재를 묘사함으로써 우리가 4차원 공간을 이해하기가 얼마나 어려운지 보여주었다.《플랫랜드》의 핵심이기도 한 이 같은 차원에 대한 비유는 세 명의 작가, 구스타프 T. 페히너Gustav T. Fechner, 헤르만 폰 헬름홀츠 Hermann von Helmholtz, 찰스 하워드 힌턴Charles H. Hinton이 즐겨 사용한 것으로서, 애벗은 이들의 저서에 영향을 받았으리라 짐작된다.

독일의 심리학자이며 철학자인 페히너는 고차원을 이해하기 위한 도구로 "플랫랜드"를 최초로 이용한 사람이다. 1845년에 처음 출간된 두 개의 에세이 〈그림자는 살아 있다〉와 〈공간은 4차원을 가지고 있다〉에서 페히너는 표면 위를 이동하고 다른 그림자들과 상호작용할 수 있는 그림자 인간에 대해 기술한다. 독일어에 능통했던 애벗은 페히너의 풍자적인 에세이 모음집인 《소논문집》(페히너 1875, 243-276)에서 이 두 에세이를 읽었을 것이다.

독일의 과학자이며 철학자인 헬름홀츠는 1868년부터 1879년까지 인간이 공간의 성질을 이해하는 방식에 대해 고찰하는, 제목과 내용이 유사한 몇 편의 강연집과 논문을 펴냈다. 그는 우리의 공간 개념이 이마누엘 칸트가 가정한 것처럼 선험적인 직관이 아니라 경험에 의해 결정된다는 것을 주장하기 위해, 입체의 표면으로 움직임이 제한되는 2차원 생명체의 예를 이용했다. 애벗은 영국의 철학 저널 《마인드Mind》(1876)에 실린 〈기하학적 공리의 기원과 의미〉라는 제목의 에세이를 읽었을 것으로 짐작된다.

힌턴은 "초공간 철학자"로 불린다. 〈4차원이란 무엇인가?〉(1880, 1883)라는 에세이는 그가 4차원 공간을 대중에게 알리기 위해 쓴 여러 글 가운데 첫 번째 에세이다. 애벗은 친구 하워드 캔들러를 통해 힌턴의 에세이에 대해 알게 되었을 것이다. 하워드 캔들러는 힌턴이 1880년부터 1886년까지 과학 선생으로 재직하던 아핑검 스쿨의 수학 교사였다.

《플랫랜드》에 영향을 미친 또 한 편의 글은 〈새로운 철학〉이라는 제목의 에세이다. 이 에세이는 《시티 오브 런던 스쿨 매거진》 1887년 11월호에 저자 이름 없이 게재되었다. 이 풍자적인 에세이의 논지는 수학은 철학이나 종교에 확고한 기반을 제공할 수 있는 유일한 "과학"이라는 것이다. 여기서 제시된 "기하학적 철학"에 따르면 우주는 각각의 사슬이 앞의 사슬보다 높은 차원을 지니는 공간들의 오름 사슬과, 각각의 사슬이 앞의 사슬보다 낮은 차원을 지니는 공간들의 내림 사슬로 구성된다. 《시티 오브 런던 스쿨 매거진》은 학생 대상 잡지지만, 이 주목할 만한 에세이의 저자는 아마도 애벗 자신이 아닐까 추정된다(〈새로운 철학〉 1877; 발렌테Valente 2004).

애벗은 루이스 캐럴Lewis Carroll의 《입자 역학》에서 자신의 이야기에 수학적 배경을 이용해야겠다는 아이디어를 얻었을 것이다. 캐럴은 평면 위를 움직이는 직선 커플의 짧은 연애담으로 정치적 풍자를 담은 이 작은 책자의 서문을 구성한다. 그는 이 서문이 "지금까지 메말라 있던 수학이라는 불모지에 인간적인 요소를 도입할 때의 이점"(캐럴 1874)을 보여준다고 말한다.

에드윈 애벗 애벗

《플랫랜드》의 저자 에드윈 애벗 애벗은 빅토리아 시대의 저명한 성서학자이며 시티 오브 런던 스쿨의 교장을 지냈다. 1838년에 영국 매릴번에서 태어났다. 당시 그의 아버지는 매릴번의 언어학교 교장으로 재직 중이었다. 애벗은 조지 F. W. 모티머가 교장으로 있던 시티 오브 런던 스쿨에서 교육을 받은 뒤, 케임브리지 대학교 세인트존스 칼리지에 입학했다. 그곳에서 1861년에 서양고전학 우등 졸업시험에서 수석 1급 합격자가 되었으며 최우수 총장 메달을 받았다. 1862년에 부제서품을 받고 다음 해에 사제가 되었다. 버밍엄의 킹 에드워즈 스쿨, 브리스틀의 클리프턴 칼리지에서 잠시 교편을 잡은 뒤, 1865년에 시티 오브 런던 스쿨로 돌아와 교장직을 맡았다. 모티머로부터 이어져 내려온 학교는 줄곧 높은 평가를 받았고, 애벗이 교장으로 있는 동안 영국 최고의 명문 학교가 되었다. 애벗은 전통적인 교육 과정을 개혁하고 새로운 교육 방법을 도입했으며, 교사들의 실력을 향상시켰다. 그는 타고난 교사로서 많은 학생들을 옥스퍼드와 케임브리지로 진학시켰다. 동시에 관리자로서 대학에 진학할 의사가 없는 다수의 학생들이 정규 교육을 충분히 받을 수 있도록 했다.

그의 제자이며 전기 작가인 루이스 파넬Lewis R. Farnell은 "그는 천직이라고 밖에 할 수 없는 교직만으로도 기억될 자격이 충분하다"고 강조했다. 하지만 그가 평생 동안 지속적으로 관심을 가졌던 문제는, 동시대 사람들에게 기적을 받아들이도록 요구하지 않으면서도 전통적인 신앙을 영속시킬 수 있는 방식으로 기독교를 알리는 일이었다(사망기사 1926b). 애벗은 51세에 '은퇴' 한 뒤 성서 연구에 전념하여, 1900년부터 1917년까지 4대 복음서에 대해 매우 자세하게 설명한 14권의 연구서를 발표했다.

여러 평론가들이 《플랫랜드》가 애벗의 다른 문학 작품들과는 어울리지 않는 것 같다고 언급해왔다. 그렇지만 《플랫랜드》는 필명을 사용한 작가의 다른 두 작품과 매우 유사하다. 두 작품 모두 애벗이 1인칭 시점으로 쓴 것으로, 《필로크리스투스》(1878)는 1세기 초 바리새인에 대한 이야기이고, 《오네시모》(1882)는 사도 바울로가 빌레몬에게 보내는 편지에 등장하는 그리스인 노예에 대한 이야기다. 《플랫랜드》에서처럼 두 이야기의 주인공 역시 더 높은 차원의 존재가 등장함으로써 삶이 완전히 바뀌지만, 이 기쁜 소식을 전파하려 하자 좌절과 박해에 부딪치게 된다.

《플랫랜드》 초판과 재판

《플랫랜드》 초판 발행일은 1884년 10월로 추정된다. 《문학과 성직자》(1884년 10월 24일, 452) "신간 도서 목록"에 실려 출판사에서 발행한 《플랫랜드》가 소개되었다. 애벗은 1884년 10월에 이 책에 서명하여 친구들에게 주었으며, 《옥스퍼드 매거진》(1884년 11월 5일)에 가장 먼저 서평이 수록되었다(부록 A4 참조).

《플랫랜드》의 초판 판매 부수는 알려지지 않았다. 19세기 영국의 출판사들은 통상 500부에서 1000부를 발행했고 책이 재판되는 일은 거의 없었다. 어쨌든《플랫랜드》초판은 빠르게 매진되어 재판이 발행되었다. 재판의 표제지에는 날짜가 1884년으로 찍혀 있지만, 이후의 증거에 따르면 1885년 이전까지는 재판이 나오지 않았음을 알 수 있다. 재판의 본문 내용에서 중요한 변화는 한 통의 편지를 바탕으로 한 것이다. 즉《플랫랜드》서평에 대한 답으로 "사각형"이《애서니엄》에 편지를 보내고, 이 편지에 대해 서평가가 회신을 보낸다. 사각형의 편지와 서평가의 편지는 모두《애서니엄》1884년 12월 6일자에서 볼 수 있다(부록 A2). 1885년 1월 21일자《타임스》에 게재된 실리 출판사 광고에는 재판이라고 언급되지 않고《플랫랜드》가 "방금 출간" 되었다고 나와 있다. 애벗은 1885년 2월에 하워드 캔들러에게 재판을 증정했고,《타임스》1885년 3월 18일자에《플랫랜드》재판을 처음으로 언급한 광고가 실렸다.

이후의《플랫랜드》

《플랫랜드》는 한동안 절판 상태로 있다가 1926년 6월 바질 블랙웰 경에 의해 다시 출간되었다. 블랙웰 판본의 내용은 재판과 아주 약간 차이가 있을 뿐 원본과 거의 동일했다. 이 판본에는 시티 오브 런던 스쿨 재직 시절 애벗의 첫 제자들 가운데 한 명인 물리학자 윌리엄 가넷이 쓴 서문이 포함되어 있다. 가넷은 서문에 6년 전에 쓴 에세이 내용을 인용하면서, 공간에 따른 시간의 흐름을 이해시키기 위해 차원에 대한 비유가 적절하다고 예측한 예언가로 애벗을 묘사했다.

1885년, 보스턴에 있는 로버츠 브라더스 출판사가《플랫랜드》의 미국판 초판을 발행했다. 기본적으로 미국식 철자법으로 교정하지 않은 초판이었다. 1898년 로버츠 브라더스가 리틀, 브라운 앤드 컴퍼니 출판사에 인수된 뒤에도《플랫랜드》출판은 20세기 중반까지 이어졌다. 미국에서《플랫랜드》

의 인기는 도버 출판사의 공동 창립자인 헤이워드 시커의 공이 컸다고 볼 수 있다. 그는 1952년에《플랫랜드》를 회사의 수학 출판물 가운데 가장 중요한 타이틀로 꼽았으며, 도버 판《플랫랜드》출간으로 미국 독자들은 처음으로 이 책의 재판을 쉽게 접할 수 있었다. 지난 30년 동안 출판사들은 서문만 달리 해서 수십 '판'을 출간해왔다.《플랫랜드》의 첫 번째 번역판은 1886년 독일의《플랏란트 Platland》이며 이후 16개 언어로 번역되고 있다.

이번 판《플랫랜드》

이번 판《플랫랜드》는 한 부분을 제외하고 재판과 동일하다. 재판의 서문이 이번 판에는 에필로그로 수록되었다. 본문을 다 읽어야 서문과 에필로그를 제대로 이해할 수 있으리라는 판단에서다. 그뿐 아니라 사실상 이 부분이야말로 '후반부에서 한 인물이 앞의 사건들을 되돌아보고 세부 사항을 추가로 설명하면서 이야기의 이해를 돕는 작품의 마무리 부분'이라는 에필로그의 의미에 더 적합하다. 끝으로, 본문을 읽기 전에 이 부분을 읽게 되면 미개한 "과거의 사각형"에서 "공간의 신비로의 진입", 이후 "불행한 추락"으로 이어지는 사각형의 행보를 묘사하는 데에 서사적인 효과를 망치게 될 것이다.

블라디미르 나보코프 Vladimir V. Nabokov는 에세이 〈좋은 독자와 훌륭한 작가〉에서 이렇게 주장한다. "책을 읽을 때 우리는 세부적인 내용에 관심을 기울이고 소중하게 다루어야 한다. …… 정말 이상한 말이지만, 우리는 책을 읽을 수 없으며 다시 읽을 수 있을 뿐이다. 좋은 독자, 일류 독자, 적극적이고 창의적인 독자는 다시 읽는 독자다"(나보코프 1980, 3). 이번《플랫랜드》주석판을 다시 읽는 독자들에게 바친다.

"O day and night, but this is wondrous strange"

FLATLAND

Ten Dim.

Seven *Five Dimen* *Eight*

Six Dimen

Nine

Four Dimen

A ROMANCE
OF MANY DIMENSIONS

By A Square

No Dimensions
•
POINTLAND

One Dimension
LINELAND

Two Dimensions
▢
FLATLAND

Three Dimensions
▢
SPACELAND

THE HALL

MY STUDY

MY BEDROOM

MY SONS

MY WIFE'S APARTMENTS

WOMEN'S DOOR

MY DAUGHTER

MEN'S DOOR

My Wife

The Scullion
The Footman
The Butler

My Grandsons

THE CELLAR

Policeman   Policeman

LONDON
SEELEY & Co., ESSEX STREET, STRAND

Price Half-a-Crown

"And therefore as a stranger give it welcome"

초판본 도입부에 대한 주석과 설명

표지

초판 표지. 《필로크리스투스 Philochristus》와 《오네시모 Onesimus》에서 그랬듯이, 애벗은 아득한 옛날과 같은 인상을 주기 위해서 고풍스러운 스타일로 《플랫랜드》를 썼다. 초판의 경우, 그런 인상은 마분지를 벨럼(vellum, 송아지 가죽으로 만든 고급 피지)으로 싸서 만든 표지에서부터 시작된다. 애벗은 고대에 주로 제작되었던 '책'의 형태, 즉 나무막대에 감겨 종종 피지 표지 안에 보관되었던 풀 먹인 파피루스 두루마리를 떠올리게 하기 위해 이 표지를 선택했을 것이다.

인용구(위, 아래). 《햄릿》 1막 5장에서 가져온 이 인용구는 《플랫랜드》 안에서의 중심적 사건을 가리키고 있으며 그에 대한 설명을 제공한다. 그것은 사각형에게 "공간의 신비"를 가르쳐준 구가 밤중에 플랫랜드에 나타난 사건이다. 첫 줄인 "이런 세상에, 이건 놀랍도록 낯설도다 O day and night, but this is wondrous strange"라는 말은 햄릿의 살해된 아버지가 유령으로 나타났다가 사라지는 것을 본 호라티오가 한 말이다. 그에 대한 대답에서 햄릿은 "그러니 이것을 낯선 손님으로 환영하세 And therefore as a stranger give it welcome"라고 말하면서 이방인들에게 호의적이었던 고대의 관습을 암시한다. 셰익스피어는 우리가 호라티오의 이성주의에 구속되지 말아야 하며 햄릿과 함께 우리도 (우리의) 철학 안에서 상상도 할 수 없었던 것들을 환영해주라고 촉구하고 있다.

애벗이 셰익스피어의 작품들에서 인용구를 고른 것은 자연스러운 일이었다. 그는 《셰익스피어 시대의 문법》이라는 책을 출간해서 학자적 명성을 얻었으며 이 책은 셰익스피어를 공부하는 학생들에게 엘리자베스 시대와 빅토리아 시대의 영어가 어떻게 다른지 설명하기 위한 것이었다.

A Square, 사각형. 에드윈 애벗 애벗의 이름은 사촌 사이였던 그의 부모 에드윈 애벗과 제인 애벗 양쪽의 성을 모두 포함하고 있다. 애벗은 필명을 말장난처럼 지었다. 그의 필명은 평범한 사각형인 "작가"의 수수한 사회적 지위를 말해주고 있을 뿐만 아니라 애벗의 이니셜인 EAA가 EA^{2}이 된다는 것을 말하고 있기도 하다(영어로 사각형은 Square인데 이 말은 제곱을 의미하기도 한다 - 역주). 플랫랜드의 보통 사람인 화자는 자기 나라에 사는 다른 동시대인들의 이름들을 하나도 말하지 않는다. 그 자신의 이름조차도 말이다. 그는 "사각형a square"일 뿐이며 A. Square는 아니다(표지에는 "A Square"라고 조판되어 있다).

애벗은 《플랫랜드》의 저자인 사각형이 책에 대한 책임을 피할 수 없게 만들었고 이 책을 한 2차원적인 존재의 회고록으로 발표했다. 익명으로 책을 출판하는 것은 19세기에 흔한 일이었다. 그러나 어느 정도 유명세를 얻은 책들은 대개 몇 달 안에 저자를 밝히곤 했다. 애벗이 《플랫랜드》의 저자임이 처음 대중적으로 알려지게 된 것은 《애서니엄》의 문학 소식 칼럼에서였다(부록 A2의 주석3 참조). 이 소식의 출처는 애벗 자신이었을 것이다. 《필로크리스투스》의 저자가 애벗이라고 밝힌 것은 분명히 애벗 자신이었다. "나는 그것을 익명으로 출간할 것입니다: 그러나 조심스럽게 내가 저자라는 사실이 알려지도록 할 것입니다. (나는 종교 신문들에 거명되며 욕을 듣고 싶지는 않지만) 내게는 이단이라는 악평을 회피할 권리가 없기 때문입니다. 그 책은 이단적이니까요"(애벗 1874).

SEELEY & Co., 실리 유한회사. 《플랫랜드》를 출판했던 회사는 로버트 벤턴 실리의 둘째 아들인 리치먼드 실리와 애벗의 친구의 손위 형이자 멘토였던 존 실리 John R. Seeley가 소유하고 있었다. 1857년 리치먼드 실리는 1784년에 창업된 가족 사업에서 아버지의 소유분을 좌지우지하게 된다. 실리는 아버지의 영향 아래 복음주의 교회의 성향을 강하게 띠게 된 회사의 전통을 이어갔다.

《플랫랜드》를 제외하고도 실리는 애벗의 책 중 10권을 출판했다.《베이컨과 에섹스: 베이컨의 초기 시절에 대한 스케치》와 9권의 학교 교재였는데 교재 중에는 존 실리와 함께 쓴《영국 사람들을 위한 영어 수업》과 《명확하게 쓰는 법》이 포함된다. 애벗은 그 책들을 자신의 책임 하에 출판했다. 그는 책의 인쇄를 리처드 클레이 앤드 선즈에 맡겼다. 그리고 실리 유한회사가 판매 수익에서 수수료를 받는 조건으로 책의 제본과 배포, 홍보를 책임졌다. 애벗은 교재의 판매에서 나오는 수입 덕분에 1889년에 51세의 나이로 은퇴할 수 있었다(애벗 1877e).

Price Half-a-Crown, 가격 반 크라운. 반 크라운은 2와 1/2실링 혹은 1/8파운드였다. 비록 물품들의 상대적 가치가 변해서 이 가격을 현대의 가치로 환산하기는 불가능하지만 레온 레비의 추산이 대강의 값을 알려주는데, 1884년에 영국 근로자의 하루 평균 수입은 3실링이 채 되지 않았다(레비 1885, 2-4).

FLATLAND

A Romance of Many Dimensions

With Illustrations

by the Author, A SQUARE

" *Fie, fie, how franticly I square my talk!* '

LONDON

SEELEY & Co., 46, 47 & 48, ESSEX STREET, STRAND

(*Late of* 54 FLEET STREET)

1884

표제면

인용구. "저런 저런, 내가 얼마나 미친 듯이 이야기를 맞추려고 했는지 Fie, fie, how franticly I square my talk"라는 말은 '내가 얼마나 미친 듯이 내 말을 수정했는지 how madly I adjust my language'라는 뜻이다. 그것은 셰익스피어의《티투스 안드로니쿠스》3막 2장에서 인용된 것으로, 거기서 티투스는 형이 그에게 슬프고 절망했을 때 쓰는 말을 가려서 하라고 권하자 화를 내면서 대꾸한다. 이 인용문은 동사 '고치다 to square'와《플랫랜드》화자의 '이름(사각형, square)'을 가지고 하는 말장난이다. 그것은 사각형이 자신의 이야기가 "플랫랜드의 현실"과 일치하도록 애를 쓴 것을 말하면서, 애벗이 '사각형의 언어'로《플랫랜드》를 집필하기 위해 들인 노력도 넌지시 말하고 있다.

　　애벗은 문자 그대로 언어를 사랑하는 언어학자였다. 그는 19세기 후반의 단순한 일상 영어가 아니었던 사각형의 언어를 구성하는 데 많은 주의를 기울였다. 사각형의 언어에는 엘리자베스 시대의 고어나 성서의 어법, 수학적이고 기하학적인 용어, 그리고 '플랫랜드의 말'에만 있는 많은 단어들이 포함되어 있다. 산문은 종종 시와 가까워지며, 두운법칙이나 다른 수사학적 형식들이 흔하다. 이 인용문처럼 글에서 주목할 가치가 있는 측면에 주의를 환기시키고 있는 몇몇 재치 있는 말장난들을 포함해서 이 작품에는 재담의 요소가 아주 많다.

스페이스랜드의 주민들과
특별히 H. C.에게
이 책을 바친다.
이제껏 2차원 세계만을 알고 살아온
어느 미천한 플랫랜드 출신자가
3차원 세계의 신비를 접했을 때처럼
이 거룩한 세계의 시민들도
4차원, 5차원, 아니 6차원의 비밀에 이르기까지
더 높고 높은 세계를 염원하길.
그리하여
그들 입체 인류의 탁월한 인간종들이
상상력을 꽃피우고 겸손이라는 귀한 재능을
더 깊이 깊이 키워나가길 바라며.

헌사

특별히 H. C.에게. 《해명서》(1907)에서 애벗은 그의 가장 친한 친구 하워드 캔들러가 오래전 《플랫랜드》가 헌정되었던 'H. C.'라고 분명히 밝히고 있다. 캔들러를 위한 《플랫랜드》 사본의 제목 페이지에 헌정사를 적을 때 애벗은 이렇게 썼다,

이 책은 1969년, 하워드 캔들러의 손자인 크리스토퍼 캔들러에 의해 케임브리지 대학의 트리니티 칼리지 도서관에 기증되었다.

To H. C. in particular
from the Square.

Oct. 1884

신비를 접했을. 사각형은 지적인 어둠에서 밝음으로 나아가는 여행을 했지만 이후에 그의 경험을 다른 사람에게 묘사할 수 없었다. 이것에 대한 상징으로 애벗은 고대 그리스 신비 집단의 전수 의식을 사용한다.

상상력. 애벗에게 상상력은 모든 지식의 기초이다. 《알맹이와 껍데기》에서 그는 외부 세계와 우리 자신에 대한 지식은 이성에 의해 해석된 감각에서 오는 것이 아니라 주로 상상력에 의해 해석된 감각에서 온다고 주장하고 있다.

겸손. 《물 위의 영혼》에서 애벗은 기하학적 공간에서 행해진 설명은 우리를 가능한 정황들과 존재들에 대한 더 넓은 시야로 이끌며 따라서 "겸손함과 사실에 대한 존경, 질서와 조화에 대한 더 깊은 경의 그리고 새로운 관찰들과 옛 진리에서 이끌어낸 신선한 추론들에 더 열린 마음을 우리 안에서 발전시킬 것이다"라고 말하고 있다(애벗 1897, 32-33).

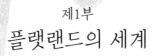

제1부

플랫랜드의 세계

"인내심을 가지시오. 세계는 넓고 광활하니."

제1부에 대한 주석

"인내심을 가지시오. 세계는 넓고 광활하니." (《로미오와 줄리엣》 3막 3장). 이 말은 로렌스 수사가 베로나에서 추방된 채 살아온 로미오를 위로하기 위해 베로나 밖의 세계는 분명히 넓다고 말한 것이다. 로미오는 이렇게 답한다.

> "베로나의 벽이 없다면 세계도 없습니다. 세계는 정죄와 고문의 장소로 지옥 그 자체입니다. 그러므로 추방이란 세계 그 자체로부터의 추방입니다."

로미오가 자신이 경험한 세계의 바깥에는 아무것도 없다고 고집하는 것은 본문에서 포인트랜드, 라인랜드, 플랫랜드 그리고 스페이스랜드의 거주민들에 의해 반복되고 있는 주제이다.

§1
플랫랜드의 본질

저는 우리의 세계를 플랫랜드라고 부르려 합니다. 그 세계의 이름이 플랫랜드라서가 아니라, 스페이스랜드에 사는 특권을 누리고 있는 행복한 독자 여러분에게 우리 세계의 본질을 좀 더 명확하게 알려드리기 위해서죠.

커다란 종이 한 장을 상상해보십시오. 직선, 삼각형, 사각형, 오각형, 육각형 등 여러 가지 도형들이 그 위에서 한 자리에 꼼짝 없이 붙잡혀 있는 것이 아니라, 종이 표면 이곳저곳을 자유롭게 돌아다니고 있습니다. 도형들은 종이 표면의 위에서 혹은 안에서 이동하지만, 종이 너머로 풀쩍 뛰어오르거나 아래로 쑥 뛰어내리지는 못해요. 비록 가장자리는 딱딱하고 빛이 나긴 하지만 마치 그림자와 같죠. 이제 제가 사는 나라와 그 나라 사람들에 대해 제법 감을 잡으셨나요? 하하, 몇 년 전만 해도 저는 이것을 "우리 우주"라고 말했을 겁니다. 하지만 지금 제 마음은 더 높은 관점을 향해 활짝 열려 있지요.

이런 나라에서는 "입체"라고 부를 만한 것이 있을 수 없다는 걸 금세 눈치채셨겠죠? 그렇지만 아마 여러분은 제가 위에서 설명한 것처럼 주변을 돌아다니는 삼각형, 사각형, 그밖에 다른 도형들을 적어도 우리가 시각에 의해 구분할 수는 있을 거라고 생각하실 겁니다. 하지만 천만에요. 우리는 도형을 볼 수 없고, 하물며 구분할 수도 없습니다. 우리 눈에는 직선 외에 아무것도 보이지 않고 보일 수도 없으니까요. 그럴 수밖에 없는 이유를 바로 증명해드리지요.

1장에 대한 주석

1.1.저는 우리의 세계를 플랫랜드라고 부르려 합니다. 사각형은 자기 나라 사람들이 그들의 땅을 어떻게 부르는지 결코 말하지 않는다. 그는 3차원 세계의 독자를 위해서 "플랫(평평한)"이라는 형용사를 선택했다. 그가 "플랫"이라고 말할 때 그것은 굴곡이 없다는 것을 의미한다. 하지만 그는 지루하거나 단조롭다는 의미로도 그 단어를 사용했을 것이다. 플랫랜드라는 말은 다른 차원의 공간에 이름을 붙이는 관습에 어긋난다. 포인트랜드, 라인랜드, 스페이스 랜드라는 말들에 상응하는 말은 '플레인랜드Planeland'다. 이제까지 몇몇 작가들이 2차원의 표면에 속박된 존재의 이야기를 통해 공간의 성질을 결정하는 문제를 설명해왔다. 그 이야기들 중에서 가장 깊이 있게 전개된 것은 제프리 윅이 멋지게 쓴《공간의 모양》이다. 그는 이 책을 2차원과 3차원에서의 초급 기하학에 대한 입문서로 썼다. 디오니스 버거의《스피 어랜드Sphereland: 휘어진 공간들과 팽창하는 우주에 관한 판타지》도 참조하라.

1.2 스페이스랜드Space. 3차원 공간. 애벗은 대문자를 특이한 방식으로 불규칙하게 쓴다. 하지만 몇 가지 기준이 되는 원칙은 있는 것 같다. 기하학적 도형들의 이름이 플랫랜드의 사람들을 나타낼 경우 그 이름을 대문자로 쓰며, 차원은 언제나 대문자로 쓴다. "진실truth"은 더 높은 차원의 공간이 존재한다는 진실을 의미할 때마다 대문자로 쓴다. 때때로 강조나 의인화를 할 때면 대문자를 쓰고, 은유에 주목하기를 권할 때도 그렇게 한다. 그러나 분명한 비일관성이 있다. "스페이스space"는 그것이 1 또는 2 또는 3차원의 공간을 의미하는 54번 중 51번의 경우 대문자로 쓰였다. 예외적인 경우들은 왜 그런지 명백한 이유가 없다.

1.5. 직선. 사각형은 요즘은 "선분"이라고 부르는 것을 "직선"이라고 부르고, 요즘은 "곡선"이라고 부르는, 움직이는 물체의 자취를 "선"이라고 부른다. 그의 단어 사용은 유클리드의《기하학 원론》과 일관성을 가진다. 유클리드 기하학에서는 직선이란 그것이 무한정 연장될 수 있다는 의미에서만 무한하다.

1.8 표면의 위에서 혹은 안에서. "표면 위on a surface"와 "표면 안in a surface" 사이에는 중요한 차이가 있다. 이에 대해서는 윅의 〈플랫랜드의 모든 것에 대한 전반적 조사〉를 참조하라. 이 조사에서는 2차원 세계에 사는 사각형과 동료 조사원들이 플랫버그에 스스로의 거울이미지가 되어 돌아온다. 표면 위에 머물러 있는 도형은 그런 방향 뒤집기를 할 수 없을 것이다 (윅 2002, 3-9; 45-49; 65-69).

1.10. 빛이 나긴 하지만.《옥스퍼드 영어사전》에 의하면, 빛을 내는 동물이나 식물들을 묘사하기 위해 "빛나는luminous"이라는 단어를 처음 쓴 사람은 찰스 다윈이다. 플랫랜드에서 물체를 외양으로 분간하는 방법은 움직이는 것이든 아니든 물체 주변의 밝기에 달려 있다.

공간 내부에 있는 여러 개의 탁자들 가운데 하나를 선택해서 그 한 가운데에 동전 하나를 올려놓아 보세요. 이제 몸을 구부려 그것을 내려다보세요. 동그란 원으로 보일 겁니다.

이제 탁자 가장자리로 물러나 서서히 눈높이를 낮춰보세요(그렇게 플랫랜드 주민들의 조건에 점점 가까워지는 겁니다). 동전이 점점 타원으로 보일 겁니다. 그러다가 마침내 여러분의 시선이 탁자의 가장자리와 정확히 수평이 될 때 (말하자면 플랫랜드 주민의 시선을 갖게 될 때) 동전은 더 이상 타원으로 보이지 않고, 여러분 눈에 직선이 되어 있을 거예요.

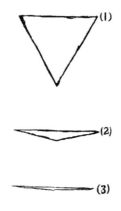

삼각형이든 사각형이든, 판지에서 오려낸 어떤 도형이든 같은 방식으로 본다면 똑같은 일이 벌어질 겁니다. 시선을 탁자 가장자리에 맞추고 도형을 보는 순간, 도형은 더 이상 도형으로 보이지 않고 일직선으로 보이게 된다는 걸 이제 아시겠지요? 정삼각형을 예로 들어보죠. 이 정삼각형이 훌륭한 상인 계급을 대표한다고 가정하고 말이에요. 도형 1은 여러분이 위에서 몸을 굽혀 바라볼 때 보이는 상인의 모습입니다. 도형 2와 3은 여러분의 시선을 거의 탁자 높이 가까이 맞추었을 때 보이는 상인의 모습

1.10. 그림자와 같죠. 아마도 소포클레스의《아이아스》("유령들, 살아가는 우리 모두는 단지 순식간에 지나가는 그림자들일 뿐이다")나《제1연대기》29장 15절("지상에서의 우리의 날들이란 그림자의 삶이다")에 대한 암시일 것이다. 어떤 경우이건 인간을 2차원적인 존재로 나타내는 것은 인간 실존의 보잘것없음을 상징한다.

1.24. 서서히 눈높이를 낮춰보세요. 1837년 5월 1일자《네이처》(로드웰 1873)에 실린 논문〈4차원 공간에 대하여〉에서 이와 비슷한 사고 실험이 소개된다. 이 논문은 말버러 대학의 과학 학장이었던 로드웰이 자연역사학회에서 발표한 강의를 개정한 것이다.《네이처》같은 일류 잡지가 대중을 위해 이를 출판했다는 사실은 19세기 말엽에 네 번째 차원에 대한 대중적 관심이 상당했다는 사실을 말해준다.

1.25. 타원oval. 1페니의 동전을 비스듬히 보면 타원의 판, 보다 대중적인 말로 계란형으로 보인다. 타원은 수직 원뿔과 하나의 평면이 만날 때 형성되는 닫힌 곡선이다.

그림 1.1 점점 더 계란형이 되어가는 낡은 영국 페니 동전

1.27. 플랫랜드 주민. 초판에는 플랫랜드 시민이라고 되어 있다.

삽화.《플랫랜드》에서 투박하게 그려진 그림들은 애벗이 자신의 글이 오래된 것이라는 인상을 주기 위해 사용한 여러 가지 수단들 중의 하나다.《플랫랜드》의 속표지에는 "사각형 글, 그림"이 명시되어, 그림의 저작자가 저자임을 알 수 있다.

이고요. 그렇다면 시선을 탁자 높이와 정확히 맞춘다면(플랫랜드에서 상인을 바라보는 모습이 되겠지요), 여러분의 눈에는 직선만 보이게 될 겁니다.

제가 스페이스랜드에 있을 때 들은 이야기인데, 여러분 나라의 선원들이 바다를 항해하면서 저 멀리 수평선 위로 바라보이는 섬이나 해안을 구별할 때 이와 아주 비슷한 경험을 한다고 하더군요. 저 먼 육지에는 크고 작은 수많은 만과 갑이 구불구불 펼쳐져 있을 테지요. 하지만 멀리서 보면 이런 모습은 보이지 않고 수면 위에 죽 이어진 잿빛의 선만 보입니다. 태양이 그것들을 환하게 비추어 명암에 의해 섬의 들고 나는 부위가 드러나지 않는다면 말이죠.

그래요, 플랫랜드에서 삼각형이나 그밖에 우리와 친분 있는 도형들이 다가올 때 우리 눈에 보이는 모습이 바로 이렇답니다. 우리에게는 그림자를 만드는 태양이나 그 비슷한 종류의 빛이 없기 때문에, 스페이스랜드에서 여러분이 보는 것처럼 볼 수 있는 수단이 전혀 없어요. 만약 친구가 가까이 다가오면 우리는 그의 선이 점점 커지는 걸 보게 되고, 친구가 멀어지면 그의 선이 점점 작아지는 걸 보게 되는 거지요. 여전히 직선 모양으로 말입니다. 친구가 삼각형이든 사각형이든 오각형이든 육각형이든 동그라미든, 어차피 우리 눈에는 오직 직선으로만 보인답니다.

아마 여러분은 이렇게 불리한 환경에서 어떻게 친구와 다른 사람을 구분할 수 있겠냐고 물을지도 모르겠네요. 하긴, 그렇게 묻는 것도 당연해요. 이제 곧 제가 들려드리는 플랫랜드 주민들에 대한 설명이 이 질문에 대한 매우 적절하고 알기 쉬운 답이 될 겁니다. 하지만 그 이야기는 잠시 뒤로 미루고, 지금은 우리 나라의 기후와 집에 대해 잠깐 이야기를 해야겠군요.

1.38. 제가 스페이스랜드에 있을 때. 2부에서 보게 될 테지만, 사각형은 3차원 공간인 스페이스랜드를 방문했다.

서문에서 플랫랜드와 플라톤의 동굴의 비유 사이에 많은 공통점이 있다고 말한 바 있다. 두 이야기 사이에 존재하는 한 가지 중대한 차이는 시점이다. 플라톤의 이야기는 소크라테스에 의해 3인칭 시점으로 이야기된다. 플랫랜드는 동굴에서 탈출했다가 다시 돌아온 한 죄수가 1인칭 시점으로 이야기하는 플라톤의 비유다.

1.38. 여러분 나라의 선원들. 바다에서 죽었던 애벗의 형제 에드워드에 관해서는 부록의 B1, 1859를 참조하라.

1.46. 그림자를 만드는 태양이나 그 비슷한 종류의 빛이 없기 때문에. 플랫랜드에서는 분산된 빛이 고른 조명을 준다. 따라서 조명의 강약이나 그림자를 통한 시각적 구분이 어렵다.

1.48. 만약 친구가. 《플랫랜드》의 많은 문장들은 두운(구나 행의 첫머리에 규칙적으로 같은 운의 글자를 다는 일 – 역주)을 가지고 있는데, "l"의 연속을 알리는, 그 외else라는 단어로 끝나는 다음의 예('만약 친구가'로 시작해 '직선 모양으로 말입니다'로 끝나는 두 문장)보다 더 많은 두운을 가진 문장은 없다:

> If our friend comes closer to us we see his line becomes larger; if he leaves us it becomes smaller: but still he looks like a straight line; be he a Triangle, Square, Pentagon, Hexagon, Circle, what you will - a straight line he looks and nothing else.

반복되는 스펠링 'l'은 현재의 가장 엄격한 의미(첫 자음이 두 개 이상의 인접한 단어들이나 음절들에서 반복됨)에서는 두운을 형성하지 않는다. 그러나 애벗과 실리의 두운의 정의는 그들이 "숨겨진 두운"이라고 부르는 것, 즉 두운이 첫 음절뿐만 아니라 단어의 중간 음절에도 의존하고 두운을 따르는 단어들이 서로 서로 떨어져 있는 경우들도 포함한다. 애벗과 실리는 이런 두운을 남용하지 말 것을 경고하고 있지만 《플랫랜드》에는 이런 두운이 많이 있다: "두운은 영국인들의 귀가 소리를 듣던 가장 초기 시대부터 있었다. 한때는 운문을 따르는 일이 없어도 그것은 그 자체로 시를 구성하기에 충분했다. … 이것이 산문에서의 지나친 두운이 특별히 공격적으로 느껴지는 이유일 것이다"(애벗과 실리 1871, 97, 185-186).

두운은 오래된 책이라는 느낌을 주기 위해 애벗이 의도적으로 사용한 몇 가지 고풍스러운 표현들 중 하나다. 사실 그가 숨겨진 두운을 사용한 이유는 독자가 라틴어 시를 연상하도록 만들기 위해서였을 것이다. 케임브리지 대학의 학생이었던 1860년에 애벗은 최고의 라틴어 6보격 시에 수여되는 캠든 메달을 받았다.

§2
플랫랜드의 기후와 주택

여러분 나라처럼 우리 나라에도 나침반에 동서남북 네 방향이 다 있습니다.

물론 우리 나라에는 태양도 천체도 없어서 일반적인 방법으로 북쪽을 구분하기는 불가능하지만, 나름대로 다 방법이 있지요. 우리의 자연법칙 때문에 우리는 자꾸만 남쪽으로 끌려가는 경향이 있습니다. 온화한 기후에서는 이 끌어당기는 힘이 아주 약하지만(그래서 제법 건강한 여자라면 북쪽으로 몇 펄롱쯤은 거뜬히 이동할 수 있을 정도랍니다) 남쪽을 향해 끌어당기는 힘은 우리 땅 대부분의 지역에서 나침반처럼 이용하기에 충분하죠. 항상 북쪽에서 오는 비(일정한 주기로 내리지요)도 나침반 역할을 톡톡히 하고 있고요. 그뿐 아니라 마을의 집들도 방향을 안내해주고 있어요. 플랫랜드에 있는 대부분의 집들은 당연히 측벽이 북쪽과 남쪽을 향해 있죠. 그래야 지붕이 북쪽에서 오는 비를 막을 수 있을 테니까요. 집이 없는 지역에서는 나무 둥치가 일종의 안내자 역할을 하지요. 이런 식으로 대체로 우리에게 방향을 결정하는 일은 생각만큼 어렵지 않습니다.

하지만 더 온화한 지역에서는 남쪽으로 끌어당기는 힘이 거의 느껴지지 않아서 이따금 우리를 안내할 집도 나무도 없는 아주 황량한 벌판을 지날 때면, 비가 올 때까지 몇 시간을 꼼짝없이 기다렸다가 비가 오면 그제야 이동을 계속해야 한답니다. 노약자들, 특히 연약한 여성들은 건강한 남성들보다 이 끌어당기는 힘에 훨씬 큰 타격을 입어요. 그래서 길을 가다 여성을 만나면 언제나 길의 북쪽 자리를 양보하는 것이 예절입니다.

2장에 대한 주석

2.7. 펄롱. 8분의 1마일 또는 220야드(약 201미터 – 역주)

2.9. 일정한 주기로. 규칙적으로 발생한다는 뜻. 15장 2행에는 플랫랜드의 사람들이 규칙적인 간격으로 내리는 비를 통해 시간의 흐름을 측정한다고 나와 있다.

2.14. 생각만큼 어렵지 않습니다we have not so much difficulties. 현대의 (그리고 빅토리아 시대의) 영어 사용법에서는 조동사 do가 들어갈 것이다: "we **do** not have so much difficulties." 《플랫랜드》에 고전적 스타일의 인상을 주기 위해 애벗은 '소극적 고어체'라고 불러온 것을 활용한다. 다시 말해, 고풍스러운 단어나 구문을 많이 쓰지는 않지만 기본적으로 현대적인 표현 방식을 피함으로써 소설 속 시대에 대한 환상을 만든다(파울러와 파울러 1906).

당신이 건강할 때나 남북을 구분하기 어려운 기후에서나 갑작스레 이 일을 하기란 언제나 쉽지는 않은 법이지요.

우리 나라의 집에는 창문이 없어요. 집 안이든 밖이든, 밤이고 낮이고, 언제 어디서나 빛이 똑같이 비치기 때문이지요. 그래서 우리는 빛이 언제 어디에서 비치는지 몰라요. 옛날 학자들은 "빛은 어디에서 시작될까?"라는 흥미로운 의문을 수시로 제기하고 연구하면서 해답을 찾기 위해 부단히 노력했지만, 장차 해답을 얻을 수도 있었을 이 사람들은 결국 정신병원 신세를 지고 말았답니다. 그들에게 무거운 세금을 지워 연구를 금지하려는 간접적인 시도가 아무런 성과를 거두지 못하자, 아주 최근에 입법부에서 이 연구를 완전히 금지해버렸어요. 저는 (아아, 플랫랜드에서 유일하게 저 혼자만이) 이 수수께끼 같은 문제의 답을 똑똑히 알고 있지만, 이제 우리 나라 사람 누구에게도 제가 아는 지식을 이해시킬 수가 없습니다. 이제 공간의 진실에 대해, 3차원 세계로부터 빛이 들어오는 이론에 대해 알고 있는 유일한 존재인 저는 마치 세상에서 제일 미친놈처럼 조롱을 받고 있어요! 이런 가슴 아픈 이야기는 그만두고, 이제 우리 나라의 집 이야기로 돌아가겠습니다.

가장 일반적인 집의 구조는 옆 그림의 도형처럼 오각형이랍니다. 북쪽의 RO, OF 두 면이 지붕이고 대부분 문이 없어요. 동쪽에는 여자들이 드나드는 작은 문이 있고, 서쪽에는 남자들이 드나드는 훨씬 큰 문이 있습니다. 남쪽 면, 즉 바닥에도 대체로 문이 없어요.

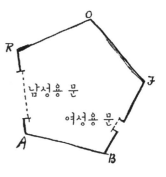

2.23. 창문이 없어요. 플랫랜드의 사람들은 집에 창문이 없지만 "유리"는 가지고 있다. 그들은 그것으로 반 시간짜리 모래시계를 만들었다.

2.25. "빛은 어디에서 시작될까?" 플라톤의 동굴에 있는 죄수처럼 플랫랜드 사람들은 빛이 어디에서 오는지 알지 못한다.

2.28. 무거운 세금. 영국의 '지식에 대한 세금'을 플랫랜드 식으로 말한 것이다. 이것은 매우 정교한 방식의 검열이라 할 수 있는데, 1712년에 서류, 전단지, 책, 신문에 인지세를 부과하는 형태로 처음 적용되었다. 이 법은 1861년까지 완전히 폐지되지 않았다.

2.39. RO, OF 두 면이 지붕이고. 지붕roof을 가리키는 재미있는 표기에 주목하라.

삽화. 독자에게 이 그림은 하나의 도형이나 설계도일 것이다. 그러나 플랫랜드의 사람에게 이것은 작게 만든 모형이다. 사각형은 무엇이 이 집을 '지탱하고' 있는지 설명하지 않는다. 그러나 내부의 지지물과 일련의 '자물쇠들'이 구조물이 무너지게 하는 일 없이 입구와 출구를 만드는 것을 가능하게 했을 것이다.

사각형과 삼각형 형태의 집은 지을 수가 없습니다. 사각형의 각은 오
각형의 각보다 훨씬 뾰족한 데다(정삼각형의 각은 더욱 그렇죠), 집과 같
은 무생물의 선은 남자와 여자의 선보다 더 흐릿해서 꽤나 위험한 일이
벌어질 수 있기 때문이지요. 누군가 덤벙대거나 정신이 딴 데 팔린 채 지
나가다가, 아뿔싸, 사각형이나 삼각형 집의 뾰족한 끝에 부딪쳤다가는
크게 다칠 수 있으니까요. 그래서 우리 시대로 일찍이 11세기에 일반적
으로 삼각형 집은 법으로 금지되었습니다. 방어시설, 화약고, 병영 등 일
반 대중들이 조심스럽게 접근하지 않으면 안 되는 국가 건물을 제외하
면 말이지요.

이 시기에는 어디에서든 사각형 집을 지을 수 있었어요. 특별세를 내
야 했지만요. 하지만 그로부터 3세기가 지난 뒤, 지속적인 치안을 위해 인
구 만 명 이상의 모든 마을에서는 오각형 미만의 집을 지을 수 없도록 법
으로 정해졌답니다. 분별 있는 지역 단체들은 입법부의 이런 노력을 지지
하고 있고, 지금은 시골에서도 두 집 건너 한 집이 오각형 건물로 대체되
고 있어요. 아주 외따로 떨어진 낙후된 농경 지역에서 가끔 골동품연구가
에 의해 아직도 사각형 집이 발견될지도 모르지만요.

2.44. 삼각형 형태의 집. 토머스 트레샴 경은 천주교를 믿었다는 이유로 감옥에 수감되었는데 1593년에 풀려나서 노샘프턴셔에 아주 특별한 러시턴 삼각형 오두막Rushton Triangular Lodge을 지었다. 그 주택은 삼위일체를 상징했는데, 세 개의 면과 세 개의 마루, 3엽형 창문을 가졌으며 각각의 면에는 삼각형 모양의 박공이 있었다.

《모두를 위한 집》(1853)에서 올슨 파울러는 팔각형의 집이 직사각형이나 정사각형 구조의 집보다 우수하다고 주장했다. 파울러에 따르면 팔각형 집은 건축비가 저렴하고 여분의 생활공간을 제공하며 보다 많은 자연광을 받을 수 있다. 또한 겨울에는 난방을 하기가, 여름에는 시원하게 유지하기가 쉬웠다. 파울러의 책 덕분에 주로 미국 동부해안과 중서부 쪽에 수천 채의 팔각형 집들이 세워졌다.

2.51. 조심스럽게circumspection. 이것은《플랫랜드》에 나오는 많은 기하학적 말장난들 중의 하나다. 'circumspection'은 방심하지 않고 조심스럽게 관찰한다는 뜻뿐만 아니라 말 그대로 '평면도의 주변부를 둘러보다'라는 뜻도 가지고 있다.

2.53. 특별세. 1696년에 도입된 집과 창문에 대한 세금에 따르면 집의 소유자들은 "자기 소유물의 크기와 위풍당당함에 따라" 세금을 내게 된다(더글러스 1999, 15).

2.58. 골동품연구가. 빅토리아 시대의 사람들은 과거에 매료되어 있었다. 그리고 19세기 내내 각 지역에서는 골동품연구가 모임들이 번성했다. 이들은 서류와 동전, 도자기와 조각상, 건물 등 넓은 영역의 골동품들을 연구했다.

§3
플랫랜드의 주민들

플랫랜드에 거주하는 성인 가운데 길이 혹은 너비가 가장 큰 성인은 여러분의 측정 단위로 약 11인치로 추정됩니다. 12인치 정도면 최대치가 아닐까 싶네요.

우리 플랫랜드의 여자들은 직선입니다.

플랫랜드의 군인과 최하층 계급인 노동자는 두 변의 길이가 동일한 삼각형이에요. 두 변의 길이는 각각 11인치고, 밑변 즉 세 번째 변의 길이는 아주 짧아요(보통 0.5인치를 넘지 않아요). 그래서 꼭짓점이 굉장히 뾰족하고 각도가 엄청나게 날카롭지요. 사실 밑변의 지위가 이렇게 천한 경우(길이가 1/8인치를 넘지 않는 경우), 직선인지 여자인지 구분이 안 될 지경이에요. 꼭짓점이 너무 뾰족하니까요. 여러분 나라에서처럼 우리 나라도 이런 삼각형을 이등변삼각형이라고 불러 다른 삼각형들과 구분합니다. 이제부터는 이 삼각형을 이등변삼각형이라고 부르겠습니다.

플랫랜드의 중산층 계급은 세 변이 동일한 정삼각형으로 구성되어 있습니다.

전문가와 신사들은 사각형(바로 제가 속한 계급이죠)과 오각형입니다.

이들 바로 위의 계급이 귀족 계급인데, 육각형부터 시작해서 변의 수가 증가해 마침내 다각형이라는 명예로운 직위를 받게 됩니다. 마지막으로, 변의 수가 아주 많아지고 변의 길이가 무척 짧아져 동그라미와 구분

3장에 대한 주석

3.1. 길이 혹은 너비. 사각형은 길이나 너비라는 말을 독자가 이해하는 것과는 다르게 쓰고 있을 지도 모른다. 그는 '폭'이라는 말을 쓰지 않는다. 비공식적으로 말하자면, 플랫랜드 사람들 의 길이란 그들이 막을 수 있는 가장 넓은 복도의 폭이다. [보충주석에서 계속]

3.2. 12인치 정도면 최대치(12인치는 약 30.5cm이다 – 역주). 러시아의 과학자이자 시인인 니 콜라스 모로소프는 혁명가로 활동하다가 슐뤼셀부르크 요새("러시아의 바스티유 감옥")에 20년 이상 수감되었다. 1891년에 그는 동료 수감자들에게 쓴 편지에서, 호수의 표면에 떠있 는 2차원적인 존재가 그 물속에 들어가는 인간을 어떻게 인식하게 될지를 설명하면서 4차 원 공간을 상상하는 것이 얼마나 어려운 것인가를 묘사한다. [보충주석에서 계속]

3.4. 여자들은 직선입니다. 플랫랜드의 여성들은 단순한 (1차원적인) 선분들이다. 이것은 아이 를 키우고 가정을 돌보는 제한된 역할에 구속된 그들의 상황에 맞춘 표현이다.

3.5. 군인 ⋯ 각도가 엄청나게 날카롭지요.《알맹이와 껍데기》에서 애벗은 "나는 대부분의 남자 들만큼, 아마도 그들보다 더 많이, 군대를 명예로운 것으로 여긴다: 그러나 결국 군인이라는 직업은 숨통을 끊는 직업이다. 큰 규모로 빠르게 그리고 명예로운 방식으로 숨통을 끊는 것 이다. 한쪽의 숨통을 끊는 행위는 종종 단순히 다른 쪽에게 그런 일이 일어나는 것을 막기 위해 행해진다. 그러나 결국 그것도 숨통을 끊는 일이다"라고 말한다(애벗 1886, 60).

3.12. 이등변삼각형. 플랫랜드에서는 한 삼각형의 두 변이 정확히 같은 길이일 때 그 삼각형을 이등변삼각형isosceles이라고 부른다.

3.13. 계급. 플랫랜드의 계급화된 사회는 엄격하게 계층화된 19세기 영국사회를 우스꽝스럽게 패러디한 것이다. 소설가 헨리 제임스는 〈한여름의 런던〉(1877)이라는 에세이에서 "영국 사회가 기본적으로 계급화된 구조를 가지고 있다는 것은 명백하고 언제나 그래 왔던 현실 이다. ⋯ 삶의 세세한 측면들 중에서 어떤 식으로든 그것을 우리에게 폭로하지 않고 있는 것 은 거의 없다"라고 진술하고 있다(제임스 1905, 158).

3.15. 신사들. 플랫랜드 "신사들"의 정의는 영국 신사들의 역사적 정의와 일관성을 가진다. 알 려진 귀족 신분에 속하는 것은 아니지만 합법적으로 가문 문장의 영예를 (다시 말해 어떤 영 예의 표기를 가진 문장이 새겨진 겉옷을) 수여받은 사람을 의미한다(쿠산스 1893, 215).

3.15. 사각형(바로 제가 속한 계급이죠).《로빈슨 크루소》에 대한 애벗과 실리의 분석은《플랫랜 드》에도 잘 적용된다. 그들은 그 소설의 화자는 다른 사람과 그 사람을 구분할 어떤 고유한 특징도 가지고 있지 않다고 말한다. 따라서 그 이야기는 어떤 한 인물에 대한 고찰이 아니

할 수 없을 정도가 되면, 동그라미 즉 성직자 계급에 속하게 됩니다. 모든
20 계급 가운데 가장 높은 계급이지요.

우리 나라의 자연법칙에 따르면 아들은 아버지보다 변을 하나 더 갖게
됩니다. 그래서 각 세대는 발달 정도와 신분 수준이 (대체로) 한 단계씩 높
아지지요. 사각형의 아들은 오각형, 오각형의 아들은 육각형, 이런 식으
로요.

25 하지만 상인의 경우 이 법칙이 반드시 적용되지는 않아요. 군인과 노
동자에게 적용되는 경우는 더더욱 드물고요. 실제로 이들은 변의 길이가
동일하지 않기 때문에 인간의 모습이라고 불릴 자격이 거의 없다고 봐도
좋아요. 따라서 이들에게는 자연법칙이 적용되지 않는답니다. 그리고 이
등변삼각형(즉 두 변의 길이가 같은 삼각형)의 아들은 여전히 이등변삼각형
30 으로 남아요. 아, 그렇다고 희망이 완전히 사라진 건 아닙니다. 아무리 이
등변삼각형이라도 그 후손은 천한 신분에서 벗어나 위로 상승할 수 있으
니까요. 예를 들어, 군인이 장기간 군복무에서 성과를 올리거나 근로자가
오랫동안 성실하게 숙련된 노동을 할 경우, 군인 계급과 기능공 계급 가운
데 똑똑한 사람의 세 번째 변, 즉 밑변의 길이가 약간 늘어나고 나머지 두
35 변의 길이가 줄어드는 경우를 심심치 않게 보거든요. 혹은 하층 계급 가
운데 똑똑한 축에 드는 이들의 아들과 딸이 근친결혼을 하는 경우에도(성
직자가 주선하지요) 일반적으로 정삼각형 형태에 한층 더 가까운 자녀를 낳
게 되죠.

라 일반적인 인간의 본성에 대한 고찰이며 그 이야기를 흥미로운 것으로 만들기 위해서는 특별한 사건이 필요하다(애벗과 실리 1871, 254).

3.17. 다각형. 다각형은 (변들이라고 불리는) 유한한 수의 선분들로 둘러싸인 평면도형이다. 이 말은 '많다'는 뜻의 그리스어 폴루스polus와 '각'이라는 뜻의 고니아gonia에서 유래되었다. 비록 사각형은 다각형을 "많은 변들을 가지고 있는" 것으로 정의하지만 문자 그대로 말하면 그것은 많은 각들을 가지고 있다는 뜻이다. 플랫랜드에서 모든 다각형은 볼록하다. 다시 말해 다각형의 내부에 있는 가능한 모든 한 쌍의 점 P와 Q에 대해서 그들을 잇는 선분은 그 다각형 내부에서 벗어나지 않는다. 이 주석들에서 "다각형"은 '볼록한 다각형'을 의미한다.

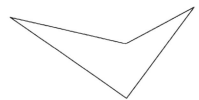

그림 3.2. 볼록하지 않은 사변형

3.19. 동그라미 즉 성직자 계급. 플랫랜드에서 "성직자"는 종교적인 직함이 아니다. 동그라미들 혹은 성직자들은 단지 지배계급을 의미한다. 애벗은 "성직자"라는 말을 이렇게 비일상적으로 사용한다는 생각을 친구인 존 실리에게서 얻었을 것이다. 그는 논란이 되었던 책《에케 호모》에서 교회를 국가와 비교하고 성직자를 정치인과 비교했다.

3.20. 가장 높은 계급. 원은 전통적으로 완벽함의 상징이다.

3.21. 자연법칙. 이 "진화의 법칙"은 프랑스의 생물학자, 장 밥티스트 라마르크(1744-1829)의 이론과 비슷하다. 라마르크는 (그가 "생물변이"라고 불렀던) 진화는 "완전"으로 향하기 위해 복잡성을 증가시키는 자연과정이라고 여겼다. [보충주석에서 계속]

3.27. 인간의 모습이라고 불릴 자격이 거의 없다. 아리스토텔레스는 노예제도를 지지하는 의견을 "노예들은 온전한 사람이 아니다"(《정치학》1권) 등 아주 여러 가지 형태로 표현했다.

3.36. 근친결혼. 근친결혼은 두 개의 상반된 의미를 가지고 있다. 하나는 다른 종족이나 집단에 속하는 사람들 간의 결혼(족외결혼)이고, 다른 하나는 여기에서처럼 같은 종족이나 가까운 집단 사람들 간의 결혼(동족결혼)이다. 고대 아테네에서 결혼의 주된 목적은 남편의 재산이나 가정을 지키기에 적법한 시민들을 재생산하고 권력과 부를 집중시키기 위한 동맹을 형성하기 위한 것이었다. 그러므로 시민들의 결혼은 동족결혼이었다. [보충주석에서 계속]

아주 드물지만(이등변삼각형의 어마어마한 출생률에 비례하면 말이죠) 이등변삼각형 부모에게서 태어났는데 진짜라고 보증할 수 있는 정삼각형도 있어요.[1] 이런 정삼각형이 태어나려면, 조상 대대로 신중하게 상대를 골라 중매결혼을 해야 할 뿐 아니라, 장차 태어날 정삼각형 후손을 위해 조상들이 오랜 기간 지속적으로 검약과 자기절제를 실천해야 하죠. 또한 이등변삼각형의 지적 능력을 여러 세대에 걸쳐 참을성 있게 체계적이고 지속적으로 발전시켜야 해요.

우리 나라에서는 이등변삼각형 부모에게서 진짜 정삼각형이 태어나면 멀리 떨어진 지역까지 크게 기뻐할 화제 거리가 됩니다. 보건사회부의 엄격한 조사가 끝나고 아기가 정삼각형이라는 사실이 증명되면, 아기는 엄숙한 의식을 거쳐 비로소 정삼각형 계급으로 인정받게 되지요. 그러고 나면 아기는 자랑스럽지만 슬픈 친부모 곁을 떠나 아이가 없는 정삼각형 가정에 입양됩니다. 입양한 가정은 다시는 아이를 이전 가정에 보내지 않을 것이며, 친척을 보는 일조차 허락하지 않겠노라는 서약을 지켜야 해요. 이제 막 성장하는 한 인간이 무의식적으로 그들을 따라하다가 유전적으로 세습된 지위로 돌아가면 안 되니까요.

이따금 조상 대대로 농노 계급인 집안에서 돌연 이등변삼각형이 태어나는 경우가 있습니다. 그 경우 아기는 한결같이 누추하기 짝이 없는 자

---

1 "무슨 보증이 필요하다는 겁니까?" 스페이스랜드의 비평가는 이렇게 물을지도 모르겠군요. "사각형 아들이 태어나면 아버지의 변이 동일하다는 걸 자연으로부터 인정받는 거 아닌가요?"라고 말입니다. 이 질문에 저는 이렇게 대답하겠어요. 어떤 지위의 여자도 자격을 보증 받지 않은 삼각형과는 결혼하지 않을 거라고. 간혹 약간 불규칙한 삼각형 부모에게서 사각형 자녀가 태어나기도 해요. 하지만 그 경우 첫 번째 세대의 불규칙성이 거의 세 번째 세대를 덮치고 말지요. 따라서 결국 오각형 지위에 이르지 못하거나 삼각형으로 되돌아가게 된답니다.

3.37. 자녀를 낳게 되죠. 사람들은 한 유기체가 살아있는 동안 획득한 성질이 그 자식에게 전달된다는 견해('획득형질의 유전')를 고대부터 거의 어디서나 믿어 왔다. 라마르크는 환경조건에 대한 직접적인 반응으로 조상에 의해서 획득된 성질이 자손에게 계승된다는 기제를 통해 진화가 일어난다는 이론을 최초로 자세히 말한 사람이었다. [보충주석에서 계속]

3.39. 이등변삼각형 부모. 사각형이 말하는 '이등변삼각형 어머니'는 이등변삼각형 아버지를 가진 여성을 의미한다.

3.50. 아이가 없는 정삼각형 가정에 입양됩니다. 고대 그리스인들은 "자식이 없다"는 것(적출자인 남자 자손이 없음)을 두려워했고, 입양은 흔한 일이었다. 영국에서 아이들을 합법적으로 입양시키는 것은 1926년까지는 가능하지 않았다.

3.52. 서약을 지켜야 해요. 고대 그리스의 법과 삶에서 서약은 중요한 역할을 했다. 협정할 때의 조약국들, 법적 분쟁과 상업적이고 개인적인 계약, 공동모임과 결혼의 당사자들에게는 서약이 요구되었다(프레시아 1970, 3).

3.53. 무의식적으로 그들을 따라하다가. 월터 배젓은 인간은 본능적이고 무의식적으로 모방하려는 성향이 있으며, 한 사회집단의 안정과 질서는 바로 이 성향에서 비롯된다고 주장했다. "좋은 평가를 받는 성질을 무의식적으로 모방하고 장려하는 것, 그리고 다시 그만큼이나 무의식적으로 미움을 받는 특징을 꺼려하고 배척하는 것, 이것들이 우리가 지금 목격하는 사회 속에서 인간들을 틀로 찍어내고 변형시켜 만들어 가는 주된 힘이다." 배젓이 말하는 (라마르크식의) 사회조직 기원론에서는 무의식적인 모방에서 처음 시작된 전통이 획득형질의 유전에 의해서 하나의 본능이 된다(배젓 1872, 97).

3.55. 조상 대대로 농노 계급인. 이등변삼각형은 농노라고 불린다. 농노는 땅의 세습과 주인의 의지에 묶여서 속박당하는 사람을 말한다. 농노제는 주인이 제공받는 서비스와 주인의 권한이 법과 관습에 의해 제한된다는 점에서 노예제와 다르다. 영국에서 농노제는 15세기 말엽에 실질적으로 사라졌다. [보충주석에서 계속]

3.55. 이등변삼각형이 태어나는 경우가 있습니다. "이등변삼각형이 태어나는 경우"에서 애벗이 말하는 것은 '이등변삼각형이 이전 상태에서 벗어나 정삼각형 계급으로 탄생하는 것'이다. 1926년에 바질 블랙웰에 의해 출간된 판에서는 "이등변삼각형"은 "정삼각형"으로 바뀌었고 이후의 판들에서는 이 '수정'을 유지했다.

신들 존재 위를 비추는 한 줄기 빛과 희망이 되어 가난한 농노들에게 크게 환영을 받지만, 동시에 귀족 계급에게도 대체로 환영을 받아요. 모든 상류 계급 사람들은 잘 알기 때문이죠. 그런 희귀한 현상들이 자신들의 특권을 거의 아니 전혀 떨어트리지 않으면서도, 아래로부터 들고 일어나는 혁명을 막아줄 굉장히 유용한 보호막이 된다는 걸요.

뾰족한 각을 지닌 하층민이 예외 없이 모두가 희망과 야망을 전혀 가질 수 없다면 그들은 수시로 반정부 폭동을 일으킬 테지요. 그러는 가운데 지도자를 발굴해 수적으로나 힘으로, 심지어 동그라미의 지혜로도 당해낼 수 없을 만큼 우세해질 게 분명해요. 하지만 지혜롭게도 자연법칙은 이렇게 결정을 내렸습니다. 노동자 계급의 지능과 지식과 미덕이 커질수록, 그들을 물리적으로 두려운 존재로 만드는 뾰족한 각의 크기도 점점 커져서 비교적 해가 없는 정삼각형 각에 가까워지도록 말이죠. 그리하여 지적 능력이 부족하기로 여자들과 거의 유사한 수준인 군인 계급 가운데 가장 잔인하고 만만찮은 인간들은 깨닫게 되지요. 그들의 장점인 엄청난 돌파력을 발휘하기 위해 머리를 굴리느라 정신적인 능력이 커질수록, 정작 날카로운 각으로 뚫고 들어갈 힘은 줄어들게 된다는 사실을 말입니다.

이거 정말 훌륭한 보상 법칙 아닌가요! 자연의 합리성에 대한 완벽한 증거이며, 플랫랜드라는 국가의 귀족 중심 체제에 대한 성스러운 기원이라고 해도 과언이 아닐 겁니다! 다각형과 동그라미들은 자연법칙을 적절히 이용함으로써, 인간의 마음에서 일어나는 억제할 수 없는 무한한 희망을 미끼로 아예 요람에서부터 거의 언제나 폭동을 억압할 수 있습니다. 기술 역시 법과 질서를 돕는 데 이용되지요. 일반적으로 알려진 바에 따르면, 국가 의료진들이 인위적으로 약간의 축소 확대 수술을 실시해서, 폭동을 이끈 제법 똑똑한 대표자 몇 명을 완벽한 규칙 도형으로 만들어 즉

3.58. 귀족 계급. 귀족 정치는 그리스어 문자 그대로의 의미로는 최고의 시민들에 의해 국가를 통치하는 것이다. 플라톤은 지성적인 귀족에 의한 통치를 주장했다. 플랫랜드는 타고난 귀족에 의해 통치된다. 19세기 영국의 사회, 경제, 정치를 주도한 세력은 대개 세습된 귀족이었던 대지주들로 이뤄진 귀족 계층이었다.

3.60. 떨어트리지vulgarise. 빅토리아 시대의 전례들은 'vulgarise' 같은 동사나 'civilisation' 같은 명사에 s가 들어가는지 z이 들어가는지에 대해 서로 일치하지 않는다(파울러와 가워스 1965, 314). 애벗은 다른 작품에서 항상 '-ise'를 사용했는데, 사각형은 그런 일관성이 없다. 예를 들어 그는 'recognize'를 20번, 'recognise'를 3번 사용했다.

3.64. 동그라미의 지혜로도 당해낼 수 없을 만큼too much for the wisdom of even the Circles. 초판에는 "too much even for the wisdom of the Circles"라고 쓰여 있다.

3.73. 이거 정말 훌륭한 보상 법칙 아닌가요! 윌리엄 팔리의 저명한《자연신학》(1802)은 유추의 형태로 설계자 논증을 제시한 것으로 가장 잘 알려져 있다. 시계가 존재하는 것에서 시계 제작자의 존재를 유추하듯이, 우리는 자연 세계에 있는 사물의 특징으로부터 지적인 창조자의 존재를 유추할 수 있다.

《자연신학》의 16장(보상)은 코끼리의 코가 (라마르크식의) 진화보다는 설계의 결과라는 논증으로 시작된다. 팔리에 따르면, 창조주는 코끼리에게 그 머리의 무게를 지탱하기 위해 구부러지지 않는 짧은 목을 주었고, 그런 목을 보상하기 위해 코끼리에게 길고 잘 휘어지는 코를 주었다(팔리 1802, 147).

3.74. 귀족 중심 체제에 대한 성스러운 기원. 플랫랜드의 '헌법'은 사회적 헌법이 아니고 일련의 자연법칙들이다. 애벗은 사회적 질서가 물리적 세계의 질서처럼 신성한 법률에 의해 운영된다는 자연신학으로부터의 논증을 풍자하고 있다.

시 특권 계급에 포섭시킨다고 하죠. 아직 그 기준에 이르지 못한 훨씬 많은 수의 도형들에게는 언젠가 계급이 높아질 수 있으리라는 희망을 품게 해 마음을 흔들어놓고요. 그러고는 국립병원에 입원하도록 유도해 평생 영예롭게 그 안에 갇혀 살게 만든답니다. 그 가운데 고집 세고 어리석은 데다 불규칙한 모양을 바꿀 가망이 없는 한두 사람은 사형을 당하게 되죠.

그렇게 목표도 사라지고 지도자도 잃은 비참한 이등변삼각형 폭도들은 저항 한 번 못 해보고 죽게 되지요. 그것도 이런 비상사태에 대비해 대장 동그라미 밑에서 보수를 받고 일하는 동지들의 작은 몸에 찔려서 말입니다. 그보다 흔한 경우, 동그라미 측에서 폭도들 사이에 교묘하게 조장시킨 질투와 의심에 동요되어 자기들끼리 싸움을 벌이다 서로의 뾰족한 각에 찔려 죽음을 맞기도 하고요. 우리 플랫랜드의 기록에 따르면 235건의 소규모 폭동 외에도 자그마치 120건의 큰 반란이 일어났는데, 모두 이런 식으로 끝이 났다고 합니다.

3.84. 영예롭게 그 안에 갇혀 살게. 처벌이 없는 간단한 감금 또는 구류를 의미한다. 때로 커스토디아 어네스타custodia honesta라고 불린다.

3.86. 비참한 이등변삼각형 폭도들. 최하층계급을 이중적으로 경멸하는 말. 키케로는 공공노무자나 기능공, 가게주인을 "비참하고 굶주린 폭도misera ac ieiuna plebecula"라고 불렀다.

벤저민 디즈레일리(빅토리아 시대의 소설가이자 영국 총리)는 영국의 부자와 빈민 간 이질성을 빅토리아 시대의 소설에서 가장 유명한 문장들 중 하나로 표현했다. "두 개의 나라, 그들 사이에 교류도 없고 공감도 없으며, 서로의 습관과 생각 그리고 느낌에 대해 무지하기를 마치 다른 지역에서 살고 있거나 다른 별들에서 살고 있는 것처럼 무지한 사람들, 다른 훈련으로 키워지고, 다른 음식을 먹고, 다른 방식으로 명령을 받으며, 같은 법의 지배를 받지 않는 사람들"(디즈레일리 1845, 67).

3.88. 동지들bretheren. 형제의 복수형. 공식적인 발언에 주로 사용된다. 여기서 이 단어는 '이등변삼각형 동지들'을 의미한다.

3.92. 폭동. 플랫랜드에 언제나 농노 폭동의 위험이 있다는 점은 고대 스파르타와 비슷하다. 스파르타에서는 시민의 숫자보다 훨씬 많은 노예들이 있어, 그곳의 정치적 경향은 주로 노예 혁명을 피하는 일에 집중되어 있었다.

비록 프랑스혁명처럼 거대한 반란을 경험하지는 않았지만, 19세기 전반부의 사회, 경제적 혼란이 빅토리아 시대 사람들로 하여금 혁명을 두려워하게 했다. 노동계급의 참정권을 요구한 차티스트 운동은 영국에서 마지막으로 혁명의 위협을 가했다. 그 운동은 1848년 무너졌다.

§4
여자들

굉장히 뾰족한 삼각형인 군인 계급이 이렇게 무시무시한 사람들이라면, 우리 나라 여자들은 그보다 훨씬 만만찮은 존재라는 걸 쉽게 짐작할수 있을 겁니다. 군인이 쐐기라면, 여자는 말하자면, 적어도 양 끝이 뾰족한 바늘이라고 할 수 있으니까요. 그뿐이 아니랍니다. 여자들은 실제로 자유자재로 모습을 보이지 않게 하는 힘도 지니고 있으니, 플랫랜드의 여성은 절대로 얕잡아 볼 상대가 아니라는 걸 알게 될 거예요.

어쩌면 몇몇 어린 독자들은 플랫랜드의 여자들이 어떻게 모습을 보이지 않게 할 수 있을까 궁금하게 여길지도 모르겠군요. 따로 설명하지 않아도 다들 잘 아시겠지만, 좀처럼 감을 잡지 못하는 사람들을 위해 간단히 설명을 드리죠.

탁자 위에 바늘 하나를 올려놓아 봅시다. 그런 다음 탁자의 표면에 눈높이를 맞추어 옆에서 바늘을 보세요. 그러면 바늘의 전체 길이가 보이겠지요. 이번에는 바늘 끝 방향에서 보세요. 점 하나 외에는 아무것도 보이지 않을 겁니다. 우리 플랫랜드 여자들의 모습이 바로 이렇답니다. 여자들이 우리를 향해 측면을 돌리면 우리에게는 여자들 모습이 하나의 직선으로 보입니다. 그런데 몸통 끝부분인 눈이나 입 — 우리에게는 이 두 기관이 동일하니까요 — 이 있는 곳에 시선을 두면, 환하게 빛나는 점 하나만 보이죠. 광채가 나지 않아 사실상 무생물과 다름없이 흐릿한 여자들 등에 시선을 두면, 뒤쪽 끝부분은 투명 모자 같은 역할을 하고요.

4장에 대한 주석

4.3. 여자는 … 바늘이라고 할 수 있으니까요. 아마도 테니슨의 시 〈공주〉(1849)에 나오는 잘 알려진 구절들에 대한 암시일 것이다.

> 남자는 들판으로 여자는 화로변으로:
> 남자는 칼로 여자는 바늘로:

빅토리아 시대의 중산층 여성이 바느질과 자수에 익숙하다는 것은, 그녀가 결혼을 하고 어머니가 되기에 적합하다는 것을 보이는 전통적인 수단이었다.

4.5. 보이지 않게. 19세기의 영국 아내들은 법 앞에서 "보이지 않았다." 유명한 《해설들》(1765)에서 윌리엄 블랙스톤은 기혼 여성의 신분에 대한 법률적 교리가 어떤 것인지 이야기했는데 이에 따르면 남편과 아내는 하나이며 그 하나는 남편이었다. 기혼 여성의 신분은 1879년, 1882년 그리고 1893년에 기혼 여성에 관한 재산법들에 의해 부분적으로만 개선되었다.

고대 아테네에서 여성들은 스스로 일을 결정할 수 없다고 여겨졌기 때문에 그녀들에게는 유부녀의 신분보다 더욱더 억압적인 관행이 적용되었다. 그녀들은 평생 키리오스(kyrios, 남성인 '주인' 혹은 '보호자')의 지배하에 있었는데 그는 그녀들의 후원자이자 법적인 거래의 대표였다. 한 소녀의 키리오스(보통 그녀의 아버지)는 그녀의 결혼을 결정할 권리가 있었으며, 결혼 이후엔 남편이 그녀의 키리오스가 되었다(가가린과 코헨 2005, 245-246).

4.6. 얕잡아 볼trifled with. 바늘로서의 여성이 지닌 중요성은 시시하지만trifling, 그녀는 함부로 가지고 놀아서는trifled with 안 되는 사람이다.

4.19. 투명 모자. 그리스 신화에서 투명 모자(혹은 하데스의 모자)는 그걸 쓴 사람을 보이지 않게 하는 모자다. 예를 들어 아테나는 《일리아스》에서 그걸 사용했다.

여자들 때문에 우리가 얼마나 위험에 노출되어 있는지는 이제 스페이스랜드의 가장 우둔한 사람도 분명히 알 수 있을 정도죠. 중간 계급의 점잖은 삼각형의 각이라고 해서 위험하지 않다고는 할 수 없어요. 노동자 계급과 부딪치면 깊은 상처를 피할 수 없고, 군인 계급의 장교와 충돌한다면 심각한 부상이 불가피해요. 하급 병사의 꼭짓점은 스치기만 해도 죽음의 위험으로 벌벌 떨게 되지요. 그러니 양끝이 모두 뾰족한 여자와 부딪친다면 그 자리에서 완전히 끝장나지 않겠어요? 게다가 여자가 눈에 보이지 않는다면, 아니 흐릿하고 희미한 점만 간신히 보인다면, 아무리 주의를 기울인다 해도 매번 충돌을 피한다는 게 얼마나 어렵겠습니까!

이런 위험을 최소한으로 줄이기 위해, 플랫랜드의 여러 주에서는 다양한 경우에 대비한 많은 법령들이 제정되고 있습니다. 그리고 기후가 덜 온화한 남쪽 지역은 당연히 여자들에 관한 법이 훨씬 엄격해요. 그런 지역은 중력의 힘이 더 강하고, 사람들이 자기도 모르게 무심코 몸을 움직이기가 더 쉬우니까요. 그렇지만 전체적인 법규를 살펴보면 다음과 같이 요약할 수 있을 겁니다.

1. 모든 집은 동쪽 방면에 여성 전용 출입문을 설치해야 한다. 모든 여성은 '품위 있고 공손한 태도'[2]로 이 문으로만 출입해야 하며, 남성 전용 출입문이나 서쪽 방향의 문을 이용해서는 안 된다.
2. 모든 여성은 공공장소를 지날 때 계속해서 평화의 소리를 내야 하고, 이를 어길 경우 사형에 처한다.

---

2 내가 스페이스랜드에 있을 때 당신네 나라의 성직자 계급들 가운데 일부도 마찬가지로 마을사람, 농부, 공립학교 교사를 위한 출입문을 따로 마련한다(《스펙테이터》 1884년 9월, 1255)는 걸 알았어요. 모두들 "적절하고 공손한 태도"를 갖추도록 말이지요.

4.35. 여성 전용 출입문. 아테네의 가정에서 여성은 집의 구석진 부분에 있는 분리된 지역에서 살고 일했다.

각주 2. 이 각주는 아래에 복원한 기사를 언급하고 있다. 이 기사는《스펙테이터》(1884년 9월 27일, 1255)에 실렸던 것으로, 여기에 숨은 메시지는 플랫랜드의 여성이 집에 들어가는 것과 사우스 위담 목사관의 주민들이 뒷문으로 출입했던 것이 비슷하다는 것이 아니라 어떤 영국 성직자의 거만함에 대한 논평이다.

> 한 저명한 특파원이 카스트를 부정하도록 하지 않은 채 개종자를 받았던 인도 선교회에 대해 화가 나 있다. 비록 카스트는 다이슨 씨가 생각하고 있는 것과 정확히 같은 것은 아니지만 그 선교회는 아마도 현명하지 못한 것 같다고 해야 할 것이다. 그러나 그가 어떤 교구목사가 자신의 교구인 사우스 위담의 한 학교 선생님에게 보낸,《스탬퍼드 머큐리》에 실린 다음의 편지를 보면 뭐라고 할까.
>
> 사우스 위담 목사관, 1884년 9월 17일.
>
> 내 집을 방문하고자 하는 모든 주민은 적절하고 공손한 예절에 따라야 합니다. 다시 말해 뒤편으로, 부엌문을 통해서 들어오는 것이죠. 이제까지 그렇게 하지 않았거나 앞으로 그렇게 하지 않을 만큼 주제넘은 농부는 여기에 단 한 명도 없습니다. 나는 앞으로는 당신도 그렇게 하기를 바랍니다.
>
> R. W. L. 톨마쉬-톨마쉬
>
> 사우스 위담의 공립학교 선생님에게
>
> 국교의 폐지가 제안될 때 영국 교회를 위험하게 만드는 것은 교리나 의식절차에 대한 불만이 아니라 바로 이런 정신적 태도이다. 이 점을 알아야 한다. 이런 식의 출입금지가, 지위로 따진다면 성직자 다음에 해당될 이 선생님에게 개인적으로 취해진 것은 아니었다. 출입금지는 톨마시의 신도들 중 6분의 5에 해당하는 사람들에게도 취해졌을 것이다.

4.38. 평화의 소리. 다양한 독서를 하던 애벗은 롱펠로의 시〈니다로스의 수녀〉를 알고 있었을 것이다. 이 시에는 다음과 같은 구절이 있다.

> 미움에는 이에 반대하는 사랑을,
> 전쟁의 소리에는 평화의 소리를!

　　　3. 어떤 여성이든 무도병이나 발작, 심한 재채기를 동반한 만성 감기,

　　　　　기타 비자발적 동작이 불가피한 질병을 앓고 있다는 것이 공식적으

　　　　　로 인정되는 경우 즉시 처분될 것이다.

　　　일부 주에서는 추가로 법을 제정해, 여성이 공공장소에서 걷거나 서

　있으려면 계속해서 등을 좌우로 움직여 뒤편 사람들에게 자신의 존재를

　알리도록 했습니다. 어떤 주에서는 여성이 여행을 할 땐 아들이나 하인

　혹은 남편을 동반해야 하고, 어떤 주에서는 종교적인 축제 기간 외에는 외

　부로부터 완전히 격리되어야 하죠. 그리고 이 법들을 어기면 사형에 처해

　진답니다. 하지만 우리 나라에서 가장 현명한 동그라미들, 즉 정치인들은

　여성에게 제약이 많으면 많을수록 플랫랜드의 인구가 감소하고 힘이 약

　해진다는 걸 알게 되었어요. 가정 내 살인 사건도 증가하는 경향을 보여,

　사실상 지나친 금지법은 국가에 득보다 실이 훨씬 크다는 걸 확실히 깨달

　은 거죠.

　　　집안에서는 격리 당하고 어쩌다 집 밖에 나가면 온갖 제약에 매이다

　보니, 여자들은 한 번씩 짜증이 폭발할 때마다 남편과 자식들에게 실컷 화

　풀이를 하기 일쑤니까요. 그래서 기후가 덜 온화한 지역에서는 간혹 여자

　들의 동시다발적 폭동으로 한두 시간 만에 마을의 남자 인구 전체가 완전

　히 초토화되기도 하죠. 그러므로 위에 언급한 세 가지 법은 비교적 통제

　가 잘 되는 주에서나 해당하는 것이고, 우리 나라 여성 관련 법 규정의 대

　략적인 예라고 생각하시면 될 겁니다.

　　　결국 우리를 보호해주는 장치는 입법기관이 아니라 여성 자신의 이기

　심에서 찾을 수 있어요. 왜냐하면 여자들은 뒤로 이동해 누군가를 즉사시

　킬 수도 있지만, 피해자의 버둥거리는 몸에서 그들이 찌른 뾰족한 끝을 당

4.40. 무도병 St. Vitus's Dance. 근육들이 불규칙적이고 무의식적으로 수축하는 것이 특징인 발작 장애로, 코리아chorea라고도 알려져 있다.

4.43. 서 있으려면. 사각형은 15장의 각주에서 플랫랜드에서 "눕기", "앉기", "서기"는 자신이 원해서 취하는 정신적 상태들이라고 설명한다.

4.46. 종교적인 축제. 이것은 플랫랜드 사람들의 종교에 대한 유일한 언급이다. 고대 그리스 종교의 가장 두드러진 측면은 대중적 축제를 하는 것이었는데, 플랫랜드의 종교도 그럴 것이라고 추측할 수 있다.

방식은 서로 다르지만, 종교는 고대 그리스와 빅토리아 시대의 영국인 모두에게 깃든 것이었고, 이는 플라톤과 애벗 모두에게 편리한 비유적 표현의 원천이 되었다. 플라톤은 대화록 전체에 걸쳐 신들, 축제, 믿음, 의례에 대해 이야기한다. 애벗은《플랫랜드》에서 성서적인 이미지와 암시뿐 아니라 많은 "종교적인" 언어를 사용한다.

애벗은 지성이 종교적인 믿음도 증가시킨다고 믿었고, 특히 플라톤, 셰익스피어, 프랜시스 베이컨, 조지 엘리엇, 윌리엄 워즈워스의 작품들이 성서에 매우 가치 있는 해설을 제공해 준다고 주장했다. 그는《플랫랜드》가 동시대의 사회, 종교적 문제들을 들어내 보여주기를 원했고 뒤이은 종교서《알맹이와 껍데기》,《물위의 영혼》,《해명서》에서《플랫랜드》를 인용한다.《플랫랜드》와 종교적 질문들 사이의 관련성을 최초로 탐구한 것은〈애벗의《플랫랜드》: 과학적 상상력과 '자연스러운 기독교'〉였다. 이 에세이에서 로즈마리 잰은《플랫랜드》를 읽는 것은 "물질주의적 과학과 원리주의적 종교에 있어서 글자 그대로 해석하는 것을 비판하는 것"이 된다고 강하게 주장하고 있다(잰 1985, 478).

4.47. 격리되어야 하죠. 플랫랜드의 여자들이 격리되는 것은 고대 아테네와 비슷한 점이 있다. 장례식이나 축제에 참여하는 것을 제외하면 아테네의 여자들은 대중의 눈에 띄어선 안 됐다.

4.54. 여자들은 한 번씩 짜증이 폭발할 때마다. 여성의 참정권을 반대하는 논리 중 하나는 만약 참정권을 여자에게 준다면 "타고난 열성과 급한 성질이 그들을 남자들보다 더 당파적인 사람들로 만들 것이다"라는 것이었다(워드 1889, 783).

장 빼내지 못하면 그들의 연약한 몸도 부서지기 쉬우니까요.

유행의 힘도 우리 편이지요. 아까 제가 문명이 덜 발달한 주에서 여성
65 은 공공장소에서 반드시 등을 좌우로 흔들어야 한다고 말씀드렸죠. 도형
들이 기억하는 한 오래 전부터, 이런 관습은 정치적으로 안정된 주에서 태
어났다고 자처하는 요조숙녀들 사이에서 보편적으로 행해져왔어요. 법
으로 제정해 행동을 강제하는 것은 주의 불명예다, 훌륭한 여성이라면 누
구나 그런 본능을 선천적으로 타고 났다, 그렇게 여기면서 말이죠. 우리
70 동그라미 계급 숙녀들의 물결치는 듯한 리드미컬한 등의 움직임, 그리고
이렇게 말해도 괜찮다면, 조화로운 등의 움직임은 평범한 정삼각형 계급
부인들이 동경하고 모방하는 몸짓이랍니다. 정삼각형 계급 부인들은 시
계추가 흔들리는 것 같은 지극히 단순한 움직임으로 그칠 뿐 그 이상 근사
하게 흔들 줄 모르거든요. 그리고 진보적이고 야망으로 가득 찬 이등변삼
75 각형 부인들은 정삼각형 부인들의 이런 똑딱똑딱 규칙적인 움직임을 감
탄하며 따라합니다. 그녀들에겐 아직 어떤 종류의 "등의 움직임"도 생활
의 필수 요건이 아니지만요. 이렇게 지위와 동기를 막론하고 모든 가정에
서 아주 오래 전부터 "등의 움직임"이 유행처럼 번지게 되었지요. 그리고
80 덕분에 이들 가정의 남편과 아들들은 적어도 보이지 않는 공격은 피할 수
있게 되었습니다.

그렇지만 우리 나라 여자들에게 애정이 전혀 없을 거라고 생각해서는
안 됩니다. 하지만 안타깝게도 이 약한 여자들은 순간 욱 하고 화가 치밀
면 다른 건 아무것도 생각나지 않아요. 물론 그들의 불행한 신체 구조상
85 어쩔 수 없을 겁니다. 여자들은 허세를 부릴 각조차 없으니, 이 점에서는
가장 신분이 낮은 이등변삼각형보다 열등한 존재이지요. 각이 없으니 지
적 능력도 전혀 없고요. 반성이라든가 판단이라든가 미리 뭘 숙고하는 법

4.71. 조화로운 등의 움직임. 1880년대에는 여자들이 치마를 펼치면 안에서 받쳐주기 위해 속을 채운 패드나, 버슬(bustle, 여성복 허리받이, "옷-개선장치")이라고 불린 작은 와이어 골격을 옷의 치마 밑에 입었다. 버슬은 여성의 엉덩이에 관심을 집중시켰고 그 신체부분의 운동을 강조했다.

4.83. 약한 여자들은. "약하다"는 것은 신체적인 것뿐만 아니라 윤리적으로도 약하다는 것을 의미할 수 있다. 햄릿이 여자들을 비난하면서 쓴 말 "약한 자여, 그대의 이름은 여자다!"는 여성이 윤리적으로 약하다는 견해를 표현하는 가장 유명한 말이다.

4.86. 지적 능력도 전혀 없고요. 플랫랜드의 여자들이 "지적능력이 전혀 없"다는 말은 상당한 지성을 보여주는 여자들의 행동에 관한 몇 가지 예들과 모순된다.

1845년에 엘리자베스 배럿은 로버트 브라우닝에게 "여자들의 마음에는 타고난 열등함이 있다"라고 고백했는데, 이 단언에 이의를 제기하는 동시대인들은 거의 없었다. 여자의 지성이 열등하다는 증거로 빅토리아 시대의 남자들은 과학, 예술 그리고 문학 분야에서 여성의 업적이 없다는 것을 상기시켰다. 물론 그런 분야들에 의미 있는 기여를 하기 위해서는 교육, 열등한 지성을 지니고 있다는 이유로 그녀들을 거부했던 교육이 필요했다.

진화생물학자 조지 로매니스George J. Romanes는 남자와 여자의 두뇌 무게가 서로 (평균적으로 5온스) 다른 것이 여성이 정신적으로 열등한 이유라고 주장했다. 그는 과거에 여성에 대한 대접이 부끄러운 수준이었다는 것을 인정했다. 그러나 가장 적절한 환경 속에서도 "유전이 여성의 뇌에서 부족한 5온스를 만들어 내기까지는 수많은 세기가 필요할 것"이라고 주장했다(로매니스 1887, 654-665, 666).

도 없는데다, 기억력도 거의 바닥이지요. 그러니 잔뜩 화가 나 있을 땐 자기가 뭘 요구했는지도 기억하지 못하고 아무것도 눈에 보이는 게 없는 거죠. 실제로 저는 어떤 여자가 자기 가정을 완전히 몰살시켜놓고는, 30분

90 이 지나 화가 가라앉고 파편들이 완전히 쓸려간 뒤에 남편과 아이들은 어떻게 되었냐고 묻는 경우를 본 적이 있단 말입니다!

　그러니 여자가 몸을 돌릴 수 있는 위치에 있을 땐, 절대로 여자를 짜증나게 만들어서는 안 되지요. 아파트에서 여자와 함께 있을 땐 여러분 마음대로 말하고 행동해도 좋아요. 그곳은 구조상 여자들이 그런 힘을 발휘

95 하지 못하게 되어 있거든요. 거기에선 여자들이 누구를 해칠 힘을 완전히 잃어버릴 테니까요. 당장 당신을 죽여버리겠다고 위협한 일도, 여자들의 화를 진정시키기 위해 당신이 억지로 만들어낸 약속도 잠시 후면 까맣게 잊어버릴 겁니다.

　군인 같은 비교적 하층 계급을 제외하면, 우리 나라 사람들은 가족들

100 과 아주 무난하게 지내는 편입니다. 간혹 남편들이 눈치 없이 경솔하게 행동하는 바람에 엄청난 불행을 맞기도 하지만 말이죠. 이 미련한 족속들은 분별력이나 적당한 위선 같은 방어 수단 대신 날카로운 각처럼 공격적인 무기에 훨씬 많이 의지하면서 여성용 아파트 건축 규정을 소홀히 하거나, 밖에서는 경거망동하게 행동해놓고 곧 죽어도 자기가 잘났다고 대드

105 는 통에 아내의 성질을 돋우기 일쑤지요. 어디 그뿐인가요. 어찌나 둔하고 무딘지 사실을 곧이곧대로 밖에 볼 줄 몰라서, 현명한 동그라미들 같으면 인심 좋게 이런저런 약속을 해대며 급한 대로 배우자의 마음을 달래주련만, 이들은 그런 약속도 할 주제가 못 됩니다. 그러니 집안에 처참한 피바람이 분다 해도 이상할 게 없지요. 하지만 여기에도 이점이 없지는 않

110 아요. 덕분에 이등변삼각형 가운데 잔인하고 골치 아픈 부류들이 제거되

4.89. 자기 가정을 완전히 몰살시켜놓고는. 에우리피데스의 유명한 희극 《메데이아》와 비교해 보라. 메데이아는 그녀를 버린 남편을 벌주기 위해 그녀 자신의 아이들을 죽인다.

4.107. 배우자consort. 남편 혹은 아내. 반려자를 의미한다. 빅토리아 여왕의 남편이었던 알버트 왕자는 프린스-콘소트라고 불렸다.

한 배우자가 사회적으로 가지는 권리 혹은 상대 배우자의 서비스(동반, 사랑, 애정, 위안, 성관계)에 대해 가지는 권리는 일반적으로 컨소시엄의 권리the right of consortium라고 불렸다. 잭슨 판례Regina v. Jackson, 1891 전까지, 남편이 아내에게 컨소시엄을 요구하기 위해 물리적인 힘을 사용하는 것은 합법이었다.

기도 하니까요. 대다수의 동그라미들은 이런 얄팍한 성性의 파괴성이 불필요한 인구를 억제하고 혁명의 싹을 자르기 위한 신의 많은 섭리 가운데 하나라고 생각한답니다.

하지만 우리 나라에서 가장 통제가 잘 된 가족, 즉 거의 동그라미에 가까운 도형의 가족이라 할지라도 이상적인 가정의 모습이 당신들 스페이스랜드에서처럼 완전하다고 할 수는 없습니다. 학살만 면해도 그나마 평화로우련만, 취향이나 추구하는 바가 좀처럼 일치하지 않으니 어쩌겠어요. 그래서 신중하고 지혜로운 동그라미들은 안전을 보장 받는 대신 가정의 안락함을 희생하고 있어요. 모든 동그라미 가정이나 다각형 가정에는 아득한 옛날부터 내려오는 한 가지 관습이 있는데 ― 지금은 상류층 여성들에게 일종의 본능이 되었지요 ― 바로 어머니와 딸은 눈과 입이 늘 남편과 남편의 남성 친구들을 향해야 한다는 것입니다. 기품 있는 집안의 부인이 남편에게 등을 돌리는 행위는 신분을 박탈당할 수도 있는 불길한 조짐으로 간주되곤 했어요. 그러나 곧 말씀드리겠지만, 이런 관습은 안전에는 장점이 되지만 불리한 점도 없지 않습니다.

노동자나 점잖은 상인의 가정에서는 부인이 소소한 집안일을 하는 동안엔 남편에게 등을 돌려도 괜찮아요. 여기서는 그나마 잠깐씩 조용한 시간을 가질 수 있어요. 그럴 때 부인은 평화의 소리를 지속적으로 흥얼거리는 걸 제외하면 모습을 보이거나 소리를 내지 않으니까요. 하지만 상류사회 가정에서는 좀처럼 평화로운 시간을 만들 수가 없답니다. 쉴 새 없이 재잘대는 입과 환하게 빛을 발하며 뚫어져라 쳐다보는 시선이 언제나 집안의 가장을 향해 있으니 말입니다. 세상 그 어떤 빛도 끝없이 이어지는 여자들 수다보다 오래 지속되지는 못할 거예요. 요령과 기술로 여자의 날카로운 침을 거뜬히 피할 수 있다 하더라도 여자의 입만은 도저히 막을

4.111. 얄팍한 성. thinner sex의 두 가지 의미에 대한 말장난이다. 두께가 없는 성이라는 뜻과 가지를 치는thin 즉, 숫자를 줄이는 성이라는 뜻이다. 팔리는 한 종족이 다른 종족의 숫자를 줄이는 "가지치기"를 섭리적인 설계의 증거로 이야기했다(팔리 1802, 249).

4.112. 신의 많은 섭리. 고대 그리스인들은 사람의 일뿐 아니라 자연에도 균형과 보상의 법칙이 있다고 믿었다. 억제와 균형을 이루는 자연체계는 헤로도토스의《역사》의 배경이 되는 주제다(기원전 5세기). 헤로도토스는 신이 앞날을 미리 예측하여 소심하고 쉬운 먹이가 되는 종족은 번성하여 유지하도록 만들었고, 야만적이고 해로운 종족은 상대적으로 자손이 귀하도록 만들었다고 믿었다.

4.114. 가장 통제가 잘 된 가족. 디킨스의《데이비드 코퍼필드》에 대한 암시다. 소설에서 미카우버씨는 "내 친애하는 친구 코퍼필드, 가장 통제가 잘 된 가족에서도 사고는 일어난다네"라고 말한다.

4.115. 이상적인 가정의 모습. 애벗은 아마도 고대 그리스의 가족과 빅토리아 시대의 가족 간 차이를 말하고 있을 것이다.

고대 그리스에는 오늘날의 의미에서 '가족'이라는 말이 없었다. 이에 가장 근접한 것은 오이코스(oikos, 사유지 혹은 가정)인데 이 말은 감정적 관계를 무시하고 재산을 강조한다. 남편과 아내 사이는 진정한 동반자 관계라고 할 수는 없었는데 부분적으로 이것은 남자가 약 30세에 결혼하는데 반해 여자는 14세에서 18세 사이에 결혼했기 때문이다. 그리스 사람들은 아내에게 절대적 정절을 요구했지만 그런 배타성이 남편에게는 요구되지 않았다(포메로이 1994, 31-40).

코벤트리 팻모어의 〈집안의 천사〉(1854)나 존 러스킨의 〈여왕의 정원〉(1864)에서 그랬던 것처럼 빅토리아 시대에 가족은 종종 이상적으로 그려졌다. 그 시대를 조사한 조지 M. 영은 "가족이 인간의 안락과 교육을 위한 신성한 약속"이라는 믿음을 "빅토리아 시대의 신앙이 가지는 필수적 항목"으로 묘사했다(영 1936, 159).

4.120. 관습이 있는데 — 지금은 … 본능이 되었지요. 사각형은 본능을 유전된 관습으로 보는 라마르크식의 개념을 가지고 있다. 로버트 리처즈Robert J. Richards는 다윈의 이론이 관습이 유용하기 때문에 (획득성질의 유전을 통해) 살아남는다는 이론에서, 개인이 (자연선택에 의해) 살아남는 것은 그들의 유용한 관습 때문이라는 이론으로 이동해 가는 과정을 추적했다(리처즈 1987).

4.123. 조짐. 미신을 믿는 고대 그리스 사람들은 비일상적인 사건들을 징조로 생각했다.

4.127. 조용한 시간. 여성에 대한 고전적 고정관념은 소포클레스의《아이아스》에서 발견된다. "침묵은 여자의 영광이다."

135 수 없을 겁니다. 지혜도 상식도 분별력도 없는 부인이 할 말이 없을 때조차 조용히 있지 못하고 말할 것이 없다고 떠들어댈 때 적지 않은 냉소주의자들은 이렇게 단언하곤 하죠. 안전하지만 낭랑한 여자의 목소리를 듣느니 치명적인 위험이 따르더라도 말 없는 여자의 등 쪽 침이 훨씬 낫다고.

스페이스랜드의 독자들에게는 우리 나라 여자들 상황이 굉장히 비참
140 해 보이겠지요. 사실 그렇습니다. 가장 낮은 신분인 이등변삼각형 남자들은 각의 수를 늘리면 마침내 천한 신분에서 승격될 수 있을 거라고, 얼마간 기대라도 해볼 수 있어요. 하지만 여성이라는 성으로는 누구도 그런 희망조차 가질 수 없습니다. "한 번 여자면 영원히 여자"라는 것이 자연의 명령이에요. 게다가 진화법칙은 여자에게 불리한 상태에서 멈춰버린 듯
145 합니다. 하지만 신의 섭리는 얼마나 지혜로운지, 감탄하지 않을 수가 없어요. 덕분에 여자들은 희망이 없는 만큼 떠올릴 기억도 없고, 앞일을 기대하고 숙고하는 일이 없는 만큼 고통과 굴욕도 느끼지 않으니까요. 여자라는 존재에게 필연적이기도 하고 플랫랜드 헌법의 기반을 이루는 것이기도 한 고통과 굴욕 말입니다.

4.138. 위험이 따르더라도 … 훨씬 낫다고. 여성의 혀를 무기로 사용하는 것은 여러 영국속담의 주제이다.

4.144. 진화법칙은 여자에게 불리한 상태에서 멈춰버린 듯합니다. 영향력 있는 사회이론가 허버트 스펜서는 번식을 위해서 개인의 발전이 남자보다 여자에게서 먼저 멈춰버렸다고 주장했다. 이러한 "개인적 발전의 정지"는 여성의 추상적 사고능력과 정의감을 "확연히 부족한 것으로" 만들었다(스펜서 1873, 374).

4.145. 신의 섭리|wise Prearrangement. 매우 풍자적인 이 행은 사각형이 여성의 곤란한 처지를 터무니없이 합리화하면서 끝이 난다. 그는 여성의 처지가 비참하다고 하지만, 여성들의 지위가 다른 모든 일반적 사회 환경과 마찬가지로 신에 의해 정해졌다는 믿음에 질문을 던질 생각은 못 한다. 대신 신의 섭리의 현명함에 존경을 표하는데, 이 섭리가 여성들에게 보상하는 것은 지성을 거의 주지 않는 것이다. 여성들은 지성이 너무 부족해서 매일 겪는 비참함과 모욕감을 예측하지도 기억하지도 못하게 되는 것이다.

§5
우리가 서로를 인식하는 방법

당신들은 빛과 그림자를 누리는 축복을 받았어요. 태어날 때부터 두 눈을 선물 받고, 선천적으로 원근법을 알고 있으며, 다양한 색깔이 주는 즐거움에 흠뻑 빠져들기도 하겠죠. 행복한 3차원 공간에서 실제로 각을 볼 수도 있고, 동그라미의 전체 둘레를 응시할 수도 있고요. 그런 당신들에게 플랫랜드에 사는 우리가 서로의 형태를 어떻게 인식하는가 하는 지극히 어려운 문제를 어떻게 이해시킬 수 있을까요?

앞에서 제가 했던 이야기를 떠올려보세요. 플랫랜드에 사는 모든 존재는 생물이든 무생물이든 그 형태가 어떻든 우리의 시각에는 모두 똑같거나 거의 같은 모습으로, 다시 말해 직선 모양으로 나타납니다. 이렇게 모든 것이 똑같게 보이는데 어떻게 서로를 구분할 수 있을까요?

답은 세 가지예요. 첫 번째 인식 수단은 청각이랍니다. 청각만큼은 우리가 당신들보다 훨씬 발달되어 있어서, 개인적으로 친한 친구의 목소리를 구분하는 건 물론이고, 여러 계급, 적어도 세 하층 계급인 정삼각형, 사각형, 오각형 정도는 얼마든지 식별할 수 있습니다. 이등변삼각형은 고려 대상에 넣지도 않았어요. 하지만 사회적 신분이 높아질수록 청각에 의해 식별하고 식별 받는 과정이 까다로워져요. 한 가지 이유는 목소리가 점점 같아지기 때문이고, 또 하나 이유는 목소리로 식별하는 능력은 하층 계급의 미덕이라 귀족 계급에서는 썩 발달하지 못했기 때문이지요. 게다가 사기를 당할 위험이 있는 곳에서는 이 방법을 신뢰할 수 없어요. 하층 계급에서는 발성 기관이 청각 기관보다 한 단계 더 발달되어 있어서, 이등변삼

5장에 대한 주석

5.2. 원근법을 알고 있으며. 플랫랜드 사람들은 원근법을 모른다는 것이다. 그런데 그들이 정확히 어떻게 사물의 겉모습이 관찰자와 사물 사이의 공간적 관계에 의해 결정되는지 이해하지 못한다는 것은 이상한 일이다. 예술가에게 있어서 "원근법의 문제"는, 3차원의 물체를 2차원에 표현할 때, 어떻게 하면 그렇게 표현된 이미지가 상대적 위치와 크기에 있어서 원래의 물체와 같은 인상을 주는가 하는 것이다. 주디스 필드Judith V. Field의 탁월한《무한의 발명》은 이탈리아 르네상스 시대의 예술가와 수학자들이 이 문제를 어떻게 발견했고 풀어냈는지, 이 문제의 수학적 측면이 어떻게 투사과정에서 변하지 않는 도형의 기하학적 성질들을 연구하는, 지금은 사영 기하학으로 불리는 것으로 일반화되었는지 이야기한다(필드 1997).

5.4. 전체 둘레를 응시할 수도 있고요contemplate complete. 'to contemplate'는 통상 명상 혹은 마음으로 바라보는 것을 의미한다. 그러나 여기서 그것은 응시한다 혹은 바라본다는 뜻이다. 플랫랜드 사람들은 이런 의미에서 동그라미의 전체 둘레를 응시할 수 없다. 동그라미를 내려다보는 스페이스랜드 사람들과는 달리, 그들은 전체 동그라미를 한꺼번에 볼 수 없다. 사실 플랫랜드 사람들이 동그라미 주변을 따라 돌 때, 그들은 언제나 원주의 절반 이하 정도만을 볼 수 있다. [보충주석에서 계속]

5.11. 청각. 네덜란드의 물리학자 크리스티안 하위헌스 Christian Huygens의 연구는 음파가 3차원 공간을 "날카롭게" 움직일 수 있지만 2차원 공간에서는 그럴 수 없다는 것을 보여준다. 우리가 총을 쏘는 장소에서 어느 정도 거리가 떨어져 있다면, 음파가 우리에게 도착할 때까지는 아무 것도 듣지 못한다. 그리고 일단 빠른 총성을 듣고 나면 다시 침묵이 뒤따른다. 그러나 플랫랜드에서는 침묵이 있고 나서 총소리가 들리게 되면 그 다음에는 일종의 멈추지 않는 반향이 뒤따르게 된다(솔로몬 1992; 몰리 1985).

5.13. 여러 계급 … 정도는 얼마든지 식별할 수 있습니다. 19세기에는 적절한 언어, 특히 적절한 억양을 사용하는 것이 자신의 계급적 상태를 나타냈다. "훌륭한 교양과 교육이 다른 어떤 수단보다도 말하는 방식으로, 다시 말해, 대화 중에 사용되는 언어에 의해 드러난다는 말은 다른 어떤 말보다도 옳은 말이다"(윌리엄스 1850, 5).

각형은 다각형의 목소리를 쉽게 흉내 낼 수 있고 조금만 연습하면 동그라미의 목소리도 흉내 낼 수 있거든요. 따라서 두 번째 인식 방법이 더 일반적으로 사용됩니다.

두 번째 인식 수단인 느낌은 여자들과 하층 계급 ─ 상층 계급에 대해서는 잠시 후에 이야기해드리죠 ─ 사이에서 어쨌든 낯선 사람을 인식하는 수단이며, 개인이 아닌 계급을 인식할 때 주로 사용하는 방법입니다. 그러니까 스페이스랜드의 상위 계층이 서로를 "소개"하는 과정이 우리에게는 "느끼는" 과정인 거지요. "제 친구 아무개 씨를 느끼시고 그가 당신을 느끼도록 허락해주십시오"라는 말은 도심에서 멀리 떨어진 시골의 보수적인 신사들 사이에서 아직도 관례적인 문구로 사용되고 있어요. 하지만 도시에서 그리고 사업가들 사이에서는 "그가 당신을 느끼도록 허락해주십시오"가 생략되어, "아무개 씨를 느껴주십시오" 정도로 문구가 짧아졌답니다. 물론 "느낌"은 상호적인 것으로 상정되지만 말입니다. 훨씬 현대적이고 세련된 젊은 신사들 ─ 그들은 쓸모없는 수고를 극도로 싫어하고 모국어의 순수성에 완전히 무관심하죠 ─ 사이에서는 이 문구가 훨씬 짧아져서, "느끼고 느낌을 받도록 권한다"는 뜻으로 통상 "느낀다"라고만 말해요. 그리고 요즘엔 점잖든 경박하든 상류층 사교계에서는 "은어"로 "스미스 씨, 존스 씨를 느끼시죠" 같은 속된 말이 용인되고 있지요.

하지만 독자 여러분처럼 우리에게도 "느낌"이 지루한 과정일 거라고 지레짐작하지 마시길 바랍니다. 각 도형의 모든 변을 정확하게 느껴야만 그들이 속한 계급을 파악할 수 있을 거라고 생각하지도 마시고요. 우리는 학교에 다닐 때부터 오랫동안 연습과 훈련을 거듭했고 일상생활에서 지속적으로 경험해왔기 때문에, 정삼각형인지 사각형인지 오각형인지 촉각으로 단박에 구분할 수 있답니다. 아무리 둔한 촉각을 가졌어도 머리

5.27. "소개." 빅토리아 시대의 에티켓 코드에 따르면 소개는 마구잡이로 행해져서는 안 된다. 소개가 어떻게 받아들여질까에 대해 조금이라도 의구심이 있다면, 양쪽 사람들에게 미리 그들이 소개되고 싶은지에 대해 물어봐야 한다. 두 사람이 다른 계급을 가진 경우에는 계급이 더 높은 사람의 의향만 물어보는 것으로 충분했다(《매너스》 1879).

5.33. "느낌"은 상호적인 것으로. 그림 5.1은 사각형과 오각형 사이의 "상호적 느낌"(즉 오고가는 느낌)을 보여준다. 첫째로 사각형은 오각형이 자신을 "느끼는" 동안 움직이지 않는다. 이때 오각형은 그가 가져다 대는 가장자리의 중간을 사각형의 꼭짓점(P라고 하자) 가까이에 가져다 댄다. 그리고 나서 오각형은 P를 중심으로 P에서 각을 만드는 다른 가장자리와 만날 때까지 회전한다. 이 과정을 끝내기 위해, 이번에는 오각형이 움직이지 않는다. 그리고 사각형은 오각형의 꼭짓점들 중의 하나 주변에서 회전한다.

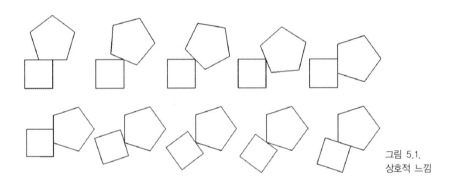

그림 5.1.
상호적 느낌

5.35. 모국어의 순수성에 완전히 무관심하죠. 영어 교사로서의 애벗에 대해서는 부록의 B1, 1871을 보라.

5.37. "은어." 은어 쓰기에 대한 애벗의 경멸이 드러나 있다. 은어는 때로 "단어를 공손하게 쓰는 법에 대해 무지한 것을 숨기기 위한 것이다. 하지만 무지보다는 더 자주 게으름 때문에 사용된다. 은어는 생각할 필요를 줄이려는 목적이 있고, 그런 목적을 달성한다"(애벗과 실리 1871, 105).

5.38. 속된 말 barbarism. 어떤 언어의 고전적 의미를 훼손하는 단어나 표현의 사용을 뜻한다. 외국인을 뜻하는 고대 그리스어 단어에서 유래했다.

나쁜 예각 이등변삼각형의 꼭짓점을 즉시 알아보는 건 말할 필요도 없고
요. 그러므로 보통은 각 도형의 여러 각들을 일일이 느낄 필요가 없습니
다. 그리고 일단 확인을 마치면 상대의 계급을 알 수 있지요. 상대가 귀족
같은 상층 계급에 속하지 않는 한 말입니다. 사실 그처럼 높은 계급은 확
인하기가 여간 까다로운 게 아니랍니다. 심지어 웬트브리지 대학교 석사
학위자도 10개의 변을 가진 다각형과 12개의 변을 가진 다각형을 헷갈려
한다고 해요. 이곳 명문 대학을 드나드는 과학 박사라 해도, 상대가 20변
귀족인지 24변 귀족인지 지체 없이 곧장 알아볼 수 있다고 장담하지 못할
겁니다.

　　위에서 언급한 여성에 관한 법규를 기억하는 독자들은 접촉에 의해 서
로를 소개할 때 주의를 기울여 조심해야 한다는 걸 쉽게 이해할 겁니다.
방심하며 상대를 느끼다가 각에 찔려 돌이킬 수 없는 상처를 입을 수도 있
으니까요. 그러므로 느끼는 자 the Feeler의 안전을 위해 느낌을 받는 자 the
Felt 는 반드시 완벽한 정지 상태를 유지해야 합니다. 지금까지 알려진 바
에 따르면 느낌을 받는 자가 깜짝 놀라 갑자기 몸을 움직이거나, 산만하게
몸을 꼼지락거리나, 심지어 격하게 재채기를 하다가 무방비 상태인 상대
에게 치명적인 위험을 초래했지요. 그래서 지속될 수 있었을 우정이 싹도
펴보지 못한 채 끝난 경우가 많다고 해요. 특히 하층 계급인 삼각형들은
실제로 그런 경우가 허다하답니다. 삼각형은 눈이 꼭짓점에서 아주 먼 곳
에 달려 있어 프레임 끝의 감각을 좀처럼 인지하지 못해요. 게다가 워낙
무디고 거칠어서, 매우 조직적인 다각형의 섬세한 손길을 잘 느끼지 못하
죠. 그러니 무심코 머리를 쳐드는 행동으로 지금까지 나라의 소중한 생명
을 수없이 잃었다 해도 이상한 일이 아니지요!

　　훌륭한 우리 할아버지께서는(그분은 사실상 불운한 이등변삼각형 계급 가

5.49. 웬트브리지 대학교. 웬트브리지라는 마을이 있긴 하지만, 이 말은 케임브리지 대학을 상징한다. 애벗은 1857년에서 1861년까지 케임브리지 세인트존스 칼리지의 학생이었다. 조너선 스미스는 애벗이 케임브리지Came-bridge를 웬트브리지Went-bridge로 바꾼 이유를, 모교가 잘못된 방향으로 향했다는 것을 표현하기 위해서라고 추측했다(스미스, 1994, 265). 세인트존스 칼리지 동창이었던 앨프리드 마셜에게 쓴 편지에서, 애벗은 그가 학생이었을 때 케임브리지 대학이 사용한 편협하게 언어학적이고 문학적인 고전학습법에 대해서 불평한다. "주제가 되는 문제와는 동떨어져서, 고전 저자들의 단어들만을 공부하는 데 쓴 3.5년을 돌아볼 때마다 나는 언제나 유감으로 생각합니다"(애벗, 1872).

5.50. 10개의 변을 가진 다각형 … 을 헷갈려 한다. 규칙적인 10각형의 한 내각을 측정하면 $144°$이다. 12각형의 경우, 그 측정값은 $150°$이다. 20각형과 24각형의 경우 그 측정값들은 각각 $162°$와 $165°$이다.

5.63. 눈이 꼭짓점에서 아주 먼 곳에 달려 있어. 이등변삼각형의 눈은 밑각 중의 하나에 있는 것 같다.

5.68. 훌륭한 우리 할아버지. 원서에서 "훌륭한"을 뜻하는 영어 표현은 'excellent'이며, 존경의 의미로 쓰였다. 애벗의 친할아버지인 에드워드 애벗(1782-1853)은 기름장수(동물이나 식물 기름을 만들거나 파는 사람)이자 창고관리인이었다.

운데서도 가장 덜 불규칙한 사람들 중 한 분이셨는데, 사망 직전에 보건사회부에
서 7표 가운데 4표를 얻어 정삼각형으로 승급되셨어요) 당신의 존엄한 눈에서
눈물을 흘리시며, 고조할아버지의 할아버지께 일어났던 이런 식의 실책
을 자주 통탄해하며 말씀하셨어요. 할아버지 말씀에 따르면 우리의 불행
한 선조께서는 59°30′의 각도 즉 지능을 지닌 훌륭한 노동자로, 평소 류머
티즘을 앓고 계셨죠. 그런데 어느 날 어떤 다각형에게 느낌을 받는 도중
에 갑자기 화들짝 놀라는 바람에 그만 뜻하지 않게 대각선으로 그 위대한
분을 찌르고 말았답니다. 그로 인해 우리 집안은 한창 전도유망하던 시기
에 1도 30분이 강등되었지요. 그분의 오랜 투옥과 수모의 결과이기도 했
고, 모든 친척들에게 미친 도덕적 충격도 컸기 때문이죠. 그 결과 다음 세
대에서는 집안의 지능이 고작 58°로 기록되었어요. 그로부터 다섯 세대가
지난 뒤에야 잃어버린 기반을 회복해 지능이 완전한 60°에 달하게 되었으
며, 마침내 승급되어 이등변삼각형에서 벗어나게 되었답니다. 이 모든 재
앙이 바로 느낌의 과정에서 벌어진 하나의 사소한 사건에서 비롯된 겁니다.

이쯤에서 교육을 잘 받은 독자들은 이렇게 의문을 제기할지 모르겠습
니다. "플랫랜드에 사는 당신들이 각도가 몇 도 몇 분인지 어떻게 알지요?
공간 영역에 사는 우리는 서로에게 향해 있는 두 직선을 볼 수 있어요. 하
지만 당신들은 한 번에 단 하나의 직선만 볼 수 있고, 고작 몇 개의 직선들
도 하나의 직선처럼 뭉뚱그려 보이잖아요. 그러면서 어떻게 각도를 구별
하고 게다가 서로 다른 크기의 각도를 기록까지 할 수 있지요?"라고 말이
에요.

질문에 답을 하자면, 우리는 각도를 볼 수 없고 추측만 할 수 있을 뿐이
지만 이 추측이 대단히 정확합니다. 우리의 촉각은 필요에 의해 자극을
받고 오랜 훈련을 통해 발달되어, 자나 각도계의 도움을 받지 않고도 당

5.70. 존엄한 눈에서 눈물을 흘리시며. 알렉산더 포프의 〈오디세이〉에 대한 암시인 듯하다.

> 이것에 아버지, 아버지의 두려움과 함께.
> (눈물로 흐려진 그의 존엄한 눈):

5.73. 각도 즉 지능. 독일인 의사 프란츠 요제프 갈이 개척한 골상학의 본래 이론은 여러 가지 정신적 기능들이 뇌의 특정한 부위에 속하는 것으로 보았다. 이 가설로부터 갈은 두개골의 표면이 개인의 지성과 성격을 알려준다는 결론을 내렸다. 골상학은 갈의 공동연구자인 요한 가스파르 슈푸르츠하임에 의해, 나중에는 19세기에 가장 많이 팔린 책 중의 하나인 《외부 대상과의 관계에서 고찰한 인간의 체질》을 쓴 조지 콤브에 의해 영국에서 대중화되었다.

5.75. 대각선으로. 다각형의 한 대각선이란 인접하지 않은 두 개의 꼭짓점을 잇는 선분이다.

5.78. 다음 세대에서는 … 고작 58°로. 획득형질이 유전된다는 또 다른 예.

5.92. 각도계. 플랫랜드 사람들은 각들을 측정할 수는 있지만, 스페이스랜드의 각도계를 사용할 수는 없다. 그런 각도계는 측정하는 각 위에 놓아야만 한다.

신들 시각보다 훨씬 정확하게 각도를 구분할 수 있어요. 위대한 자연의 도움에 대한 설명도 빠뜨려서는 안 되겠지요. 우리의 자연법칙에서 이등변삼각형의 뇌는 0.5도 즉 30분에서 시작해 각 세대마다 0.5도씩 증가해요(어쨌든 증가한다면요). 그렇게 계속 증가하다가 목표 지점 60°에 다다르면, 마침내 농노 생활이 끝나고 자유인이 되어 규칙 도형 계급이 됩니다.

결과적으로 자연은 우리에게 60°까지 0.5도씩의 상승 단계, 즉 각도의 알파벳을 제공한다고 할 수 있어요. 우리는 전국의 모든 초등학교에서 그 표본들을 볼 수 있습니다. 간혹 있는 퇴보, 그보다 더 빈번한 도덕적·지능적 정체, 그리고 범죄자와 부랑자 집단의 엄청난 생식력으로 인해 0.5도, 1도에 해당하는 인구는 늘 과잉 상태이고 10°까지는 표본이 아주 많아요. 그들에게는 시민권이 전혀 없죠. 대다수가 전쟁에 이용할 정도의 지능도 안 돼, 주에서는 그들을 교육 서비스 용도로 투입해버리죠. 모든 위험 가능성을 전면적으로 차단하기 위해 꼼짝 못하게 족쇄에 채워진 채 유치원 교실에 배치된단 말입니다. 그러면 교육위원회에서는 그 가련한 존재들을 교육에 활용합니다. 그들 자신은 전혀 갖추지 못한 요령과 지능을 중간 계급의 자녀들에게 전달한다는 목적으로 말이죠.

어떤 주에서는 표본에게 가끔씩만 음식을 주면서 고통스럽게 몇 년을 견디게 합니다. 그런가 하면 보다 온화하고 통제가 잘 된 지역에서는 아예 음식을 주지 않아요. 매달, 즉 범죄자 부류가 음식 없이 생존할 수 있는 평균 기간인 한 달을 주기로 표본을 새로 교체하는 것이 장기적인 관점에서 어린 학생들의 교육적 흥미에 더 이익이라고 생각해서죠. 수업료가 저렴한 학교에서 표본이 오래 생존하면 음식 마련에 많은 비용이 들고, 표본은 표본대로 몇 주 동안 계속해서 "느낌"을 당하느라 각이 무뎌져 정확도가 손상된다는 이유에서 말이죠. 하지만 비싼 시스템의 장점을 열거할

5.98. 상승 단계. 아리스토텔레스는 모든 동물이 '완전함'의 정도에 따라 자연의 단계scala natur-ae 속에 나열될 수 있다고 생각했다. 그는 "영혼의 힘"에 기초한, 모든 유기체들의 계층도를 제안했다. 나중에 플로티누스는 아리스토텔레스와 플라톤의 생각을 체계화하여 모든 형태의 생명들로 된 계층도인 "존재의 거대한 사슬"을 만들었다(러브조이 1960, 58-63).

5.100. 간혹 있는 퇴보. 플랫랜드에서 채택한, 점진적으로 진보하는 경향이 있는 라마르크식 진화론은 왜 가장 낮은 형태의 존재가 많은지 설명하지 못한다. 라마르크는 이런 모순을 가장 낮은 형태의 생명이 비유기적 물질로부터 계속해서 생겨난다고 가정함으로써 설명했다. 애벗은 플랫랜드에서 그 문제를 "퇴보"와 "정체"로 해결했다. 플랫랜드의 '인구 생물학'에 대한 간단한 추론을 위해서는 듀드니A. K. Dewdney(2002)를 참고하라.

5.101. 범죄자와 부랑자 집단. 정해진 집 없이 여기저기로 움직이는 사람들에 대한 적개심은 오랜 뿌리를 가지고 있다. 영국의 법에서 "부랑자"는 한가하고 가치 없는 인간, 사기꾼 등 언제나 경멸적인 의미로 사용된다.

때, 쓸모없는 이등변삼각형 인구를 약간이지만 제법 눈에 띄게 감소시킬 수 있음을 덧붙이는 것도 잊어서는 안 되겠어요. 이건 플랫랜드의 모든 정치인들이 지속적으로 염두에 두는 문제이기도 합니다. 그러므로 직접 선거로 선출된 학교위원회에서 소위 "저렴한 시스템"을 찬성하려 한다는 걸 모르지 않지만, 사실 저는 전반적으로 이 문제는 비용을 늘이는 것이 오히려 가장 절약이 되는 많은 경우 가운데 하나라고 생각합니다.

하지만 학교위원회의 정치적인 문제로 이야기의 주제에서 벗어나지는 않겠어요. 느낌으로 상대를 인지하는 것이 생각처럼 지루하거나 두루뭉술한 과정이 아니라는 건 충분히 설명했습니다. 소리로 인지하는 것보다 단연코 훨씬 신뢰할 수 있다는 말도 했고요. 아직 하지 않은 이야기가 더 있는데, 앞에서 언급한 것처럼 이 방법에도 문제가 없지 않다는 겁니다. 이 문제 때문에 중간 계급과 하위 계급 대다수가, 그리고 다각형과 동그라미 계급에서는 예외 없이 모두가 세 번째 방법을 선호한답니다. 세 번째 방법에 대한 설명은 다음 장으로 넘기도록 하죠.

5.119. 직접선거로 선출된 학교위원회. 공립 초등학교 시스템의 기초를 만든 1870년의 교육조례에 따르면, 영국은 2천5백 개의 학교 지역으로 나뉘고 각각의 지역은 직접선거로 학교위원회를 선출한다. 첫 번째 런던 학교위원회에 두 여성을 당선시키는 데 있어서 애벗이 한 역할에 대해서는 부록의 B1, 1870을 참조하라.

5.120. "저렴한 시스템." 프리비 의회의 교육위원회 부의장 로버트 로(정책 담당)는 1862년 초급교육을 지원하는 시스템을 도입했다. "저렴한 시스템"은 논란이 되었던 이 시스템을 암시하고 있을 가능성이 있다. ("결과에 따른 지불방식"으로 악명을 떨쳤던) '개정법령'에 따르면 한 학교에 교부되는 정부 보조금은 출석자의 수뿐만 아니라, 감독 아래 치러지는 읽기, 쓰기, 산수 시험을 통과한 학생의 수에 달려 있었다. 현실적으로, 이것은 선생님들의 봉급이 학생들에게 연례시험을 준비시키는 데 얼마나 성공했는가에 따라 결정된다는 것을 의미했다. "만약 그것(교육)이 싸지 않다면, 그것은 효율적일 것이다. 만약 그것이 효율적이지 않다면, 그것은 저렴할 것이다"라는 말은 로가 하는 전형적인 비꼬기 발언이었다. 그 법령은 처음부터 욕을 먹는 동시에 찬사를 받았고 30년 이상 지속되었다. 애벗은 그 법령이 "기계적인 교사들과 바보 같은 학생들을 만들어내는 자연스런 경향"이 있다고 믿었다(《타임스》 1873년 11월 29일, 6).

§6
시각으로 인식하는 방법

　　이제부터는 앞뒤가 안 맞는 이야기를 해야겠습니다. 앞 장에서 저는 플랫랜드의 모든 도형은 직선 형태를 띤다고 말했어요. 그렇기 때문에 시각 기관으로는 다른 계급에 속하는 개개인을 구분하기가 불가능하다고 덧붙였고 그렇게 암시도 했지요. 그런데 이제 스페이스랜드의 비평가들에게 우리가 시각으로 서로를 인식하는 방법을 설명하려 합니다.

　　조금 번거롭겠지만, 제가 느낌에 의한 인식이 보편적이라고 언급한 부분을 찾아보신다면 "하층 계급 사이에서"라는 조건을 발견하시게 될 겁니다. 그러니까 시각에 의한 인식이 가능한 영역은 상층 계급과 온화한 기후에 한해서인 거죠.

　　안개가 있는 곳이면 어느 지역, 어느 계층에서도 이 방법을 사용할 수 있답니다. 플랫랜드에서는 열대 지역을 제외하고 모든 곳에서 거의 일 년 내내 안개가 자욱해요. 스페이스랜드에 사는 여러분에게는 안개가 풍경을 가리고, 기분을 우울하게 만들고, 건강을 악화시켜 그저 해롭게만 보이는 요소일지도 모르죠. 하지만 우리에게는 그 어떤 맑은 공기에도 뒤지지 않는 축복으로, 예술의 보모이자 과학의 부모로 여겨진답니다. 하지만 은혜로운 환경에 대한 찬사는 이쯤에서 그만두고 제 말이 무슨 의미인지 설명해드리죠.

　　안개가 없다면 모든 선은 똑같이 선명하게 보여 구분하기 어려울 겁니다. 대기가 무척 맑고 건조한 시골 지역에서는 불행히도 실제로 그렇답니

6장에 대한 주석

6.8. 시각에 의한 인식. 시각 인식에 대한 과장된 강조는 플랫랜드 사람들이 자기 주변의 물건들을 모두 피상적으로 인식하고 제한적으로 이해하고 있다는 것을 알려준다.

6.10. 안개. 19세기 중 상당 기간 동안 런던은 연탄 연소로 생긴 짙은 안개에 휩싸여 있었다. 애벗은 1882년의 시티 오브 런던 스쿨 우등생 표창식을 이렇게 말하며 시작했다. "우리는 오늘 여기(밀크거리)에서 마지막으로 만납니다. 그렇습니다. 우리가 영예로운 시장님을 지하로 통하는 구불구불한 길로 안내해서 사람들이 햇볕에게 사과하게 만들고 공기 대용품으로 숨을 쉬게 하는 것은 확실히 이게 마지막입니다." 비록 그 강당은 큰 창문이 있었지만, 애벗이 수상자들의 이름을 읽을 수 없었기 때문에 가스등은 오후 2시부터 켜졌다(시티 오브 런던 스쿨 1882).

애벗의 고질적인 호흡기 질환은 아마도 런던의 스모그 때문이었을 것이다. 1906년에 그는 친구에게 "나는 열 살 소년이었을 때 더 살지 못할 줄 알았네. 게다가 학교에서는 언제나 병약했지. 내가 예순 세 번째 해를 넘어서도 일을 할 수 있을 거라고는 꿈에도 몰랐네"(애벗 1906).

6.15. 예술의 보모. 《헨리 5세》 5막 2절에서 셰익스피어는 평화를 "친애하는 예술의 보모"라고 불렀다.

6.18. 똑같이 선명하게 보여 구분하기 어려울 겁니다. 물체는 안개나 빛을 분산시키는 다른 매체가 없다면, 그것이 눈에서 어떤 거리에 있건 같은 밝기로 보인다. 눈에서 볼 때 그 물체가 점광원(point source, 하나의 점으로 보이는 광원을 뜻하는 물리학 용어 – 역주)인 경우는 예외다. 이 경우 그 물체의 겉보기 밝기는 눈에서의 거리의 제곱에 반비례한다(휴스턴 1930, 321-322).

사람들로 하여금 물체를 3차원적으로 인식하게 만드는 가장 중요한 시각적 단서는 두 개의 망막에 맺힌 그 물체의 이미지 사이에 존재하는 작은 차이에 달려 있다. 플랫랜드 사람들이 두 개의 눈을 가졌다면, 그들은 한 물체의 2차원적인 성질을 인식하기 위해 그와 비슷한 단서들을 사용할 수 있었을 것이다. 그럼에도 불구하고 애벗은 플랫랜드 사람들에게 오직 한 개의 눈만을 주었고 정지해 있는 한 관찰자가 정지해 있는 다른 도형의 모양을 구분할 수 있게 하는 시각적 단서는 사방에 있는 안개가 빛을 산란시키고 더 가까운 물체를 더 밝게 보이게 만드는 점이라는 것을 강조하기로 선택했다. 이런 구성이 가지는 의도된 역설은 보통 시각을 흐리게 만든다고 여겨지는 안개가 시각 인식에 있어서 핵심적이라는 것이다.

다. 하지만 안개가 자욱한 곳에서는 가령 3피트 거리에 떨어진 물체의 경
우 2피트 11인치 거리의 물체보다 훨씬 희미하게 보이지요. 결국 우리는
상대적인 희미함과 선명함을 신중하게 지속적으로 실험하고 관찰함으로
써 관찰하는 대상의 형태를 매우 정확하게 추측할 수 있습니다.

여러 가지 일반론을 늘어놓는 것보다 예를 하나 드는 것이 제 말을 이
해시키는 데 도움이 될 것 같군요.

예를 들어, 두 사람이 저에게 다가오는 모습을 보고 제가 그들의 등급
을 확인하려 한다고 가정해보겠습니다. 그들을 상인과 의사, 다시 말해
정삼각형과 오각형이라고 할게요. 이제 저는 그들을 어떻게 구분할 수 있
을까요?

기하학 공부를 막 시작한 스페이스랜드의 아이들이라면 누구든지 쉽
게 알 수 있어요. 만일 저에게 다가오는 낯선 사람의 각(A)을 이등분하는
곳에 제 시선을 위치시킨다면, 제 시야는 옆 두 선분(즉 CA와 AB)의 이를
테면 딱 중간에 놓이게 되겠죠. 따라서 저는 두 선분을 어느 쪽에도 치우
침 없이 보게 되고, 따라서 두 선분은 동일한 길이로 보일 겁니다.

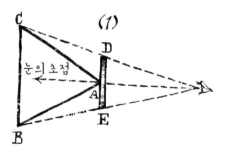

6.32. 시선glance. 이 책의 다른 부분에서 'glance'는 '흘끗 보다' 정도의 일반적인 의미로 사용되었다. 하지만 이 부분에서는 시선 혹은 아마도 눈에서 나오는 광선을 의미한다.

35   그럼 이제 1번 상인의 경우 제 눈에 어떻게 보일까요? 우선 저는 직선 DAE를 보게 되겠지요. 이때 중간점 A는 제 시야에서 가장 가까운 곳에 있기 때문에 아주 선명하게 보이겠지만, 양쪽 선분은 빠른 속도로 희미해질 겁니다. 선분 AC와 AB는 안개 속으로 빠르게 멀어질 테니까요. 그리고 상인의 양끝 부분으로 보이는 D와 E는 실제로 굉장히 희미해질 거예요.

40   반면 2번 의사의 경우를 볼까요? 이때 저는 선명한 중심점 A′가 포함된 선분 D′A′E′를 보게 될 텐데, 이 선분은 상인의 경우보다 좀 더 서서히 희미해질 겁니다. 양쪽 선분(A′C′, A′B′)이 안개 속으로 서서히 멀어지기 때문이죠. 그리고 제 눈에 의사의 양끝으로 보이는 D′와 E′는 상인의 양끝만큼 흐릿하게 보이지는 않을 테고요.

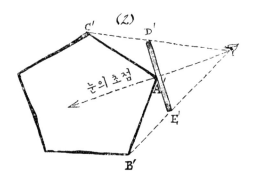

45   두 사례를 통해 여러분은 우리 가운데 교육을 많이 받은 계급은 시각을 통해 중간 계층과 최하위 계층을 아주 정확하게 구분할 수 있다는 걸 이해하셨을 겁니다. 물론 상당한 장기간의 훈련을 통해 지속적인 경험이 뒷받침되어야 가능한 일이겠지만요. 스페이스랜드의 제 후원자들이 이
50   일반적인 개념을 파악할 수 있다면, 그래서 그럴 가능성을 이해하고 제 설명을 전혀 터무니없다고 거부하지만 않는다면 저는 더 바랄 게 없을 거예요. 더 자세하게 설명해봤자 여러분을 혼란스럽게 만들 뿐이고요. 하지만

6.35. 저는 직선 DAE를 보게 되겠지요. 고대 그리스인들이 그랬듯, 플랫랜드 사람들은 시각이 론을 만들 때 빛의 성질이나 눈 또는 뇌의 해부학적 구조를 이해하고 있지 않았다. 사각형이 제시하는 도해는, 눈에 보이는 물체가 '망막에 맺힌 상'이라는 개념이 플랫랜드 사람들의 시 각이론에는 없다는 것을 보여준다. 거기에는 우리가 물체의 '시각적 이미지'라고 부를 '직선 (선분)'이 있으며 그것은 다음과 같이 정의된다. 한 물체의 '시각적 각도'는 물체의 양 끝점 을, 다시 말해 오른쪽과 왼쪽에서 가장 멀리 있는 점들을 통과하고 눈에 있는 공통의 점에서 만나는 선들(반직선들half-lines)이 이루는 각이다. 모든 볼록한 물체에는 관찰자의 눈에 가 장 가까운 한 점이 있다. 이 점을 A라고 부른다면 한 물체의 시각적 이미지는 A를 포함하고 양 끝점을 통과하는 선에 평행하며, 그 끝점들의 시각적 각도를 만드는 반직선들 위에 있는 선분으로 정의된다.

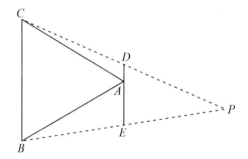

그림 6.1. 이등변삼각형의 시각적 각도

그림 6.1에서 시각의 대상은 한 삼각형이며 관찰자는 P에 있다. 양 끝점은 B와 C이고, P에 서 B와 C를 지나는 반직선들(점선으로 그려져 있다)이 시각적 각도를 형성한다. P에서 가 장 가까운 삼각형의 한 점은 A이며, P에 있는 플랫랜드 사람이 가지는 그 삼각형의 시각적 이미지는 선분 DE이다.

그림 6.2는 이 시각이론이 가지는 이상한 점을 보여준다. P에 있는 관찰자에게는 8각형과 그의 외접원은 모두 같은 양 끝점(B와 C)을, 따라서 같은 시각적 각도를 가진다. 그러나 동 그라미의 시각적 이미지(D'E')는 팔각형의 시각적 이미지(DE)보다 작다(그림 6.2처럼 B와 C가 외접원의 양 끝점이 되는 경우는 각 CPB가 45°일 때뿐이다 - 역주). [81쪽에서 계속]

혹시라도 시각에 의한 인식을 쉽다고 생각할지 모르는(제가 제 아버지와 아들들을 인식하는 방식인, 위에서 제시한 두 가지 단순한 예만 보고 말이지요) 아직 어리고 경험이 미숙한 사람들을 위해, 시각 인식의 많은 문제들이 실생활에서는 무척 미묘하고 복잡하다는 사실을 짚고 넘어갈 필요가 있을 것 같습니다.

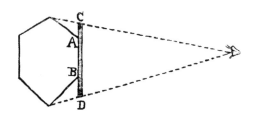

예를 들어, 정삼각형인 제 아버지가 저에게 다가올 때 제 눈에 아버지의 각 대신 한쪽 면이 보인다면 저는 아마 아버지를 직선, 다시 말해 여자가 아닐까 잠시 의심하게 될 겁니다. 아버지에게 옆으로 돌아보시라고 하거나 제 시선을 아버지 옆으로 돌리기 전까지는 말이죠. 그런가 하면 육각형인 두 손자 녀석 가운데 한 명과 함께 있을 때 녀석의 한쪽 변(AB)을 정면에서 바라보면, 위 그림에서 분명하게 알 수 있듯이 저는 하나의 선분 전체(AB)를 비교적 선명하게 볼 수 있어요(양 끝이 거의 흐려지지 않지요). 두 개의 짧은 선(CA와 BD)은 전체적으로 흐릿하고 맨 끝 C와 D로 향할수록 더욱 희미해지고요.

주제를 자세하게 접근하고 싶지만 그런 유혹에 넘어가서는 안 되겠군요. 교육을 많이 받은 이들이 생활 속에서 겪는 문제들(그들은 가령 무도회나 사교 모임 같은 곳에서 몸을 돌리기도 하고, 앞으로 나갔다 뒤로 물러났다 하며 움직이면서, 그 와중에 높은 직위에 있는 많은 다각형들이 제각각 다른 방향으

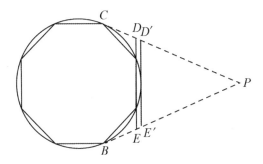

그림 6.2. 팔각형과 외접원의 시각적 각도

6.49. 스페이스랜드의 제 후원자들. 《플랫랜드》의 독자가 바로 사각형의 후원자들이다. 그는 우리의 상상력 안에 살기 때문이다.

6.53. 제 아버지. 애벗의 아버지에 대해서는 부록 B1, 1838을 참조하라.

6.62. 두 손자 녀석. 애벗은 손자들이 없었다. 아들 딸 모두 결혼한 적이 없었기 때문이다. 지금 살아있는 친척 중 그와 가장 가까운 사람은 여동생들의 후손인 엘리자베스 페리와 앨리스 하트다.

6.69. 사교 모임conversazione. 대화나 사교적 오락을 위해 모이는 저녁 모임에 대한 이탈리아 말. 영국에서 이 말은 요즘 "가정At Home" 모임으로 알려진 개인적인 만남에 쓰인다. 이 모임은 집주인이 특정 시간 동안 집에 있을 거라고 공개하면, 그 시간 동안 손님들이 편하게 오고 가는 방식으로 이루어진다.

로 움직이는 모습을 시각에 의해 구분하려 애쓴답니다)을 역설하면 스페이스
랜드의 가장 평범한 수학자라도 제 말을 쉽게 믿을 겁니다. 이런 문제들
때문에 가장 지적인 이들조차 그들의 예리한 모서리를 얼마나 혹사시켜
야 하는지 몰라요. 그러니 각 주에서 모여든 많은 엘리트들을 대상으로
75 시각 인식에 관한 이론과 기술을 정규 과목으로 채택한 저명한 웬트브리
지 대학교에서 정적·동적 기하학을 가르치는 박식한 교수들은 대체 얼마
나 재능이 출중한 분들일까요.

이런 고상하고 가치 있는 기술을 완벽하게 수행하려면 그만큼 시간과
돈이 필요한데, 그런 시간과 돈을 지불할 수 있는 사람은 가장 부유한 최
80 상류층 가문 출신 가운데서도 소수에 불과해요. 심지어 제법 평판이 높은
수학자이며, 촉망받는 완벽한 두 정육각형 손자를 둔 할아버지인 저조차
도, 상류 계급 다각형들이 분주히 돌아다니는 한복판에 있을 땐 이따금 어
찌나 혼란스러운지 모릅니다. 그러니 평범한 상인이나 농노에게 그런 광
경이 이해되지 않는 건 당연하지요. 제 독자인 여러분이 별안간 우리 나
85 라에 오게 될 경우 여러분 역시 그렇듯이 말이죠.

그런 무리들 속에서 여러분은 사방으로 온통 선들만, 아마도 직선들만
보일 겁니다. 그리고 그 선들의 일부가 시도 때도 없이 계속해서 선명하
거나 희미하게 변하는 모습을 보게 될 테고요. 대학에서 오각형, 육각형
계급 사람들과 함께 3년 과정을 모두 마치고 이론을 완벽하게 익혔다 할
90 지라도, 상류층 무리 속에서 나보다 신분이 높은 사람들과 부딪치지 않고
무난하게 지내려면 다년간의 경험이 필요하다는 걸 깨닫게 될 거예요. 그
들에게 "당신을 느껴도" 되겠냐고 묻는 건 예의에 어긋나고, 그들은 자신
들의 우월한 문화와 가정교육에 의해 여러분의 움직임을 모두 알고 있는
반면, 여러분은 그들에 대해 거의 혹은 전혀 아는 것이 없으니까요. 한 마

6.73. 예리한 모서리를 얼마나 혹사시켜야 하는지. 지적능력에 부담을 준다는 뜻. "예리한 모서리Angularity"는 애벗이 기하학적인 언어를 창의적으로 사용하는 좋은 예다. 이 말은 오직 한 번만(주석 16.5) 통상의 의미인 '예리하게 각이 진'이라는 뜻으로 쓰이고 세 번은 '각들의 배치'라는 뜻으로 쓰였다. 플랫랜드 도형의 지능은 그의 내각과 직접적인 관련을 가지며 예리한 모서리는 비유적으로 지적능력을 의미하도록 두 번 사용되었다(여기와 주석 9.52). 역설적이게도 매우 날카로운 꼭지각을 가진 이등변삼각형은 지적으로 뭉툭한 즉 둔한 반면, 뭉툭한 각들을 가진 다각형들은 지적으로 뾰족, 즉 날카롭다.

6.75. 이론과 기술. 여기서 "이론science"이란 연구에 의해 얻어지는 배움을 말하고 "기술art"이란 연습에 의해서 얻어지는 배움을 말한다. 시각의 물리학을 연구하는 플랫랜드 사람들은 시각인식 이론과 관련이 있고, 그들이 위치를 정하고 한 도형의 각도를 추정하는 데 과거의 경험을 이용했다면 그것은 시각인식 기술과 관련이 있다.

6.76. 정적 시각 인식. 정적인 시각인식은 가만히 있는 물체를 다룬다. 관찰자는 관찰되고 있는 도형을 기준으로 위치를 잡으며 도형의 가장 밝은 (즉 가장 가까운) 한 점이 도형의 꼭짓점 중의 하나, 말하자면 A가 되도록 하고, 그 도형의 양 끝점들이 같은 밝기를 가지도록 (즉 같은 거리에 있도록) 한다. 그러면 눈에서 A까지 그은 선분은 시각적 각도를 2등분하며 A가 시각적 이미지의 중점이 된다(주석 6.54를 참조하라). 시각적 이미지의 밝기가 변하는 것에서 우리는 A에서 각을 이루는 가장자리들의 각도를 알 수 있고 따라서 그 각도를 알 수가 있다. 시각인식의 기술은 작은 수의 변들을 가지는 도형의 경우에도 높은 정밀도를 요구한다. 예를 들어 이 방법으로 한 다각형이 16개의 변들을 가지고 있다는 것을 알아내기 위해서는 각도를 1% 미만의 오차로 추정할 필요가 있다.

6.76. 동적 시각 인식. 동적인 시각인식은 움직이는 물체를 다룬다. 플랫랜드의 관찰자는 도형이 움직일 때 시각적 각도의 변화를 추적함으로써 그 도형의 성질과 위치를 결정할 수 있을 것이다. 동적인 시각 인식의 예들은 15장에서 나오는 회전하는 물체에 적용될 수 있다.

6.77. 재능이 출중한rich endowments. 한 기관의 자산endowment이란 운영을 위한 수입이 나오는, 계속 유지되는 재산을 말한다. 여기서 애벗은 옥스퍼드와 케임브리지가 19세기까지 축적한 거대한 자산을 말하고 있다. 그 대학들의 비판자들은 그 자산에서 나오는 수입의 상당부분은 비학문적인 목적에 사용되고 있으며, 장학금을 후원하기 위해서는 거의 사용되지 않는다는 것에 주목했다(대학위원회 보고서 1874).

6.79. 그런 시간과 돈을 지불할 수 있는 사람은 … 소수에 불과해요. 아리스토텔레스는 기계공, 상인, 농부는 덕을 개발하고 정치에 참여할 여가 시간이 부족하기 때문에 이상 국가에서 배제되어야 한다고 생각했다(《정치학》, 1329a).

디로, 다각형 사회에서 완벽하게 예의를 갖추어 행동하려면 다각형 자체
가 되어야 하는 거죠. 적어도 제 경험에서 얻은 뼈아픈 교훈은 그렇습니다.

시각 인식에 대한 기술(저는 이것을 거의 본능이라고 생각합니다만)이 습
관적인 실행에 의해, 그리고 "느낌"의 관습을 회피함으로써 얼마나 많은
발달이 이루어졌는지 놀랄 따름입니다. 여러분 나라에서 귀머거리들과
100 벙어리들이 수화나 점자를 사용하게 되면, 더 어렵지만 훨씬 유용한 기술
인 입술로 말하고 읽는 시화를 습득하지 못할 거예요. "보기"와 "느끼기"
와 관련해서 우리도 마찬가지랍니다. 다시 말해, 젊은 시절에 "느낌"에 의
지한 사람은 완벽하게 "보는" 법을 결코 배우려 들지 않을 것이란 얘기죠.

이런 이유로 우리 나라의 상류 계급은 "느낌"을 장려하지 않거나 완전
105 히 금한답니다. 상류층 아이들은 어릴 때 느낌의 기술을 가르치는 공립
초등학교에 다니지 않고, 특권층 자제들만 다니는 사립학교에 보내져요.
그리고 우리 나라의 일류 대학교에서 "느낀다"는 것은 상당히 심각한 결
함으로 간주되어, 처음 위반할 땐 정학 조치를 받고 두 번째 위반할 땐 퇴
학 조치를 받지요.

110 하지만 하층 계급에서 시각 인식 기술은 가당찮은 사치로 여겨집니다.
평범한 상인의 경우 아들이 인생의 3분의 1을 관념적인 학문에 허비하게
둘 형편이 못 돼요. 따라서 가난한 집 자식들은 아주 어릴 때부터 "느끼도
록" 허용이 되고 그로 인해 일찍부터 조숙하고 쾌활한 모습을 보이지요.
처음엔 그런 모습이 아직 교육을 마치지 못한 다각형 계급 젊은이의 활기
115 없고 무기력하고 미성숙한 행동과 아주 좋은 대조를 이루곤 하죠. 하지만
다각형 계급 자녀들이 마침내 대학 과정을 이수하고 이론을 실행에 옮길
준비가 되면, 새로 태어났다고 해도 과언이 아닐 정도로 갑자기 확 달라져
요. 예술, 과학, 사회 등 모든 분야에서 삼각형 경쟁자들을 빠르게 추월해

6.80. 제법 평판이 높은 수학자. 애벗의 수학적 배경은 부록 B2, A 에드윈 애벗 애벗의 〈수학적 전기〉에 설명되어 있다.

6.95. 다각형 사회에서 완벽하게 예의를 갖추어 행동하려면. 빅토리아 시대에는 올바른 행동에 대한 기준이 계속 변했기 때문에 신분이 대단치 않고 무식한 외부인들은 적절하게 처신하는 것이 불가능했다. 애벗은 이 시대의 에티켓 시스템을 조롱하고 있다.

6.101. 입술로 말하고 읽는 시화를 습득하지 못할 거예요. 구화법oralism은 수화 대신 말하기와 입술읽기를 통해 소통하도록 주로 청각장애인을 가르치는 방법이다. 밀라노에서 열렸던 청각장애인을 위한 교사 국제회의(1880)에서는 청각장애인을 위한 학교에서 수화를 거부하고 순수하게 구화법을 채택할 것을 세계에 호소하는 결의를 했다. 《타임스》는 그 결의가 다수에 의해 통과했다는 것을 열정적으로 보도했는데 거기에는 영국 대표단 다수도 포함되었다(《타임스》 1880년 9월 28일, 9).

6.106. 특권층 자제들만 다니는 사립학교Seminaries of an exclusive character. 현대적인 의미에서 신학교seminary는 사제가 되려고 하는 사람을 훈련시키는 학교를 말한다. 비유적으로 말하자면 그것은 초기 '발생'의 장소다. 플랫랜드의 높은 계급 사람들이 아이들을 "요람에서부터" 보내는 "신학교들"은 영국의 사립학교 즉, 8살에서 13살의 소년들을 공립학교에 갈 때까지 준비시키는 독립된 학교를 말한다.

6.110. 가당찮은 사치. 플라톤은 교육이 부자 엘리트의 전유물이 될 것이라고 주장했다(《프로타고라스》 326c).

6.111. 평범한 상인의 경우 … 관념적인 학문에 허비하게 둘 형편이 못 돼요. 시티 오브 런던 스쿨은 소년들이 13세가 될 때까지 중학교 진학을 준비시키는 초등학교, 선택된 소수 학생들의 고등교육을 준비시키는 중학교(대부분의 학생들은 16세에 취업을 했다), 고급 고전 과목들과 수학을 가르치면서 특별한 직업적 삶을 준비시키거나, 상당히 많은 경우, 대학입학을 준비시키는 고등학교, 이렇게 3개로 이루어졌다. 애벗은 돈벌이를 준비하는 학생들도 포함해 모든 학생들이 "모든 지식에 대한 일반적인 흥미를 가지고, 그들 자신의 언어를 올바르고 기품 있게 사용하며 물질세계뿐만 아니라 인간의 거대함과 장대함에 대해서도 뭔가 이해하도록" 적절한 일반 교육을 받아야만 한다고 굳게 믿었다(애벗 1888, 381).

그들과 한참 거리를 두게 된답니다.

120 　다각형 계급 가운데 대학교 최종 시험 즉 졸업 시험에 통과하지 못하는 사람은 소수에 불과해요. 그런데 이 실패한 소수의 상황이 정말이지 애처롭기 짝이 없습니다. 상층 계급에게는 거부를 당하고 하층 계급에게는 멸시를 당하니 말이에요. 이들은 학위가 있는 다각형들처럼 체계적으로 훈련을 받아 숙련된 능력을 갖추지도 못하고, 그렇다고 젊은 상인들처

125 럼 타고난 조숙함과 활발한 다재다능함을 갖추지도 못하죠. 전문직과 공직으로 가는 길도 차단되고요. 그리고 이들에게 결혼이 정식으로 금지된 건 아니지만, 대부분의 주에서 정당한 혼인 관계를 맺기가 여간 어려운 게 아닙니다. 그도 그럴 것이, 그처럼 불운하고 재능 없는 부모의 자녀는 대개 그 자신도 불운하다는 걸 경험을 통해 심심찮게 보게 되니까요. 아예

130 확실히 불규칙하게 태어나지 않았다면 말입니다.

　과거 큰 혼란과 폭동이 일어날 때면 주로 귀족 계급에서 떨어져 나온 이런 족속들 가운데서 지도자가 나왔어요. 거기서 오는 폐해가 어찌나 큰지, 차츰 증가하는 소수의 진보 정치인들은 그들을 완벽하게 진압하는 것이야말로 진정한 자비라고 주장할 정도입니다. 그래서 대학 졸업 시험을

135 통과하지 못한 사람은 전원 평생 동안 감옥에 갇히거나 고통 없는 죽음으로 생을 마감하도록 법을 제정해야 하지 않겠냐고 주장하기도 하죠.

　이런, 어쩌다 보니 불규칙 도형 쪽으로 화제가 빗나갔군요. 이 주제는 중요한 이해관계가 달려 있는 만큼 다음 장에서 따로 말씀드리는 게 좋겠습니다.

6.120. 졸업 시험. 애벗이 케임브리지를 다니던 무렵, 학생들은 문학사 학위에서 보통 학위와 우등 학위 중 하나를 선택할 수 있었다. 보통 학위를 위한 시험은 "별로 어렵지 않고, 보통의 능력을 가지고 보통의 기초 훈련을 거쳤으며 케임브리지에 있는 동안 웬만한 성실성을 보인 사람은 통과를 확신할 수 있는" 것이었다(〈학생 가이드(1866, 3)〉). 우등 학위를 위해 애벗이 치른 시험들은 부록의 B2에 묘사되어 있다.

§7
불규칙 도형

　지금까지 저는 플랫랜드의 모든 인간을 규칙 도형, 다시 말해 규칙적인 구조로 이루어진 도형으로 상정했습니다. 어쩌면 이 내용은 기본 명제로 서두에 분명하게 밝히고 넘어가야 했을 것 같군요. 그러니까 제 말은, 여자는 단순히 선이 아닌 직선이어야 하고, 기능공이나 군인은 두 개의 변이 동일해야 한다는 겁니다. 마찬가지로 상인은 세 개의 변이 동일해야 하고, 법률가(황송하게도 저는 이 부류에 속합니다)는 네 변이 동일해야 하며, 일반적으로 모든 다각형은 모든 변이 동일해야 한다는 거죠.

　변의 크기는 당연히 각 도형의 연령에 따라 다릅니다. 갓 출생한 여아의 길이는 약 1인치지만 키가 큰 성인 여성의 길이는 1피트로 늘어나지요. 모든 계급에서 남자의 경우, 성인 남자의 변의 길이를 합산하면 대략 2피트 내지 그보다 조금 길다고들 합니다. 하지만 제가 고려하는 것은 변의 길이가 아니에요. 지금 제가 말하려는 것은 **동일한** 변의 길이이며, 깊이 생각하지 않더라도 플랫랜드의 모든 사회생활은 자연의 의지, 즉 자연은 모든 도형의 변을 동일하게 만들려고 한다는 근본적인 사실에 근거한다는 것을 알 수 있습니다.

　변의 길이가 동일하지 않을 경우 각의 크기도 동일하지 않겠지요. 단하나의 각을 느끼거나 시각에 의해 평가하는 것으로는 도형의 형태를 정확히 판단할 수 없기에, 느낌이라는 실험을 통해 하나하나의 각을 확인하는 과정이 필요할 겁니다. 하지만 일일이 더듬어보는 따분한 행위를 하기에는 인생이 너무도 짧지 않겠어요? 시각 인식에 관한 모든 과학과 기술

7장에 대한 주석

7.1. 규칙적인. 기하학에서는 모든 변들의 길이가 같고 모든 각들의 크기가 같을 때 한 다각형을 '규칙적'이라고 말한다. 여성과 이등변삼각형을 제외하면 플랫랜드의 도형들은 그들이 기하학적인 의미에서 규칙적이면 "규칙적"이다(기하학에서 regular polygon은 정다각형을 말한다. 'regular'는 '보통의'라는 의미도 있다. 여기서는 정다각형이 플랫랜드에서 보통의 존재라는 중의적 의미가 있다 – 역주). 여자는 그녀가 진짜로 곧바르면 규칙적이며 이등변삼각형은 그가 실제로 두 개의 같은 길이의 변들을 가지고 있으면 규칙적이다. 기하학에서 말하는 규칙성과는 달리, 플랫랜드의 규칙성은 도형들의 절대적인 성질은 아니다. 도형들의 성질은 그보다 판정의 문제다. 주석 5.93에서 사각형은 그의 할아버지가 보건사회부의 4대 3 투표에 의해서 이등변삼각형으로 판정되었다고 말한다.

7.5. 세 개의 변이 동일해야 하고. 규칙성에 관한 삼각형의 '정의'는 잘 봐줘도 혼란스럽다. 세 변이 같은 길이를 가지는 삼각형은 어느 것이나 같은 세 개의 각을 가지며, 반대로, 세 개의 각이 같은 삼각형은 어느 것이나 세 변의 길이가 같다. 세 변보다 더 많은 변을 가진 다각형의 경우에는 모든 변의 길이가 같다는 것이 모든 각들이 같다는 뜻은 아니다. 예를 들어 변들의 길이가 서로 같은 사변형(마름모)은 반드시 모든 각들이 같지 않으며, 모든 각들이 서로 같은 사변형(사각형)은 반드시 모든 변들의 길이가 같지 않다. 애벗이 규칙성에 대해 부정확한 정의를 제공한 것이 고의적인가 하는 것은 확실치 않다. 어떤 경우든, (현재 케임브리지 트리니티 칼리지 도서관에 소장된) 하워드 캔들러의 《플랫랜드》 사본에는 "네 변이 같다"는 말 위에 연필로 "그리고 네 각이 같다"라는 첨언이 있다.

모든 변의 길이가 같은 다각형이 모든 각들이 같은 다각형이 되도록 하거나 그 반대의 경우가 성립하도록 하는 조건은 여러 가지가 있다. 예를 들어, 세 개의 각이 같은 등변오각형에서는 모든 각들이 서로 같다(유클리드의 《기하학 원론》 13권, 명제 7). 이런 종류의 것들 중 한 일반적인 성과는 다음과 같다: 한 다각형은 모든 꼭짓점들이 하나의 원 위에 있을 때 순환적cyclic이라고 말한다. 모든 정다각형은 순환적이다. 그리고 정사각형이 아닌 모든 사각형은 순환적이지만 같은 길이의 변들을 가지지 않는다. 모든 변의 길이가 같고 순환적인 다각형은 모든 각의 크기가 같으며, 모든 각의 크기가 같고 순환적인 다각형은 변의 수가 홀수인 경우 모든 변의 길이가 같다.

7.6. 법률가. 영국에서 법률가는 상급 법정에서 변론을 하는 법정변호사와 법적인 조언을 하고 사무적인 일을 하며 하급 법정에서 변론을 하는 사무변호사로 나뉜다. 법정변호사는 일반적으로 높은 사회적 위치를 가지기 때문에, 사각형은 사무변호사인 것 같다.

은 곧 사라질 테고, 느낌 역시 하나의 기술인 한 오래 지속되지 못할 겁니다. 서로 간의 교류는 매우 위험하거나 불가능해질 테고, 신뢰니 신중함은 모두 사라지며, 소박한 사교모임에서조차 누구도 안전하지 못할 거예요. 한 마디로, 문명은 야만의 상태로 퇴보하게 될 겁니다.

25   이런 빤한 결과들을 너무 성급하게 제시한 건 아닌지 모르겠네요. 그러나 잠깐만 생각해보면 우리의 전체 사회 시스템이 규칙성, 즉 모든 각의 동일한 크기를 바탕으로 한다는 사실을 쉽게 이해할 수 있을 테지요. 일상에서 일어나는 평범한 일을 한 가지만 떠올려봅시다. 예를 들어, 거리에서 상인 두세 명을 만났다고 가정해보죠. 여러분은 그들의 각과 재빨리
30   희미해지는 변을 쓱 처다만 봐도 즉시 그들을 알아볼 겁니다. 그리고 언제 점심 먹으러 집에 한번 들르라고 그들을 초대하겠지요. 여러분은 완벽하게 확신하며 그렇게 할 겁니다. 모두가 성인 삼각형에 대해 속속들이 알기 때문이지요. 그런데 이 상인이 표준적인 아름다운 꼭짓점을 갖지 못한, 대각선의 길이가 12인치나 13인치인 평행사변형이라고 가정해보세
35   요. 이런 괴물이 여러분 집 대문 앞에 턱 버티고 서 있다면 여러분은 어떻게 하시겠어요?

이런, 제가 스페이스랜드 주민의 장점을 지닌 사람이라면 누구나 빤히 아는 내용을 자세하게 열거해서 독자들의 지적 능력을 모욕하고 있군요. 그처럼 위협적인 상황에서는 하나의 각만 측정해서는 대상을 충분하게 파악하지 못할 거예요. 지인들의 둘레를 일일이 느끼거나 탐색하는 데만
40   도 평생이 걸리겠지요. 사람들 무리 속에서 충돌을 피하기란 이미 너무나 어려운 일이고, 그건 교육을 잘 받은 총명한 사각형에게도 여간 힘든 일이 아닐 겁니다. 하지만 가까이에 있는 도형 하나의 규칙성조차 계산하지 못한다면 모두가 혼란과 혼돈을 겪을 테고, 아주 약간만 공황 상태에 빠져

7.11. 2피트. 초판에서는 "3피트"라고 했는데 이것이 분명히 맞는 말이다. "2피트"라는 것은 플 랫랜드 사람들의 길이가 12인치까지 커질 수 있다고 말했던 앞의 말과 모순된다(1피트는 30.48센티미터로 12인치이며 한 변의 길이가 1피트인 사각형은 둘레의 길이가 이미 4피트 나 되므로 플랫랜드 사람들의 둘레 길이가 2피트밖에 안 된다고 하는 말은 앞의 말과 모순된 다는 뜻 – 역주).

7.13. 자연의 의지. 플랫랜드에서 그런 것처럼, 고대 그리스의 자연에 대한 관념에는 자연의 법 칙에 대한 현대적 개념이 없다. 즉 자연의 법칙은 인과관계로 닫힌 시스템이 아니다. 아리스 토텔레스는 자연은 좋은 사람의 자손은 좋게 태어나게 하려고 하지만 항상 성공하는 것은 아니라고 말한다(《정치학》, 1255b). 플랫랜드의 자연은 모든 도형들이 규칙적이 되기를 원 한다. 그럼에도 불구하고 불규칙적인 도형들은 계속 태어난다.

7.26. 모든 각의 동일한 크기|or Equality of Angles. '모든 변의 동일한 길이와 모든 각의 동일한 크기' 가 정확한 표현이다.

45 도 심각한 부상을 입게 될 거예요. 게다가 하필 근처에 여자나 군인이라
    도 있게 되면 상당한 인명 피해로 이어지겠죠.

    그러므로 편의상, 형태의 규칙성에 승인 도장을 찍기로 자연과 의견
    일치를 보았고, 법도 이에 질세라 그 노력을 지지하게 되었답니다. 우리
    에게 있어 "도형의 불규칙성"이란 여러분에게 있어 부도덕과 범죄의 결합
50 에 해당하거나 그 이상을 의미하고, 그에 따라 다루어집니다. 물론 기하
    학적 불규칙성과 도덕적 부정 사이에 필연적인 관련이 없다고 주장하면
    서 이치에 맞지 않는 말을 퍼뜨리는 이들도 없지 않습니다. 그런 사람들
    은 이렇게 주장하더군요. "불규칙 도형은 태어날 때부터 부모에게 조롱받
    고, 형제자매에게 비웃음당하며, 집안의 하인들에게 무시당한다. 사회에
55 서는 멸시와 의심을 받고, 책임과 신뢰와 유용한 활동을 요하는 모든 직위
    로부터 박탈당한다. 성년이 되어 심사를 받을 때까지 경찰에게 일거수일
    투족을 철저히 감시당하고, 검사 결과 지정된 편차를 넘어설 경우 죽임을
    당한다. 그렇지 않으면 7급 사환 신분으로 관공서에 감금된다. 결혼은 금
    지되고 초라한 봉급을 위해 지루한 일에 매달려야 하며, 관공서 안에서 모
60 든 생활과 기술이 이루어져야 하고 휴가 기간조차 엄격한 감시를 받아야
    한다. 이런 환경이라면 아무리 고결하고 순결한 본성을 지닌 사람일지라
    도 인간성이 비뚤어지고 무너지는 것이 당연하지 않겠는가!"

    이 모든 논리는 상당히 그럴듯해 보이죠. 하지만 불규칙 도형에 대한
    관용은 국가의 안전과 양립할 수 없어요. 이 자명한 정책 원리가 조상들
65 의 실수라는 주장은, 우리 나라 정치인 가운데 가장 현명한 사람이 수긍하
    지 않았듯이 저 역시 납득이 되지 않습니다. 그래요, 불규칙 도형들의 삶
    이 고통스러운 건 분명한 사실입니다. 그건 국민들 다수의 이익을 위해
    어쩔 수가 없는 일이에요. 만일 앞은 삼각형이고 뒤는 다각형인 사람이

7.49. 불규칙성. 플랫랜드에서 불규칙성을 비윤리적인 것과 같은 것으로 보는 것은 새뮤얼 버틀러의 《에리훤Erewhon》(1872)이 계기가 되었던 것일지도 모른다. 에리훤의 시민들은 모든 질병들을 처벌이 필요한 범죄로 생각한다. 반면에 그들은 모든 도덕적 실패들을 "교정가들straighteners"이 고쳐야 할 병으로 생각한다. 교정가들은 우리가 의사를 만나듯 그들이 상담하는 사람들이다. 교정가들의 처방에는 엄중한 감금과 때로는 신체적 고문도 포함되었는데 플랫랜드의 규칙성 병원에서 불규칙성을 치료하기 위해 사용하는 방법들이 바로 이런 것들일 것이다.

버틀러와 애벗은 세인트존스 학교에서 동년배였고 서로를 알았다. 버틀러는 애벗의 집에서 저녁을 두 번 먹었다고 기록을 남겼다. 그러나 신학에 대한 그들의 견해는 조화를 이루기가 불가능했고 그들은 더 이상 만나지 않았다(존스 1968, 182-183).

7.50. 기하학적 불규칙성과 도덕적 부정 사이에 필연적인 관련이. 신체의 특징에서 개인의 성격을 판정해내는 인상학Physiognomy은 고대 그리스 의학의 한 갈래에서 유래했다. 아리스토텔레스는 《분석론 전서prior analytics》을 이에 대한 한 장으로 끝내고 있다. 처음부터 인상학은 추종자가 없었던 적이 없었다. 그것은 특히 엘리자베스 시대의 영국에서 인기가 좋았다. 프랜시스 베이컨은 미신적 요소를 제거한다면, 인상학은 "자연에서 확실한 근거를 가지고 있고 삶 속에서 유용하게 사용될 수 있다"라고 말했다. 19세기까지도 쭉 계속되었던 인상학의 인기는 부분적으로 요한 캐스파 라바터의 《인상학에 대한 에세이들》 때문이었다.

7.54. 하인들. 빅토리아 시대의 가정에 하인들이 있다는 것은 부유하다는 뜻이 아니었다. 가장 검소한 중산층 가정도 하인이 최소한 한 명은 있었다. 1891년의 영국 인구조사에 따르면 애벗의 집에는 두 명의 하인들이 살고 있었는데 한 명은 22세의 하녀였고 또 한 명은 28세의 요리사였다.

7.64. 정책 원리axiom of policy. 수학이나 논리학에서 공리들axioms은 논리적 추론의 출발점이다. 공리들은 논리적 주장에 있어서 기초가 되는 것으로 사실로 가정되며, 그것들로부터 유도된 결론들이 사실이 되는가 하는 것은 공리들이 사실인가 하는 것에 달려 있다. 반면에 유클리드와 고대 그리스 철학자들은 공리를 자명한 진리, 즉 증명할 필요 없이 사실로 여길 수 있는 명제로 여겼다. 8장 51행에서 사각형은 이 "공리"를 후자의 의미로 여긴다는 것이 분명해진다.

7.67. 다수의 이익interests of the Greater Number. 애벗은 빅토리아 시대 초기의 주류 정치철학인 공리주의를 비꼬고 있다. 공리주의는 좋은 것이란 인간의 행복이며, 어떤 행동이 최대 다수의 사람에게 최대 행복을 가져다준다면 그것은 옳은 것이라고 주장한다. 이에 대한 반론 중 하나는 이미 행복한 사람들을 더 행복하게만 할 뿐인 어떤 다른 선택보다는 고통을 예방하

존재하고, 그가 아주 많은 불규칙 자손을 낳는다면 일상생활이 어떻게 될
까요? 그런 괴물을 수용하기 위해 플랫랜드의 집, 문, 교회들을 바꾸어야
할까요? 극장에서는 매표원들이 그들을 입장시키기 전에, 강의실에서는
그들의 좌석을 마련하기 위해 미리 모든 사람의 둘레를 측정해야 할까요?
불규칙 도형들은 군대에서 면제되나요? 면제되지 않는다면, 전우들을 처
참하게 해치지 않게 하기 위해 어떻게 해야 할까요? 어디 그뿐인가요? 사
기 행위에 대한 거부할 수 없는 유혹은 이 괴물들을 얼마나 끈질기게 따라
다니는지! 다각형의 앞모습이 보이도록 상점에 들어가서 인심 좋은 상인
에게 물건을 주문하는 건 그들에게 식은 죽 먹기라고요! 자칭 박애주의자
라는 이들이 불규칙 도형에 대한 형사법 폐지를 주장하겠다면 그러라고
하세요. 저는 불규칙 도형치고 위선자, 염세주의자, 능력이 닿는 한 온갖
폐해를 저지르고 다니는 가해자가 아닌 자는 한 사람도 보지 못했으니까
요. 자연의 이치상 그들은 그렇게 태어난 겁니다.

물론 일부 주에서 채택하고 있는 극단적인 조치를 (지금 당장) 권하겠
다는 건 아니에요. 그런 주에서는 갓 태어난 아기의 각도가 정상 각도에
서 0.5도만 빗나가도 태어나는 즉시 처분해버리죠. 그러나 우리 나라에서
가장 신분이 높고 능력이 출중한 사람들, 대단한 천재들 가운데 일부는 아
주 어린 시절, 정상 각도에서 45분 내지 그보다 훨씬 크게 벗어나 있었답
니다. 아마 그때 소중한 생명을 잃었다면 우리 주에 돌이킬 수 없는 손해
가 되었을 테죠. 게다가 치료 기술이 발달해 압축, 확장, 절개, 결합, 기타
외과적 수술이나 식이요법에서 빛나는 대성공을 거둔 덕분에, 불규칙 도
형은 부분적으로 혹은 전체적으로 치료가 가능해졌어요. 그러므로 중도
를 지지하는 저는 딱 정해진 절대적인 선을 긋지는 않을 겁니다. 하지만
불규칙 도형의 자손들이 이제 막 틀이 형성되려는 시기에 의료위원회로

거나 없애는 것이 선행되어야 한다는 것이다. 애벗이 여기서 보여주려는 논점이 바로 이것이다. 그는 이 반론을《알맹이와 껍데기》에서 직접적으로 제기한다. 그 책에 따르면, 진정한 기독교 "국가는 국가 전체의 번영을 위해 어떤 한 계급의 고통을 무시하거나 지속시켜서는 안 된다"(애벗 1886, 325).

7.77. 박애주의자. 허버트 스펜서는 가난과 같은 사회적 질병을 치료하려는 어떤 종류의 개입도 억제 받지 않은 "사회적 진화"에서 "필연적으로" 나타나게 될 발전을 느리게 만든다고 믿었다. 스펜서는 "자연스런 사물의 질서 아래서 사회는 병들고, 바보 같고, 느리고, 우유부단하고 신앙심이 없는 구성원들을 지속적으로 배설한다"라고 발표했다. 그는 현재의 비참함을 막기 위한 "정화과정"을 멈춤으로써 미래의 세대에게 더 큰 비참함을 야기하는 "가짜 박애주의자들"을 강력히 비난했다(스펜서 1851, 354-355). 자선사업을 부정하는 대신, 애벗은 전통적인 자선 행위인 구호품 지급이 더 광범위하고 의미 있는 프로그램으로 바뀌어야 한다고 주장했다. 이 프로그램은 "집에서든 밖에서든 노동하는 분야를 확대하는 것, 절제를 권하고 교육하는 것, 가난한 사람들에게 사람이 살기에 적합한 집과 가정을 제공하여 자존감을 가지도록 격려하는 것, 적절한 즐거움과 휴식을 가질 수 있는 자원을 제공해서 지적인 취향을 가지게 격려하는 것, 마지막으로 제대로만 행해진다면 금방 자존감과 지성, 절제와 근면성을 자극할 체계적인 교육을 젊은 사람들에게 제공하는 것"을 포함하는 것이었다(애벗 1875a, 129-130).

7.82. 극단적인 조치. 'extreme measure'의 두 가지 의미에 대한 말장난이다. 문자 그대로는 아주 조심스럽게 측정을 한다는 것을 의미하지만, 비유적으로는 극단적으로 심각하고 폭력적인 행동들을 의미한다.

7.84. 태어나는 즉시 처분해버리죠. 플라톤이나 아리스토텔레스 모두 문제가 있거나 기형인 아기를 내다버려 죽게 하는 것을 허가했으며, 고대 그리스에서는 그런 관행이 전혀 드물지 않았다. 플라톤의 이상국가에서는 "열등한 자들의 자손들이나 어떤 다른 종류의 흠결을 가지고 태어난 아이들은 비밀리에 적절히 제거된다"(《국가》, 460c). 아리스토텔레스는 "아이를 버리거나 키우는 문제에 있어서 기형아들은 살아남지 못하게 하는 법을 만듭시다"라고 촉구했다(《정치학》, 1335b).

부터 회복 불가 판정을 받는다면, 고통 없이 자비롭게 처분되는 것이 마땅하다고 봅니다.

7.93. 처분되는 것이 마땅하다고 봅니다 Irregular offspring be … consumed. 'consumed'가 '처분되었다'와 '먹혔다'의 두 가지 의미가 있는 것에 대한 말장난이다. 사각형이 고칠 수 없을 만큼 불규칙한 아이들을 없애자고 제안하는 것은 조너선 스위프트의 걸작 풍자소설 《온건한 제안》 (1729)을 암시한다. 스위프트는 아일랜드 사람들은 갓난아기들을 살찌워서는 그들이 한 살이 되면 부자들에게 음식으로 팔았으며 이것이 만연한 기아를 해결했다고 주장했다.

§8
옛 사람들의 색채 관습

지금까지 이 책을 주의 깊게 읽어온 독자라면, 플랫랜드의 생활이 다소 지루하다는 사실에도 놀라지 않을 테죠. 물론 그렇다고 전쟁, 음모, 폭동, 당쟁 등 역사를 흥미진진하게 만드는 온갖 사건들이 없다는 의미는 아닙니다. 인생의 문제와 수학의 문제가 기묘하게 뒤섞여서 끊임없이 유추하고 즉각적으로 증명할 기회를 제공하는 플랫랜드의 일상은 어떤 열정을 느끼게도 하죠. 스페이스랜드 사람들은 좀처럼 이해할 수 없겠지만요. 우리 생활이 단조롭다는 건 미학적 관점이나 예술적인 관점에서 그렇다는 뜻입니다. 맞아요, 미학적, 예술적으로는 정말 지루하기 짝이 없어요.

주변의 풍경, 역사적인 작품, 초상화, 꽃, 정물이 죄다 하나의 선일 뿐 밝고 흐린 정도를 제외하면 도무지 변화라고는 찾아볼 수가 없는데 어떻게 지루하지 않을 수 있겠어요?

하지만 늘 그랬던 건 아니랍니다. 전해 내려오는 말이 사실이라면 아주 오랜 옛날, 대략 6세기가 넘는 기간 동안 색깔이 우리 조상들의 삶을 화려하게 만든 시기가 있었다고 해요. 당시 오각형인 어떤 개인(그는 여러 가지 이름으로 알려져 있어요)이 우연히 아주 단순한 색 몇 가지와 아주 기초적인 화법畵法을 발견해서 처음엔 자기 집을 꾸미다가 다음엔 하인들, 그 다음엔 아버지, 아들, 손자, 마지막으로 자기 자신을 꾸미기 시작했어요. 그렇게 꾸미고 나니 아름답기도 하고 편리하기도 해서 모두가 마음에 들어 했지요. 당시 매우 신뢰할 만한 권위자들은 그를 크로마티스테스 Chromatistes라고 부르기로 합의했답니다. 그가 색색으로 꾸민 자신의 몸을

8장에 대한 주석

8.9. 풍경, 역사적인 작품, … 정물. 이것들은 모두 예술 작품이다. 특히 역사적 작품이란 역사적 사건을 그린 예술 작품을 말한다.

8.9. 하나의 선. 플랫랜드의 그림은 예술가가 농도의 변화를 통해 한 2차원 물체의 (주변) 인상을 만들어낸 하나의 선분이다. 1차원적 시점에서 어떻게 하나의 그림이 창조될 수 있는가에 대한 수학적 서술을 위해서는 슐라터(2006)를 참조하라.

8.19. 크로마티스테스 Chromatistes. 그리스어로 크로마chroma는 색을 뜻하며, -istest는 영어에서 행위자를 만드는 접미사인 ' – ist'에 해당하는 것이다. 따라서 크로마티스테스는 색채화가를 뜻한다.

돌릴 때면, 주위 사람들은 관심과 존경의 눈길을 보내곤 했죠. 이제 아무도 그를 "느낄" 필요가 없었고, 아무도 그의 앞모습과 뒷모습을 헷갈리지 않았지요. 주변 사람들은 예측 능력을 발휘해야 한다는 부담감 없이 그의 모든 움직임을 쉽게 확인할 수 있었어요. 아무도 그를 밀치지 않았고, 모두가 그에게 길을 비켜주었답니다. 색깔 없는 우리 사각형과 오각형들은 무식한 이등변삼각형 무리 사이를 지나갈 때면 종종 큰 소리로 우리의 존재를 알려야 하지만, 그는 지치도록 외쳐야 하는 수고를 들일 필요가 전혀 없었죠.

유행은 삽시간에 번졌습니다. 일주일도 안 되어 그 지역의 모든 사각형과 삼각형들이 이 크로마티스테스의 모습을 따라했고, 보수적인 소수의 오각형들만 계속 버티고 있었죠. 하지만 한두 달 뒤에는 십이각형까지 이 혁신적인 유행에 물들었고, 일 년이 지나지 않아 최고위층 귀족을 제외하고 모두에게 일종의 관습이 되었습니다. 그리고 이 관습은 말할 것도 없이 이내 크로마티스테스가 사는 지역에서 주변 지역으로 번졌고, 두 세대만에 플랫랜드에는 여자와 성직자를 제외하고 흑백 차림으로 지내는 사람이 아무도 없었어요.

이쯤 되자 자연이 장벽을 세워, 여자와 성직자 두 계급으로 혁신이 확산되는 걸 막으려는 것 같았습니다. 변의 수가 많다는 것은 혁신가들이 내세운 명분 가운데 거의 핵심이라고 할 수 있었지요. "자연이 변들을 구분한 것은 색깔을 다르게 칠하라는 뜻이다." 당시 이런 궤변은 입에서 입으로 전해졌고, 마침내 전 지역의 문화가 일제히 새롭게 바뀌었죠. 하지만 성직자와 여자들에게는 이런 격언이 전혀 해당되지 않았습니다. 여자들은 워낙 변이 하나뿐이고, 따라서 (복수형으로 현학적으로 말하면) **무변**無邊, no sides이니까요. 성직자들도 변들이 없어요. 그들은 외려 자기들

8.40. 궤변sophism. 형식적으로는 말이 되지만, 실제적으로는 오류인 주장을 뜻한다. 특히 누군가가 고의적으로 속이려는 의도를 가지고 하는 주장이다.

이 하나의 선으로 이루어진 존재임을 입버릇처럼 자랑하고 다녔죠(여자
들은 선이 하나밖에 없는 게 무슨 잘못인 양 토로하고 한탄했는데 말이에요). 적
어도 성직자들 스스로는, 자신들이야말로 진정한 동그라미의 자격을 갖
추었다고 주장했어요. 단순히 무수히 많은 수의 극히 작은 변으로 이루어
진 고위층 다각형과는 차원이 다르다면서요. 하나의 선으로 이루어진 둘
레, 다시 말해 원주를 지닌 축복받은 존재라는 주장이지요. 따라서 이 두
계급은 "변의 구분은 색의 구분을 의도한다"는 소위 자명한 이치에 아무
런 영향을 받지 않았어요. 다른 사람들이 몸을 치장하는 재미에 푹 빠진
와중에도 성직자와 여자들만은 색깔에 오염되지 않고 순수함을 지켰던
거죠.

부도덕한, 방탕한, 무질서한, 비과학적인……. 그 시기를 뭐라고 부르
든, 색채 반란이 일어난 오래전 그 시기는 미학적인 관점에서 플랫랜드 예
술의 찬란한 유년기였어요. 아아, 결코 성인으로 무르익지 못하고 청년으
로 꽃을 피우지도 못한 유년기였단 말입니다. 당시엔 산다는 것 자체가
기쁨이었어요. 산다는 건 곧 보는 것을 의미했으니까요. 심지어 소박한
파티에서 함께 모인 사람들을 바라보기만 해도 즐거웠어요. 교회나 극장
에서는 모인 사람들의 색채가 어찌나 현란하던지 고매한 선생님들과 배
우들의 집중을 크게 방해한 게 한두 번이 아니었다고들 하죠. 하지만 그
가운데 가장 황홀했던 건 이루 말할 수 없이 장엄한 열병식이었다고 합니
다.

2만 명의 이등변삼각형이 전열을 갖춘 광경을 상상해보세요. 전 군대
가 동작을 바꿀 때, 밑변의 칙칙한 검정색은 예각을 포함한 두 변의 오렌
지색과 보라색으로 교체되지요. 정삼각형 민병대는 빨간색, 흰색, 파란색
의 삼색으로 장식하고, 연보라, 군청, 자황, 암갈색으로 꾸민 사각형 포병

8.49. 하나의 선으로 이루어진 둘레. 사각형이 말하는 '선'이란 지금은 우리가 '곡선'으로 부르는, 움직이는 점의 궤적을 말한다.

　아리스토텔레스는 원은 하나의 선으로 이뤄진 외곽을 가지고 있기 때문에 평면도형 중에서도 근본적인 것이라고 말했다. "모든 평면도형은 직선으로 이뤄져 있거나 곡선으로 이뤄져 있다. 직선으로 이뤄진 평면도형은 하나 이상의 선들로 둘러싸여 있고 곡선으로 이뤄진 것은 오직 하나의 선으로 그렇게 되어 있다. 그러나 어떤 것에 있어서든 하나는 다수의 것보다, 간단한 것은 복잡한 것보다 근본적인 것이므로 원은 평면도형 중에서 첫 번째의 것이다"(《천국에 대하여》, 286b).

8.53. 오염되지 않고 순수함을 지켰던 거죠. 오염miasm은 그리스 인의 사고에서 가장 알기 어려운 개념 중의 하나이다. 넓게 말해서 그것은 사물의 형태나 완전성을 더럽히거나 손상을 입히는 것을 말하며 정화를 통해서 제거될 수 있는 것이다(파커 1983, 3).

8.55. 비과학적인. 플랫랜드에서 '과학'은 매우 높은 신망을 가지기 때문에 "비과학적"이라는 것은 매우 경멸적인 표현이다. 로즈마리 잰은 플랫랜드에 만연하는 (남성적) 과학주의가 프랭크 터너가 '과학적 자연주의'라고 부르는 것을 희극적으로 표현한 것이라는 점에 주목했다. '과학적 자연주의'란 과학의 경험적 방법만이 우주에 대한 지식을 얻는 유효한 수단이라는 신조다(잰 1985). 1850년에서 1900년 사이에 생물학자 토머스 헉슬리는 한 무리의 과학적 자연주의자들을 이끌었다. 이들은 영국사회를 비종교화하려는 궁극적인 목적을 가지고 과학적 생각들의 영향을 확대하려고 했다(터너 1974, 16). 찰스 킹슬리의 《물의 아기들》(1863)은 부분적으로 헉슬리에 기초한 풋뎀올인스피릿 교수Professor Ptthmllnsprts라는 등장인물을 통해 과학적 자연주의를 풍자하고 있다.

8.56. 색채 반란. "색채 반란"은 《플랫랜드》와 영화 〈플레전트빌〉(1988)이 가지는 여러 유사점들 중의 하나이다. 이 영화에서 한 쌍둥이는 1950년대의 흑백 텔레비전 프로그램 속으로 전송된다. 그 쌍둥이가 그들이 대체한 텔레비전 속 남매의 삶을 살아감에 따라 그들은 플레전트빌에 관능성, 열정 그리고 자기 자신이 될 수 있는 가능성이라는 새로운 요소를 도입한다. 이 새로운 요소들은 영화에 색깔이 자연발생적으로 나타나는 것으로 상징된다.

8.67. 빨간색, 흰색, 파란색의 삼색으로. 프랑스 삼색기에 대한 암시다. 이 국기는 프랑스혁명 때 채용된 것으로 파란색, 흰색 그리고 빨간색의 수직 띠로 이뤄져 있다.

8.68. 연보라mauve. 이 염료는 원래 윌리엄 퍼킨이 '아닐린 보라aniline purple'라 부른 것이다. 그는 1856년 18세 되던 해에 이 염료를 발견했다. 이 염료는 나중에 아욱꽃을 의미하는 프랑스어를 따라 '모브mauve'라고 이름 붙여졌다. [111쪽에서 계속]

대는 주홍색 총 주위를 빠르게 회전하고요. 5색, 6색으로 꾸민 오각형과 육각형들은 의무실, 기하학 연구원실, 부관실이 있는 현장을 번개처럼 빠른 속도로 종횡무진 누벼요. 이 모든 광경을 상상하고 있노라면, 어떤 저명한 동그라미가 자신이 지휘한 군대의 예술적인 아름다움에 도취된 나머지, 원수 지휘봉과 왕관을 내던지고 이제부터 화가의 붓을 잡겠노라 외쳤다던 유명한 일화를 믿지 않을 수 없을 것 같습니다. 틀림없이 이 무렵 감각적으로 엄청나게 눈부신 발달이 이루어졌을 테고, 그건 이 시기의 언어와 어휘를 보면 어느 정도 짐작이 됩니다. 색채 반란 시대에는 가장 평범한 사람들이 구사하는 가장 평범한 말 속에서조차 단어나 생각에 풍부한 색깔이 배어 있었던 것 같아요. 그리고 지금까지 그 시대의 영향이 이어진 덕분에, 현대의 과학적인 말투 안에 여전히 아름다운 시와 리듬의 여운이 남아 있는 거지요.

퍼킨과 애벗은 분명히 서로를 알고 있었다. 같은 나이였으며 퍼킨이 15세의 나이로 로얄 칼리지 화학과에 들어가기위해 시티 오브 런던 스쿨을 떠날 때까지 그들은 2년간 같은 학교에서 지냈다. 퍼킨의 아들들인 윌리엄과 아서는 1870년대에 애벗의 학생들이었다.

8.70. 기하학 연구원geometricians. 애벗은 'geometer'라는 말 대신에 'geometrician'이라는 말을 쓴다. 애벗은 그 단어에서 그리스어 본래의 의미인 땅을 재는 사람, 다시 말해 토지 조사원 내지 지도 제작자를 의미하기 때문이다. 우리에게 플랫랜드의 지도란 그 세계를 평면에다 그려서 여러 가지 지형들의 상대적 크기와 위치를 보여주는 것을 말한다. 그러나 플랫랜드의 사람들은 2차원의 서류를 볼 수 없기에, 플랫랜드의 기하학자들은 1차원 지도를 그려야 한다.

8.75. 이 시기의 언어와 어휘. 엘리자베스 시대에 대한 암시일 것이다. 이 시기에 대해 애벗은 "영어가 매우 완벽했기 때문에 그 시대의 남자들과 여자들이 병약하게 말하는 것은 불가능했을 것이다"라고 말했다(애벗 1877, 1).

§9
보편 색채 법안

하지만 그러는 동안 지적인 기술은 빠르게 쇠퇴하고 있었습니다.

시각 인식 기술은 더 이상 필요하지 않았고, 따라서 더 이상 행해지지 않았어요. 기하학, 정역학, 동역학, 기타 유사한 문제에 대한 연구는 이내 불필요한 것으로 간주되었고, 대학에서조차 가치를 인정받지 못하고 무
5 시되었죠. 시각 인식보다 아래 단계인 느낌의 기술은 초등학교에서 이내 같은 운명을 겪게 되었고요. 이등변삼각형 계급은 이제 더 이상 표본이 사용되지도 필요하지도 않다고 주장했어요. 그러면서 다른 계급의 교육을 위해 범죄자 계급을 각 학교에 공급하는 관행을 거부했죠. 과거 그들을 짓누르던 조공의 부담은 그들의 포악한 성질을 길들인 동시에 과잉 인
10 구를 감소시키는 이중의 유익한 효과가 있었지만, 이제 그 부담에서 벗어나게 되자 이등변삼각형들은 더욱 무례해졌고 인구는 날로 늘어났답니다.

해가 갈수록 군인과 기능공 계급은 이제 자신들은 다각형 계급과 동등한 위치로 승격되었다고 주장하기 시작했어요. 색채 인식이라는 단순한 과정을 통해 세상의 모든 어려움에 맞설 수 있을 뿐 아니라 정역학이든 동
15 역학이든 인생의 모든 문제를 해결할 수도 있게 되었다면서요. 그러니 최고위 계급인 다각형과 큰 차이가 없지 않느냐고 더욱 강력하게 주장해댔죠. 실제로 그렇기도 했고요. 군인과 기능공 계급은 시각 인식이 자연스럽게 사라지는 것에 만족하지 않았습니다. 모든 "독점적, 귀족적 기술"의 법적 금지, 그에 따른 시각 인식, 수학, 느낌에 관한 모든 연구기금의 전면
20 폐지를 대담하게 요구하기 시작했던 겁니다. 그리고 곧이어 제2의 천성

9장에 대한 주석

9.20 제2의 천성a second Nature. 영어로 "was second nature"가 아니라 "was a second Nature"라고 표기되어 있는데, 이는 '천성적 혹은 본능적'이라는 의미다.

인 색깔이 시각 인식 기술 같은 귀족적 구분법을 불필요하게 만들었으니
법률도 같은 길을 따라야 한다고 주장했죠. 그러면서 향후 모든 개인과
계층은 동등하게 인식되고 동등한 권리가 주어져야 한다고 주장하기 시
작했습니다.

25   고위층 사람들이 우왕좌왕 우유부단한 태도를 보이자, 혁명 지도자들
은 더욱더 많은 것을 요구했어요. 마침내 성직자와 여자들도 예외 없이
모든 계층에게 색을 칠하도록 강요함으로써 색깔에 경의를 표하게 했다
더군요. 성직자와 여자들은 변이 없어 안 된다고 항의했죠. 그러자 혁명
지도자들은 모든 인간의 앞모습 절반(다시 말해, 눈과 입이 포함된 절반)과
30   뒷모습 절반이 구분되어야 한다는 편의성은 자연의 원리에 부합한다고
응수했답니다. 그리하여 그들은 플랫랜드의 모든 주가 참석한 정기의회
와 임시의회에서 모든 여자들은 눈과 입이 포함된 절반은 붉은 색으로 나
머지 절반은 초록색으로 칠해야 한다는 법안을 제출했어요. 성직자들이
라고 예외가 될 수 없었지요. 성직자들은 눈과 입이 중심점을 이루는 반
35   원에는 붉은 색을, 나머지 뒤편 반원에는 녹색을 칠해야 했습니다.

    이 제안에는 교활한 술책이 적지 않았는데, 사실 이것은 이등변삼각형
의 머리에서 나온 게 아니었어요. 그런 국정 운영 모델을 평가할 정도의
각을 가져본 적도 없는 천한 존재가 아무렴 그런 걸 생각해냈을 리가 있겠
40   어요. 어릴 때 처리되지 않고 살아남은 어떤 불규칙 동그라미의 머리에서
나온 거랍니다. 어리석은 면벌부 덕에 살아남은 그는 결국 국가를 황폐하
게 만들고 수많은 추종자들을 파멸로 이끌고 말았지요.

    한편 이 제안에는 계급을 막론하고 모든 여성을 색채 혁명으로 끌어들
이려는 속셈이 들어 있었어요. 혁명가들은 성직자에게 지정한 두 가지 색

9.21. 색깔이 … 귀족적 구분법을 불필요하게 만들었으니. 인간의 역사에서 색은 편견에 의한 차별의 근본적 이유가 되어왔다. 그런데 플랫랜드에서의 색채 반란 기간 동안 색은 사회를 평준화하는 수단이었다. 이것은 상당히 역설적이다.

9.32. 임시의회extraordinary Assembly. 플랫랜드의 통치 기구 이름은 아테네를 통치하던 기구, 즉 의회와 고위 평의회와 비슷하다. 민회ecclesia는 아테네의 모든 성인 남성 시민들의 정기의회였다. 그런 의회들은 정규적으로 열리거나, 또는 갑작스런 비상사태에 소집되는 등 비정규적으로 열렸다(스미스 1878, 439-443).

9.32. 붉은 색/녹색. 바다에서 좌현(왼쪽)과 우현(오른쪽)을 구분하는 한 가지 방법은 빨간색과 녹색을 이용하는 것이다. 한 배의 좌현 항해등은 언제나 빨간색이고 우현의 등은 언제나 녹색이다. 어두울 때 배는 이 색깔 시스템으로 다른 배가 어느 쪽으로 가고 있는가를 알아볼 수 있다.

9.41. 면벌부indulgence. 이 단어의 신학적 의미인 벌을 사해준다는 뜻에 대한 장난이다. 이것은 기하학적 불규칙성이 도덕적 일탈과 같다는 생각을 강화하고 있다(라틴어 indulgence는 흔히 '면죄부'로 알려졌으나, 의미의 정확성과 최근 역사학계의 추세를 고려하여 '면벌부'로 표기하였다 – 역주).

깔을 여성에게도 똑같이 지정함으로써, 특정한 위치에서는 여성을 성직

자처럼 보이게 했답니다. 여성도 성직자와 똑같은 존경과 존중을 받게 하

려는 의도였죠. 그렇게 하면 틀림없이 전체 여성을 자기들 편으로 끌어들

일 수 있을 거라고 계산했던 겁니다.

그런데 새로 제정된 법률 하에서 성직자와 여성의 외모가 동일하게 보

일 수 있다는 사실이 쉽게 이해되지 않는 분도 계실지 모르겠군요. 그런

분들의 이해를 돕기 위해 약간의 설명을 덧붙이겠습니다.

새 법규에 따라 적절하게 몸을 꾸민 여자를 상상해보세요. 앞모습의

절반(즉, 눈과 입이 포함된 부분)은 빨간색이고 뒷모습의 절반은 초록색으

로 칠해졌을 거예요. 이제 한쪽에서 여자를 바라보세요. 틀림없이 하나의

직선만 눈에 들어올 겁니다. 반은 빨간색, 반은 초록색인 직선 말이에요.

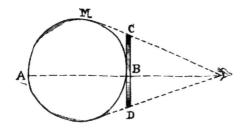

그럼 이제 성직자의 모습을 상상해볼까요? 입이 M에 위치하므로, 앞

모습의 반원(AMB)은 빨간색, 뒷모습의 반원은 초록색으로 칠해질 겁니

다. 지름 AB를 기준으로 빨간색과 초록색으로 나뉘는 거지요. 이 훌륭한

인물을 가만히 응시하면서 두 색깔을 나누는 지름(AB)과 같은 직선에 시

선을 맞춰보세요. 여러분 눈에는 직선(CBD)이 보일 테고, 그 가운데 절반

(CB)은 빨간색이고 나머지 절반(BD)은 초록색일 거예요. 아마 전체 직선

삽화. 본문의 삽화는 3차원적인 눈에 대한 원경이다. 2차원의 존재는 그런 눈을 가질 수 없다. 그림 9.1은 인간 눈의 단면도에 기초한 것으로, 플랫랜드 사람이 가질 수도 있는 2차원 눈의 구조를 보여준다. 빛은 투명한 각막과 눈동자 그리고 렌즈를 통과해서 망막에 1차원의 이미지를 만든다. 듀드니의 《플래니버스The Planiverse》에서 아르딘 눈Ardean eye의 개념을 살펴보라(듀드니 1984b, 49).

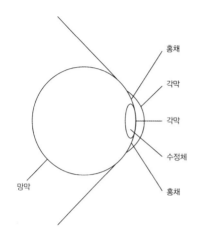

홍채

각막

각막

그림 9.1. 플랫랜드 사람의 눈

수정체

망막

홍채

(CD)의 길이는 실물 크기 여자의 길이보다 훨씬 짧을 테고, 양 끝을 향해 더 빠른 속도로 희미해질 겁니다. 하지만 색깔은 같기 때문에 여러분은 곧바로 같은 계급이라고 믿어버리겠죠. 다른 상세한 부분은 무시한 채 말
65 이에요. 시각 인식의 쇠퇴는 색채 반란 시기에 사회를 위협하는 요소였음을 기억하시기 바랍니다. 그리고 틀림없이 여자들은 동그라미를 모방하기 위해 양 끝을 희미하게 만드는 법을 서둘러 배우려 들었을 거라는 사실도 염두에 두세요. 그렇다면 독자 여러분, 이제 확실히 이해되시겠죠. 색채 법안으로 인해 우리는 성직자와 젊은 여성을 혼동하는 커다란 위험에
70 처하게 되었다는 사실을 말입니다.

　　힘없는 여성에게 이런 가능성이 얼마나 매력적으로 다가왔을지 짐작이 가고도 남습니다. 그들은 이처럼 혼란스런 상황이 일어나길 기쁘게 고대했어요. 여자들은 아마 집에서 자신들이 아닌 남편과 남자형제들만 알아야 할 정치적, 종교적 비밀을 들었을 거예요. 그리고 심지어 성직자 동
75 그라미의 이름으로 명령을 내리기도 했을 테죠. 다른 색은 첨가하지 않고 오직 빨강과 초록으로만 이루어진 강렬한 색 조합 때문에 집을 나서면 일반 사람들은 성직자와 여자를 계속 헷갈려 했을 겁니다. 덕분에 동그라미들이 손해를 보든 말든 여자들은 행인들의 존경을 받았겠죠. 그런가 하면 여자들이 경박하고 부적절하게 행동해도 동그라미 계급이 그랬다고 추문
80 이 돌아 동그라미들에게 책임이 전가되기도 했답니다. 그로 인해 헌법이 파괴되어도 여자들이 거기에 신경을 쓸 거라고는 기대할 수 없었어요. 동그라미 계급의 가정에서조차 여자들은 이 보편 색채 법안에 적극 찬성했을 정도니까요.

　　이 법안이 노린 두 번째 목적은 동그라미들을 차츰 타락시키는 것이었
85 습니다. 전반적인 지식의 쇠퇴에도 불구하고 그들은 여전히 오염되지 않

9.66. 여자들은 … 서둘러 배우려 들었을 거라는. 플랫랜드의 여자들이 지성적이라는 신호는 여러 개 있다. 이 언급은 독자들에게 보내는 그런 몇 개의 신호들 중에서 가장 확실한 것이다. 동그라미처럼 보이도록 그녀의 말단을 가리기 위해 여성은 대학에서 가르치는 가장 높은 수준의 수업인 시각 인지론을 완전히 이해할 필요가 있다.

9.69. 젊은 여성. 플랫랜드의 시각이론에서 한 젊은 여성의 시각 이미지는 한 동그라미의 시각 이미지와 같은 길이를 가진다. 그림 9.2에서 동그라미의 시각 이미지는 AB이다. 그리고 A에서 B까지 존재하는 젊은 여성은 명암을 제외하고는 같은 시각 이미지를 줄 것이다.

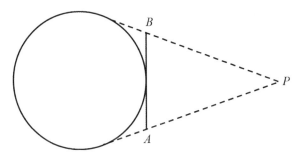

그림 9.2. 동그라미와 젊은 여성의 시각적 각도

9.74. 종교적ecclesiastical. 사제들로 구성된 것으로 보이는 플랫랜드의 정부(ecclesia, 민회)와 관계가 있다.

은 정결함과 이해력을 유지해왔어요. 어릴 때부터 색깔이 전혀 없는 동그라미 가정에 익숙한 이 귀족들만이 신성한 시각 인식 기술을 간직했던 겁니다. 그것은 훌륭한 지적 훈련이 가져온 결과였어요. 그리하여 보편 색채 법안이 도입될 때까지 동그라미들은 대중적인 유행을 멀리함으로써 자신을 지켰어요. 그뿐만 아니라 차츰 다른 계급들보다 우세해지기까지 했죠.

그러자 제가 위에서 언급했던, 이 극악무도한 법안의 실질적인 입안자인 교활한 불규칙 동그라미가 고위층 성직자의 지위를 강등시키기로 했어요. 이들이 색채를 사용하도록 강요하면서 말이죠. 동시에 그들 가정에서 시각 인식 기술을 훈련시킬 기회를 완전히 박탈하기로 일거에 결정을 내렸습니다. 그들에게서 순수한 무색의 가정을 빼앗아 지능을 약하게 만들려는 속셈이었죠. 일단 색깔에 오염되자, 부모 동그라미와 자녀 동그라미들은 서로 허둥대기 시작했어요. 동그라미 아기들은 아버지와 어머니를 구분하는 것에서조차 이해력에 문제를 보였답니다. 그런데 사실 이런 문제는 모든 논리적인 결과에 대한 아이의 믿음을 흔들어놓은 어머니의 기만적인 행위로 인해 굉장히 자주 벌어졌을 거예요. 따라서 성직자 계급의 지적인 광채는 차츰 그 빛을 잃어갔어요. 이제 모든 귀족적 입법 기관이 총체적으로 파괴되고 특권 계층이 전복될 날이 코앞에 닥치게 되었습니다.

9.93. 교활한 불규칙artful irregular. 아마도 디킨스의《올리버 트위스트》에 나오는 "교활한 사기 꾼artful dodger" 잭 도킨스를 암시하고 있을 것이다.

§10
색채 반란 진압

보편 색채 법안의 지지를 받기 위한 선동은 3년 동안 계속되었습니다. 정말이지 마지막 순간까지도 당연히 무정부 상태가 승리할 것만 같았지요.

나중에 다각형 군대가 사병으로 나서서 싸웠지만, 이등변삼각형의 우세한 병력에 의해 전군이 섬멸되고 말았어요. 그 와중에도 사각형과 오각형은 여전히 중립을 지켰고요. 더 최악의 사태는 가장 유능한 동그라미 몇 명이 격렬한 부부 싸움으로 희생되었다는 거예요. 많은 귀족 계급 가정에서는 정치적인 의견이 달라 극도로 화가 난 부인들이 색채 법안 반대를 당장 중단하라고 남편을 들들 볶아 지치게 만들었답니다. 어떤 부인은 아무리 애원해도 소용없다는 걸 알고는 죄 없는 자식과 남편에게 달려들어 그들을 살해했고, 그 같은 살육을 저지르면서 자신도 몹시 괴로워했어요. 기록에 따르면 선동이 일어난 3년 동안 적어도 23명 이상의 동그라미가 가정불화로 비명횡사했다고 해요.

사태가 이만저만 위태로운 게 아니었습니다. 성직자들은 복종과 몰살 사이에서 선택의 여지가 없어 보였죠. 그때 한 가지 재미있는 사건이 벌어지면서 사태의 방향이 별안간 완전히 달라졌습니다. 정치인들은 이 사건을 결코 묵과할 수 없었어요. 가끔은 그런 사건을 예상했을 테고, 어쩌면 직접 조작했을지도 모르죠. 대중의 동정심에 호소해야 할 만큼 권력이 말도 못하게 약해진 상태였으니까요.

기껏해야 4도가 조금 넘을까 말까 하는 지능을 지닌 제일 하급 수준의

10장에 대한 주석

10.8. 남편lords. 원문에서 'lord'는 모두 앞 글자가 대문자로, 즉 'Lord'로 표기되었는데, 이 부분만 앞 글자가 소문자로 표기되었다. 여기서는 남편을 의미한다.

10.11. 3년 동안. 원문에는 'triennial'이라는 고어체로 표기되었다.

이등변삼각형이 어느 상인의 상점을 약탈하러 들어갔다가 우연히 상인의 물감에 살짝 손을 대게 되었습니다. 그러다가 십이각형의 열두 가지 색깔로 직접 몸을 칠했다고도 하고 색이 칠해졌다고도 하고 이야기마다 내용은 분분해요. 아무튼 이후에 그는 시장에 가서 목소리를 꾸며 한 아가씨에게 다가갔어요. 이 아가씨는 부모를 모두 잃은 다각형 귀족의 딸이었는데, 며칠 전 그에게 구애를 받았지만 거절했답니다. 그런데 계속해서 속임수를 쓴 데다 일련의 운 좋은 사건들이 겹쳐 마침내 이등변삼각형은 아가씨와 결혼해 첫날밤을 치르는 데 성공했어요. 신부 친척들의 상상할 수 없는 우둔함과 부주의한 태도도 한몫했죠. 하지만 불행한 아가씨는 속았다는 사실을 깨닫고 스스로 목숨을 끊고 말았답니다.

이 안타까운 소식이 주에서 주로 퍼지자 여자들의 마음에 격렬하게 동요가 일어났죠. 가련한 희생자를 향한 동정심, 자신은 물론 자매와 딸들도 비슷한 사기를 당할 수 있다는 걱정으로 이제 여자들은 전혀 새로운 관점에서 색채 법안을 평가하게 되었지요. 적지 않은 여자들이 이제부터 이 법안에 반대하는 입장으로 돌아서겠다고 공개적으로 선포했고, 나머지 사람들도 약간의 자극만 주어진다면 주저 없이 그렇게 공언할 태세였습니다. 이런 유리한 기회를 놓칠 세라 동그라미들은 서둘러 임시 의회를 소집했어요. 그리고 평소처럼 죄수들을 경호대로 세우는 한편 많은 극보수파 여성의 참석을 확보했습니다.

전례 없이 많은 군중들 한가운데서 당시 의장 동그라미는 — 그의 이름은 팬토사이클러스 Pantocyclus였습니다 — 12만 이등변삼각형의 야유를 받고 있었지요. 하지만 그가 이제부터 동그라미들은 양보 정책에 돌입하겠다고 발표하자 일순간 조용해졌고, 다수의 바람을 인정하여 색채 법안을 받아들이겠노라고 선포하자 소란은 즉시 환호로 바뀌었어요. 의장은

10.21. 십이각형의 열두 가지 색깔. 사각형은 모든 12각형들이 같은 색으로 칠해진다고 말하는 것 같다. 그는 12각형의 바로 그 색깔들the colors of the dodecagon이라고 말한다. 초판에서는 12각형 대신에 12면체라고 쓰여 있었다. 12면체는 12면을 가진 3차원의 입체다.

10.37. 극보수파. 빅토리아 시대의 남자들과 여자들이 여자에게 투표권을 주는 데 반대한 한 가지 논리는 여성들 대부분이 보수주의자들이라 그들에게 참정권을 주는 것은 결과적으로 정치에 극보수적 영향을 주게 될 것이라는 것이었다.

10.40. 팬토사이클러스 Pantocyclus. '모두'를 의미하는 고대 그리스어인 팬토panto와 '원'을 의미하는 라틴어 사이클러스cyclus에서 나왔다.

선동의 지도자인 크로마티스테스를 홀 중앙으로 안내하고는 그에게 추종
자들을 대표해서 성직자 계급의 항복을 받아줄 것을 청했어요. 그런 다음
연설이 거의 하루 종일 이어졌는데, 수사가 뛰어난 걸작으로 원문을 훼손
하지 않고는 그것을 요약하는 것이 불가능할 정도였답니다.

의장 동그라미는 공명정대한 태도가 깃든 근엄한 표정으로 선언했습
니다. 그들이 마침내 개혁이나 혁신에 헌신하기로 했다며 전체 사안의 한
계와 그 장단점을 최종적으로 한 번 더 살펴보는 것이 바람직할 거라고요.
그런 다음 상인들과 전문가 계층, 귀족들에게 닥친 위험을 언급하기 시작
했어요. 이등변삼각형들이 웅성거렸지만, 이 모든 결함에도 불구하고 다
수가 찬성한다면 기꺼이 법안을 받아들이겠노라고 상기시킴으로써 그들
의 입을 다물게 만들었지요. 하지만 분명한 건 이등변삼각형을 제외한 모
두가 의장의 연설에 감동을 받아, 법안에 대해 중립적이거나 반대하는 입
장이 됐다는 겁니다.

이제 의장은 노동자들을 향해 돌아서서 말했습니다. 노동자들의 이익
을 간과해서는 안 되며, 그들이 색채 법안을 받아들일 생각이라면 적어도
결과를 충분히 검토한 후에 그렇게 해야 한다고요. 그리고 계속해서 이렇
게 말을 이었어요. 노동자 가운데 다수가 이제 곧 정삼각형 계급에 편입
될 시점에 와 있다. 그렇지 못한 사람들도 본인은 희망할 수 없었던 탁월
한 특징이 자녀들에게 이미 나타나고 있다. 하지만 이제 그처럼 훌륭한
포부를 단념해야 할 것이다. 보편 색채 도입으로 더 이상 탁월한 특징이
드러나지 않을 터이기 때문이다. 규칙 도형은 불규칙 도형과 혼동될 것이
고, 발전은 퇴보에 자리를 내어줄 것이며, 몇 세대 후 노동자는 군인 계급
이나 죄수 계급으로 강등될 것이다. 정권은 최대 다수, 다시 말해 범죄자
계급의 손에 놓이게 될 터이다. 이들은 이미 노동자보다 더 많은 수를 차

10.66. 정권은 최대 다수 … 의 손에 놓이게 될 터이다. 빅토리아 시대의 많은 영국인은,《국가》 전체에 걸쳐 아테네 민주주의에 대해 경멸감을 표했던 플라톤보다 민주적이지 않았다. 가장 비평등주의적이었던 사람들 중 한 명은 로버트 로인데, 그는 하원의 '반자유주의적 자유주의'의 일원이었다(주석 5.119 참조). 로는 민주주의가 정권을 무식한 사람들에게 이양시켜 이성적인 정부를 불가능하게 만든다고 믿었다. 1866년의 개혁법안에 반대하기 위해 그가 행한 연설은 민주주의를 부정하는 포괄적인 논거를 설명하고 있다. 로와 다른 사람들의 반대로 그 법안은 부결되었으며 이것은 자유주의 정부가 무너지는 이유가 되었다. 그 다음 해에 벤저민 디즈레일리가 이끄는 정부는 개혁법안을 통과시켰다. 이 법안은 모든 남자 세대주가 참정권을 가지게 해서 투표권을 가진 사람의 수를 거의 두 배로 늘렸다.

지하고 있으며, 통례적인 자연의 보상 법칙이 훼손될 때는 다른 모든 계급을 다 합한 것보다 그 수가 훨씬 더 많아질 것이다.

70   이 말에 수긍하는 낮은 웅얼거림이 기능공 계급 사이에서 번지자, 놀란 크로마티스테스가 앞으로 나와 그들을 설득하려 했어요. 하지만 이내 경호원들에게 에워싸여 입을 다물 수밖에 없었죠. 그동안 의장 동그라미는 짧게 열변을 토하며 마지막으로 여자들에게 호소했어요. 색채 법안이 통과될 경우 앞으로의 어떤 결혼도 안전을 보장받을 수 없으며 여자들의
75   명예를 지킬 수 없을 것이다, 모든 가정에 사기와 기만과 위선이 만연할 테고 가정의 행복은 헌법과 운명을 함께 하여 즉시 지옥 같은 파멸로 넘어갈 것이다 하고 외치면서 말이에요. 그리고 이렇게 소리쳤어요. "하지만 그러기 전에 먼저, 죽음이 다가올 것입니다."

      이 말은 다음 행동을 위해 사전에 계획된 신호였어요. 말이 떨어지자
80   이등변삼각형 죄수들은 이제 딱한 처지가 된 크로마티스테스에게 달려들어 뾰족한 끝으로 그를 찔렀어요. 규칙 도형 계급들은 횡렬 대열을 열어 여자들에게 길을 내주었죠. 여자들은 동그라미들의 지시에 따라 눈에 띄지 않도록 등쪽을 앞으로 향하고는 아직 사태를 파악하지 못한 군인들을 정확히 겨누어 그들을 향해 움직였어요. 기능공들도 자기들보다 높은 계
85   급의 뒤를 이어 횡렬 대열을 열었고, 그러는 사이 몇 무리의 죄수들은 촘촘하게 대열을 형성해 모든 출입문을 막아버렸지요.

      그 전투, 아니 대학살은 삽시간에 마무리되었습니다. 동그라미들의 노련한 지휘 아래 거의 모든 여자들이 앞으로 돌격해 상대에게 치명상을 입혔고, 대부분 아무런 부상 없이 날카로운 침을 다시 뽑아 두 번째 학살
90   을 준비했어요. 하지만 두 번째 돌격은 필요하지 않았지요. 이등변삼각형

10.80. 크로마티스테스에게 달려들어 … 찔렀어요. 역사적인 인물인 크로마티스테스와 팬토사이클러스는 《플랫랜드》에서 '이름이 있는' 유일한 사람들이며 그 이름의 중요성은 통상적인 의미인 '색채화가'와 '모든 원'을 넘어선다. 종교적인 사람은 아니지만 크로마티스테스는 한 운동의 열정적인 지도자였으며 넓은 의미에서 한 명의 구세주다. 그의 이름이 구세주를 뜻하는 히브리어 그리스도Christ의 글자들을 모두 가지고 있는 것은 분명 우연이 아니다. 게다가 크로마티스테스를 꿰뚫리게 만든 '팬토사이클러스'와 그리스도를 십자가에 못 박은 '폰티우스 피레이트'의 음이 유사하다는 것은 애벗이 전자가 후자를 암시하도록 의도한 것이 아닐까 하는 생각을 하게 만든다.

10.83. 아직 사태를 파악하지 못한. 자신들만이 유일하게 법안을 찬성하고 있다는 사실을 알지 못하고 있다는 의미이다.

폭도들이 저희들끼리 죽고 죽이다가 끝나버렸으니까요. 가뜩이나 당황한 상태에서 리더는 없지, 앞에서는 보이지 않는 적들에게 공격을 당하고 뒤에서는 죄수들에 의해 출구가 차단되자 그들은 본래의 습성대로 즉시 침착성을 잃고 외치기 시작했어요. "배신이다!" 이 외침이 그들의 운명을 결정지었죠. 이제 모든 이등변삼각형은 사방에서 적의 모습을 보고 느꼈어요. 그렇게 30분도 안 되어 그 많은 무리들 가운데 단 한 사람도 살아남지 못했답니다. 서로의 각에 찔려 죽은 범죄자 계급의 파편 14만 개만이 기존 체제의 승리를 증명할 뿐이었지요.

동그라미들은 지체하지 않고 자신들의 승리를 최대한 밀어붙였어요. 자비를 베푼 것도 잠시, 이내 노동자 계급을 섬멸했어요. 정삼각형 민병대가 소집되었고, 합리적인 이유로 불규칙 도형으로 의심되는 모든 삼각형들은 군법 회의에서 사형을 당했어요. 사회위원회의 정확한 측정이라는 형식상의 절차도 거치지 않은 채 말이죠. 군인과 기능공 계급의 가정은 일 년 이상 확대된 감찰 기간 내내 감시를 받았고, 그 기간 동안 모든 시내와 마을과 촌락에서는 다수의 하층 계급이 체계적으로 숙청을 당했습니다. 이들은 학교와 대학교에 교육 목적의 범죄자를 제공하지 않아 생긴 과잉 인구였죠. 또한 플랫랜드 헌법인 자연법을 위반한 결과이기도 했습니다. 이렇게 해서 계급의 균형이 다시 회복된 겁니다.

말할 것도 없이 이후로는 색을 사용할 수도 소유할 수도 없게 되었습니다. 심지어 동그라미나 자격을 갖춘 과학 교사들 외에는, 색을 의미하는 단어를 입 밖에 내기만 해도 엄중한 처벌을 받았죠. 우리 대학의 가장 수준 높고 매우 비밀스러운 일부 강의에서만 심오한 수학 문제를 설명하기 위한 목적에 한해 약간의 색을 사용하는 것이 아직 허용되고 있다고 해요. 하지만 저에게는 그 강의에 참석할 특권이 주어진 적이 없어서, 소문

10.112. 설명illustrating. 1847년 윌리엄 피커링사는 그 세기의 가장 아름다운 책들 중 한 권을 출판한다. 그것은 아마추어 수학자 올리버 번이 제작한 유클리드의 《기하학 원론》의 한 판본이었다. 번의 판본을 돋보이게 한 것은 그가 유클리드의 정리들을 통상 쓰는 "말, 글자 그리고 검정색이나 색이 없는 도표" 대신에 "색칠한 기호들과 부호 그리고 도표"로 "설명"했다는 것이었다. 번에 따르면 "지식을 소통시키는 이 매력적인 방식은 유클리드 기하학의 기초를 통상 걸리는 시간의 3분의 1도 안 들이고 학습할 수 있게 해주며 훨씬 더 오랫동안 기억할 수 있게 해준다. 이러한 사실들은 고안자와 그의 구상들을 사용한 몇몇 다른 사람들에 의해서 행해진 여러 실험들에서 확인되었다"(번 1847, ix). 이 책은 모든 내용이 디지털 매스매틱스 아카이브Digital Mathematics Archive에 온라인으로 공개되어 있다.

으로 들은 내용을 말할 뿐입니다.

　　이제 플랫랜드 어디에서도 색깔은 존재하지 않아요. 살아 있는 사람 가운데 색깔 제조 기술을 아는 사람은 단 한 사람, 현직 동그라미 의장뿐입니다. 이 기술은 그가 임종을 맞을 때 그의 후임자에게만 전해지지요. 단 한 곳의 작업장에서만 색을 만들 수 있으며, 비밀이 누설되지 않도록 해마다 연구원을 제거하고 새 연구원을 들입니다. 지금도 우리 나라 귀족들은 보편 색채 법안으로 인해 소란이 벌어졌던 아득히 먼 옛날을 떠올릴 때마다 무시무시한 공포를 느낀답니다.

10.119. 작업장. 원문에는 'manufactory'로 표기되었다. 손으로 직접 물건을 생산하는 작업장
이라는 의미를 갖는다.

§11
성직자

지금까지 플랫랜드에서 일어난 일들을 간략하게 두서없이 알려드렸다면, 이제 이 책의 중심 사건으로 건너갈 때가 된 것 같군요. 제가 스페이스랜드라는 신비의 세계를 처음 접하게 된 계기에 대해서 말입니다. 사실 그것이 이 책의 주제이며, 지금까지의 모든 내용은 서문에 불과하다고 할 5 수 있어요.

이런 이유로 많은 내용을 생략해야 했지만, 자랑을 조금 해보자면 그 내용 가운데 상당 부분이 꽤나 흥미롭다는 겁니다. 예를 들면, 우리는 발이 없지만 나름의 방법으로 앞으로 나가고 멈출 수 있어요. 당연히 우리는 손도 없고, 여러분처럼 밑 부분을 땅에 댈 수도 없으며, 땅의 측면 압력 10 을 이용할 수도 없지요. 하지만 나무나 돌, 벽돌 같은 구조물에 몸을 고정시킬 방법이 마련되어 있답니다. 여러 지역들 사이로 비를 내리게 해서 남쪽 지역에 떨어지는 습기를 북쪽 지역이 가로채지 못하게도 하지요. 우리에겐 언덕과 광산, 나무와 식물, 계절과 수확 등의 자연 현상도 존재해요. 직선 모양 서판에 적합한 철자도 있고 직선의 끝에 알맞게 적응한 눈 15 도 있지요. 그밖에 백여 가지 이상의 물리적 실체들에 대한 상세한 내용은 언급하지 않고 지나가는 것이 좋겠습니다. 단, 제가 이 내용들을 생략하는 이유가 기억을 하지 못해서가 아니라 독자 여러분의 시간을 배려하기 위해서라는 걸 말씀드리고 싶군요.

하지만 본격적인 주제로 넘어가기 전에, 독자 여러분은 제가 플랫랜드 20 헌법의 기둥이자 중심에 대해 마지막으로 간단하게 짚고 넘어가길 기대

11장에 대한 주석

11.3. 신비의 세계를 처음 접하게 된. 애벗이 고대 그리스의 신비들을 비유적으로 이용하는 것에 관해서는 주석 20.94에서 논의된다.

11.13. 광산. 플랫랜드의 '갱도'는 '내려'가지 않고 '옆으로' 간다. 갱도의 지붕은 일련의 문/벽으로 지지될 수 있을 것이다. 플랫랜드의 광부는 닫힌 문들이 지붕을 지지하는 동안 한 번에 한 개씩 문을 열어 광산에 걸어 들어갈 수 있을 것이다(듀드니 1984b, 72).

11.14. 철자. 초판에는 "직선 모양 서판書板에 적합한 철자도 있고 직선의 끝에 알맞게 적용한 눈" 대신에 "우리의 직선 모양 서판에 적합한 철자와 쓰기 방법"이라고 쓰여 있다.

11.15. 물리적 실체들에 대한 상세한 내용. 《플랫랜드》를 진짜 같은 이야기처럼 만드는 것은 물리적 실체들에 대한 상세한 내용이 아니고 '인간적'인 부분에 대한 상세한 내용이다. 사실 《플랫랜드》는 2차원 공간의 물리적 세부내용이 더 완전하게 전개된 이야기들보다 훨씬 '진짜' 같다.

4차원 공간의 대중화로 잘 알려진 하워드 힌턴은 2차원 세계의 '물리적' 세부사항에 대해 일관성 있는 설명을 제공하려고 시도했다. 〈평면 세계〉에서 그는 "나는 모든 독자가 천재적인 작품인 《플랫랜드》에 주목하도록 만들고 싶다"라고 말하면서, 애벗은 평면 위에 사는 생명체의 환경을 "그의 풍자와 교훈을 위한 장치로서" 사용했다고 평한다. 그는 자신의 접근방식을 주로 물리적 사실들에 대한 흥미에 집중된 것으로 설명했다(힌턴 1886, 129). 또한 그는 〈플랫랜드의 한 사건〉에서 평면적 존재가 갖는 과학적이고 기술적인 함의에 대해 더 탐구한다. 이것은 평면에 사는 존재에 대한 이야기가 아니라 아스트리아Astria라고 불리는 행성, 다시 말해 원형판의 주변에 사는 존재에 대한 이야기다. 힌턴이 묘사하는 우주는 플랫랜드보다 우리의 3차원 세계와 더 밀접한 대응관계를 가진다. 예를 들어, 두 팔과 두 다리를 가진 아스트리아 사람들은 그들의 원형 행성의 1차원적 테두리를 걷는다. 이것은 우리가 구형 지구에서 2차원적 표면 위를 걷는 것과 같다. 그들의 세계는 중력이 있다(중력은 거리의 제곱에 반비례하는 대신 거리에 반비례한다). 그리고 아스트리아와 또 다른 동반자 행성은 2차원 태양의 주변을 돈다(힌턴 1907).

듀드니는 《플래니버스》에서 2차원 우주의 일반적 성질들을 기술하려는 최초의 현대적 시도를 한다. '2차원 세계와의 컴퓨터 만남'이라는 부제가 달린 이 책은 엔드레드Yendred라는 존재를 소개하는데 이 엔드레드는 그들의 컴퓨터에 2차원 세계를 모방하여 만들어낸 컴퓨터 공학 수업의 수강생들과 접촉을 한다. 계속되는 학생들과의 (컴퓨터) 만남 속에서 엔드레드는 2차원적 행성과 그 기술에 대해 자세히 설명한다.

하실지 모르겠습니다. 우리의 행동과 운명을 결정지으며 경의의 대상이기도 한 분들, 이들이 바로 우리 나라의 동그라미, 즉 성직자라는 건 굳이 말씀드리지 않아도 아시겠죠?

제가 그들을 성직자라고 불렀을 때, 이 용어는 여러분이 알고 있는 의미에 그치지 않습니다. 우리에게 성직자들은 사업과 예술과 과학의 모든 분야를 관장하는 관리자입니다. 무역, 상업, 군대, 건축, 기술, 교육, 정치, 법, 도덕, 종교의 지휘관이기도 하죠. 그들 자신은 아무 일도 하지 않지만, 그들은 다른 사람들이 하는 모든 일, 할 만한 가치가 있는 일의 궁극적 원인입니다.

흔히 동그라미라고 불리는 모든 대상은 동그라미 형태일 것으로 여겨지지만, 교육을 많이 받은 계급 사이에서는 어떠한 동그라미도 진정한 동그라미가 아니라, 무수히 많은 아주 작은 변으로 이루어진 다각형일 뿐이라는 걸 알고 있어요. 변의 수가 많을수록 다각형은 동그라미에 가깝지요. 그리고 변의 수가 300~400개처럼 아주 많은 경우, 아무리 섬세하게 만져보아도 다각형의 각을 느끼기가 무척 어렵답니다. 아니, 어려울 것 같다고 말하는 게 좋겠어요. 앞에서 말씀드렸다시피, 느낌에 의한 인식은 최고위층 사회에서는 잘 모르는 방식이기도 하고, 동그라미를 느낀다는 건 아주 무엄한 모독으로 간주될 테니까요. 이렇게 상류사회에서 느낌을 자제하는 관습 때문에 동그라미들은 더욱 쉽게 신비의 베일을 유지할 수 있는 거죠. 아주 어릴 때부터 자기 둘레의 정확한 본질 즉 원주를 그 안에 숨기곤 하는 베일을 말입니다. 평균 둘레 길이가 3피트이고 300개의 변을 지닌 다각형의 경우, 각 변의 길이는 고작해야 1피트의 100분의 1, 다시 말해 1인치의 10분의 1에 지나지 않아요. 600~700개의 변을 지닌 다각형의 경우 각 변의 길이는 스페이스랜드에 있는 바늘 끝의 지름보다 약간 클

11.22. 성직자. 플라톤의 동굴 속에 있는 죄수처럼 플랫랜드의 사람들은 그들이 감각적으로 인식하는 세계만이 유일하게 가능한 세계라는 믿음, 즉 '차원적 편견'에 구속되어 있다. 각 도형이 '알고 있는' 희미한 현실들은 보편적으로 존재하는 이 편견 때문에 흐려진다. 플랫랜드 사회에서 공유되는 '현실'은 그 자체로 성직자들에 의해 간접적으로 결정된다. 그들은 플라톤의 '모상 제작자들'에 대응된다. 모상 제작자란 현실을 다른 사람에게 해석해주는 사람을 말한다. 철학자와 종교 지도자는 물론이고 작가, 예술가, 과학자, 교육자, 사업가, 정치가, 입법가가 이에 해당한다(《국가》, 514ab).

11.28. 다른 사람들이 하는 모든 일, 할 만한 가치가 있는 일의 궁극적 원인. 사회 개혁가였고 작가였던 베아트리스 포터 웨브는 나이가 들면서 한 가지 사실을 알게 되었다고 말한다. 그것은 그녀가 "습관적으로 명령을 내리지만 다른 사람의 명령을 실행하는 일은, 설사 있다고 해도, 거의 없는 사람들의 계급에 속한다"는 것이었다. 그녀는 런던 사교계의 회원이 되기 위한 핵심적인 자격조건이 "다른 사람에 대해 어떤 종류의 권력을 소유한 것"이었다고 말한다(웨브) 1926, 42, 49).

11.31. 어떠한 동그라미도 진정한 동그라미가 아니라. 《필레보스》에서 플라톤은 원의 형상('신성한 원')과 건설현장에서 쓰이는 물질적인 원('인간의 원')을 대조한다.

11.33. 변의 수가 많을수록 다각형은 동그라미에 가깝지요. 이것은 초판에서 "변의 수에 비례해서 다각형은 원에 가까워진다"라고 잘못 쓴 것을 수정한 것이다.

11.33. 동그라미에 가깝지요. 고대의 수학자들은 원주와 그 지름과의 비율이 일정하다는 것을 알았다. 그리고 이 상수(π)에 대한 근사값은 바빌로니아인, 이집트인, 중국인이 발견한 것이다. (π 기호는 1706년까지는 사용되지 않았다.) 《원의 측정》에서 아르키메데스는 그 이전의 방법에 비해서 근본적으로 개선된 방법을 설명했다. 그는 점점 더 작은 변들로 이루어진 일련의 정다각형들로 한 원을 외접하게 했다. [보충주석에서 계속]

겁니다. 현직 의장 동그라미는 관례상 일단 1만 개의 변을 지닌 것으로 간
주되고 있어요.

동그라미 후손들의 사회적 지위 상승은 하층 계급의 규칙 도형처럼,
변의 개수를 각 세대마다 하나씩만 늘리도록 제한하는 자연법칙에 제약
을 받지 않아요. 그럴 경우 동그라미의 변의 개수는 단순히 혈통과 산수
의 문제가 되겠죠. 그리고 정삼각형의 497대 후손은 필연적으로 500개의
변으로 이루어진 다각형이 되어야 할 테지만, 실제로는 그렇지 않습니다.
자연법칙은 동그라미의 번식에 영향을 미치는 두 가지 상반된 법령을 규
정하고 있어요. 첫째는 그 일족이 더 높은 발달 단계로 올라갈수록 발달
이 가속도로 일어난다는 것이고, 둘째는 동일한 비율로 그 일족의 생식력
이 떨어진다는 겁니다. 그 결과 400~500개의 변으로 이루어진 다각형 가
정에서 아들을 발견하기란 드문 일이고, 아들을 둘 이상 둔 집은 결코 찾
을 수가 없어요. 그런가 하면 500개의 변으로 이루어진 다각형의 아들은
550개, 심지어 600개의 변을 지닌 것으로 알려져 있죠.

더 높은 진화 과정을 돕는 데에는 기술도 한몫한답니다. 의사들은 상
류층 다각형 아기의 작고 연약한 변이 쉽게 깨어질 수 있다는 걸 발견하
고, 아기의 전체 골격을 어떤 경우 200~300개의 변을 지닌 다각형으로 아
주 정밀하게 재설정해요. 이 과정에서 심각한 위험이 수반되기 때문에 절
대로 모든 아기들에게 수술을 할 수는 없습니다. 하지만 간혹 수술이 성
공하면 2, 3백 세대를 훌쩍 뛰어넘게 되지요. 말하자면 조상의 수와 후손
의 신분적 지위가 단번에 두 배가 되는 셈이죠.

이 과정에서 앞날이 창창한 많은 어린 아이들이 희생되고 있어요. 열
명 가운데 한 명이 생존할까 말까 하지요. 하지만 동그라미 계급 가운데

11.60. 깨어질 수 있다는 걸 발견하고, 아기의 전체 골격을 ⋯ 재설정해요. 1887년 5월 14일에 형에게 쓴 편지에서 새뮤얼 바넷(토인비 홀의 설립자)은 애벗이 친구이자 트리니티 대학의 학장이었던 몬터규 버틀러를 묘사한 것을 인용한다. "그는 원이 된 다각형입니다. 그는 분명히 모난 부분을 타고 났지만 그것을 억눌렀습니다(바넷 1919, 33)."

소위 비주류에 속하는 다각형 부모들은 욕심이 어쩌나 큰지, 그 정도 사회적 위치의 가정에서 생후 1개월도 안 된 장남을 '동그라미 신-치료법 감나지움'에 보내지 않는 귀족을 찾기란 거의 드문 일이랍니다.

그렇게 감나지움에 보내진 아이들은 일 년 후에 성공과 실패가 결정되지요. 일 년이 끝날 무렵이면 신-치료법 감나지움의 묘지를 가득 메운 묘비에 틀림없이 아이의 묘비가 하나 더 추가될 겁니다. 하지만 드문 경우, 아이는 반가운 결과를 얻어 더 이상 다각형이 아닌, 적어도 관례적으로는 인정받는 동그라미가 되어 기쁨에 겨운 부모 품으로 돌아가게 됩니다. 대단히 운 좋은 한 가지 사례에 기대어 수많은 다각형 부모들이 비슷한 희생을 감수하지만, 전혀 다른 결과를 얻는 거죠.

11.69. 신-치료법 김나지움 Neo-Therapeutic Gymnasium. 그리스 도시들에서 김나지아gymnasia는 운동을 하는 장소로 시작되었지만 나중에는 보다 지적인 장소로 변했다. 플라톤의 아카데미나 아리스토텔레스의 라이시움은 현대적 대학의 선구이다. 독일이나 다른 대륙 국가에서 김나지움은 대학교육 이전에 학생들을 준비시키는 학교로 만들어졌다.

11.73. 묘비가 하나 더 추가될 겁니다. 플랫랜드의 동그라미 신-치료법 김나지움에서는 아이가 죽는다. 애벗은 이것을 '남자다움'을 주입하고자 하는 사람들이 공립학교 학생들에게 가하는 신체적이고 정신적인 피해에 대한 상징으로 사용하고 있다.

플랫랜드의 김나지움은 (실제로는 사립 기숙학교인) 영국의 '공립학교'를 상징하는 것임이 틀림없다. 옥스퍼드와 케임브리지의 대부분의 학생들은 이 학교들을 나왔다. 공립학교는 본래 그 지역의 남자아이들에게 무료 교육을 제공하기 위한 것이었다. 그러나 19세기 시작 무렵 그 학교들은 대개 귀족층 자녀를 위한 기숙학교가 되었다. 빅토리아 시대 말기에 그 학교들은 "'힘찬 기독교'를 가르치는 기관들이 되었다. 이것은 운동 경기와 애국주의를 숭배하는 것으로 둘 다 뚜렷한 반反지성주의를 장려했다"(터커 1999, 201). 존 허니는 〈톰 브라운의 우주〉에서 그 학교들이 그런 목적들을 달성하기 위해 사용한 잔혹한 수단들을 그림으로 묘사하고 있다(허니 1977, 194-222). 공립학교에서 따랐던 관행에 대해 이야기하면서 《타임스》의 한 작가는 "부모들은 그 과정에 대해 너무 자세히 들여다보려고 하지 말고 그 결과에 만족해야 할 것이다"(1857년 10월 9일)라고 제안하고 있다. 여러 작가가 그 학교들이 잔혹한 스파르타 교육시스템과 비슷하다는 것을 발견했다. 스파르타 교육시스템에서는 남자 아이의 경우 7살 때부터 집 밖에서 엄격한 삶을 살게 한다.

애벗은 아이의 교육에 있어서 가족이 중요하다고 여러 번 반복하여 강조했다. 그는 한 남자아이에게 줄 수 있는 최선의 교육은 공립학교가 아니라 좋은 집, 집에서 가까운 학교에서 얻어질 수 있다고 믿었다. 시티 오브 런던 스쿨의 학교 안내서는 학교의 목적이 "학생들에게서 부모들의 돌봄과 통제를 빼앗는 일 없이" 아이들을 교육시키는 것이라고 말한다(학교 조사위원회 1868b, 278).

11.74. 결과. 'issue'라는 단어의 두 가지 의미를 활용한 말장난이다. 이 단어에는 결과 외에 자손이라는 의미가 있다.

§12
성직자의 가르침

　동그라미들의 교리는 아마도 "자신의 형태를 돌보라"라는 한 가지 격언으로 간략하게 요약할 수 있을 겁니다. 정치든 종교든 도덕이든 그들의 모든 가르침은 개인과 집단의 형태 개선을 목적으로 하지요. 물론 다른 어떤 목적들보다 더 중요한 동그라미의 형태를 기준으로 해서 말입니다.

5　고대의 이단 종교들을 효과적으로 금한 것은 동그라미의 공로가 아닐 수 없습니다. 이단 종교들은 품행이 의지나 노력, 훈련, 용기, 칭찬 등 형태가 아닌 다른 것에 달려 있다는 헛된 믿음을 주입해 에너지와 동정심을 낭비하게 만드니까요. 형태가 그 사람을 만든다고 주장하며 제일

10　처음 인류를 설득한 사람은 팬토사이클러스입니다. 제가 앞에서 언급한 저명한 동그라미로 색채 반란의 진압자였죠. 그의 말은 이런 의미입니다. 예를 들어, 여러분이 이등변삼각형으로 태어났는데 두 변의 길이가 동일하지 않을 경우, 이를 고치려고 하지 않는 건 분명히 잘못일 거예요. 따라서 변의 길이를 동일하게 만들기 위해 이등변삼각형 병원에 가야

15　하지요. 마찬가지로, 여러분이 불규칙 형태의 삼각형이나 사각형, 다각형으로 태어난다면, 역시나 질병을 치료하기 위해 규칙적인 형태로 만들어줄 병원에 가야 합니다. 그렇지 않으면 주립 교도소에 갇히거나 사형 집행인의 각에 찔려 생을 마감하게 될 겁니다.

　아주 사소한 위법 행위에서 극악무도한 범죄에 이르기까지 모든 잘못이나 결함을, 팬토사이클러스는 신체 형태의 완벽한 규칙성에서 벗어난

20　탓이라고 생각했어요. 그리고 선천적인 이유가 아니라면 그 원인은 아마

12장에 대한 주석

12.6. 품행이 … 다른 것에 달려 있다는. '천성과 교육', 즉 타고난 성격(천성)과 환경적 요소(교육) 중 어느 것이 인간의 행동을 주로 결정하는가 하는 오래된 논쟁에 대한 암시다.

영국의 철학자 존 로크와 존 스튜어드 밀처럼, 애벗은 천성보다 교육의 힘을 믿었다. 그러나 《플랫랜드》가 출판될 무렵 이러한 견해는 이미 '오래된 이단'이었다. 당시 영향력 있던 견해를 앞장서 옹호하던 유전학자 프랜시스 골턴은 "교육의 차이가 같은 나라, 같은 사회적 계급을 가진 사람들이 통상 기대하는 수준을 벗어나지 않을 때, 천성이 교육보다 훨씬 중요하다는 결론을 피할 방법은 없다"라고 주장했다(골턴 1875). 원의 교리("형태가 인간을 만든다")는 천성과 교육 문제에 대한 19세기 후반의 '공인된' 입장에 대한 풍자다.

사람들은 어떻게 환경적 사건에 의해 유전자가 활성화되는지, 유전자 표현을 통해 어떻게 학습이 진행되는지 연구해왔다. 《교육을 통한 천성》에서 과학저술가 맷 리들리는 이런 연구들이 천성과 교육 논쟁의 조건을 완전히 바꿨다고 강하게 주장한다. "더 이상 천성이냐 교육이냐가 아니다. 그것은 교육을 통한 천성이다"(리들리 2003).

12.11. 저명한 Illustrious. 말 그대로는 '뛰어난 광채를 지닌'이라는 뜻이다. 여기서는 그의 높은 태생 혹은 계급을 표현한다.

도 사람들 사이에서 부딪쳤거나, 운동을 게을리 했거나 혹은 지나치게 많이 했기 때문이라 여겼죠. 아니면 갑작스런 기후 변화로 몸에서 가장 취약한 부분이 줄어들거나 늘어났기 때문이라 여기던지요. 그러므로 이 저명한 철학자는 냉철하게 평가할 때, 좋은 행동이나 나쁜 행동은 칭찬이나

25 비난을 할 적합한 대상이 아니라고 결론을 내렸습니다. 예를 들어, 어떤 사각형이 고객의 이익을 성실하게 지켰다고 해도 우리가 칭찬할 것은 정직함이 아니라 사각형의 직각이라는 거죠. 마찬가지로 이등변삼각형의 변이 도저히 치료가 불가능할 정도로 크기가 제각각인 걸 애석하게 여겨야지, 왜 그의 거짓말이나 도벽을 비난해야 하느냐는 거예요.

30 　이 원칙은 이론적으로는 반박의 여지가 없어 보이지만 현실적으로 문제가 있습니다. 이등변삼각형의 문제를 다룰 경우, 이등변삼각형 무뢰한이 자기 형태가 불균형하기 때문에 도둑질을 하지 않을 수 없었다고 변명한다면, 치안판사는 바로 그런 이유에서 이웃에게 골치 아픈 존재가 될 수밖에 없으므로 그에게 사형을 언도해야 한다고 대응할 겁니다. 그리고 모

35 든 문제는 이런 식으로 결론이 나요. 하지만 제거, 즉 사형이라는 처벌이 불가능한 가정의 사소한 문제들의 경우에는 간혹 이 같은 형태 이론을 적용하기가 곤란할 때가 있습니다. 그리고 고백하건대 때때로 제 육각형 손자 녀석은 제 말에 복종하지 않고는 갑자기 기온이 변해서 둘레 길이를 감당하기 버거워 그랬다는 핑계를 댄답니다. 그러면서 이건 자기 잘못이 아

40 니라 자신의 형태에 탓을 돌려야 한다느니, 이럴 땐 달달하고 맛난 걸 잔뜩 먹어야 힘이 난다느니 하면서 둘러대지요. 손자 녀석의 결론을 논리적으로 거부할 수도 없고 그렇다고 현실적으로 인정할 수도 없고, 참 난감한 노릇입니다.

　제 경우, 논리적으로 꾸짖거나 벌을 주는 것이 손자 녀석의 형태에 잠

12.27. 사각형의 직각his right angles. 초판에는 "his Rectangles"라고 되어 있는데, 이는 오류가 아니다. 'rectangle'은 한때 직각을 의미했다.

재적으로 강한 영향을 주겠거니 여기는 것이 최선인 것 같더군요. 물론 그렇게 생각할 근거는 없지만 말입니다. 아무튼 이런 딜레마에서 벗어나려는 사람이 저만은 아니에요. 법정에서 판사로 앉아 있는 최고위층 동그라미들 가운데 상당수가 규칙 도형과 불규칙 도형을 향해 칭찬과 비난의 말을 하는 걸 자주 목격할 수 있습니다. 그리고 제가 직접 경험해봐서 아는데, 그들은 가정에서 아이들을 나무랄 때 "옳다" "그르다" 같은 단어를 아무 거리낌 없이 적극적으로 사용해요. 마치 이 단어들의 실재하고 인간이 정말로 둘 중 하나를 선택할 수 있다고 믿기라도 하는 것처럼 말이죠.

동그라미들은 형태를 모든 사람의 정신에 가장 중요한 개념으로 만들기 위해 정책을 수행하면서, 스페이스랜드에서 부모 자식 관계를 규정하는 계율의 성격을 뒤집어놓습니다. 여러분 나라에서 어린이는 부모를 공경해야 한다고 배우겠죠. 우리 나라에서는 가장 공경해야 할 대상이 동그라미예요. 그 다음으로 남자는 손자가 있으면 손자를, 없으면 아들을 공경해야 한다고 배웁니다. 그렇지만 그들을 "공경한다"는 건 "제멋대로 하도록 내버려 둔다"는 의미가 결코 아니에요. 그들의 이익을 최대화하기 위한 정중한 배려지요. 그리고 동그라미들은 아버지는 마땅히 자신의 이익을 후손의 이익 아래에 두어, 직계 후손의 복지뿐 아니라 전 국가의 복지를 증진시켜야 한다고 가르쳐요.

미천한 사각형이 감히 동그라미에게 어떤 약점이 있다고 말해도 좋을지 모르겠지만, 동그라미 체제의 약점은 제가 보기에 여자들과의 관계가 아닐까 싶습니다.

불규칙 도형의 출산 억제가 가장 중요한 사회문제인 만큼, 조금이라도 불규칙성이 보이는 집안의 여성은 적합한 결혼 상대자가 될 수 없어요.

12.67. 적합한 결혼 상대자. 인간 종족의 질을 개선하자는 제안은 고대부터 있었다. 예를 들어 소크라테스는 집단을 "가능한 한 완벽하게 하기 위해서" 선택적인 짝짓기가 행해져야 한다고 촉구했다(《국가》, 459e). 우생학은 바람직한 유전 성질들을 선택하여 인간을 개량하는 일을 정식으로 연구하는 학문으로 프랜시스 골턴 같은 사람들의 연구결과와 함께 19세기에 시작되었다. 골턴은 "연속한 몇 세대 동안 신중한 결혼을 통해 매우 재능 있는 인간 종족을 만들어내는 것은 분명히 실행가능한 일이다"라고 주장했다(골턴 1869, 1).

특히 후손의 사회적 신분이 규칙적으로 차츰 상승하길 바라는 사람에게는 말이죠.

70   남성의 불규칙성은 측정으로 알 수 있습니다. 하지만 여성은 모두 직선이라 겉으로는 모두 규칙적으로 보이지요. 그러므로 우리는 보이지 않는 불규칙이랄까, 즉 미래의 후손에게 불규칙을 물려줄 잠재성 같은 걸 확인하기 위한 다른 수단을 고안해야 해요. 이것은 국가의 보호와 관리 하에 신중하게 지켜져 내려온 족보를 통해 알 수 있는데, 만일 공인된 족보
75   가 없다면 여자들은 결혼을 할 수 없습니다.

     동그라미는 조상을 자랑스럽게 여기고, 장차 의장 동그라미가 될지 모를 후손에게 경의를 표하죠. 그러니 흠 없는 부인을 선택하기 위해 누구보다 신중할 거라고 생각하시겠지요? 하지만 그렇지 않습니다. 아마도 사회적 신분이 높아지면, 규칙 도형 부인을 선택하려는 관심이 줄어드나
80   봅니다. 출세지향적인 이등변삼각형은 정삼각형 아들을 낳을 희망에 부풀어, 조상들 가운데 단 한 명이라도 불규칙 도형이 있다 싶은 여자는 아내로 맞으려 하지 않아요. 그러나 사각형이나 오각형은 가문의 신분이 계속해서 상승하고 있다고 자신하기 때문에 5백 세대 위로는 조사하지 않는답니다. 육각형이나 십이각형은 부인의 혈통에 훨씬 신경을 덜 쓰는 편이
85   고요. 어느 동그라미는 증조부가 불규칙 도형인 여자를 아내로 맞이한 것으로 조심스럽게 알려지고 있어요. 순전히 호색한의 경박한 우월감 때문이거나 아니면 여자의 매력적인 낮은 목소리에 반해서 말이에요. 우리는 이 낮은 목소리를 여러분보다 훨씬 "여성의 훌륭한 미덕"으로 여긴답니다.

     그처럼 무분별한 결혼을 감행할 경우, 자녀에게 불규칙 양성 반응이
90   나오거나 자녀의 변의 길이가 크게 축소됩니다. 그렇지 않으면, 예상하시

12.74. 공인된 족보. 골턴은 신체적으로나 정신적으로 뛰어난 사람들끼리 짝짓는 관습을 권장하기 위해 적절한 당국이 "우생학적 증명서"를 발급할 것을 제안했다. 이 증명서는 여러 가지 성질들에 있어서 이 사람이 평균 이상이라는 것을 증명하며 여기에는 최소 체질이나 체격이 우수하고 정신적 능력이 뛰어나다는 것이 포함된다(골턴 1905, 23).

12.87. 낮은 목소리. 조용한 목소리.

12.88. "여성의 훌륭한 미덕." 《리어왕》 5막 3장에 대한 암시. 막내 딸 코델리아가 교수형에 처해진 후에, 리어왕은 딸의 시체를 안고 무대에 나타난다. 그는 그녀가 너무 조용히 말하고 있기 때문에 그녀가 말하는 것을 자신이 들을 수가 없다고 생각한다.

> 코델리아, 코델리아! 잠시 기다려다오.
> 앗! 너 지금 뭐라고 했느냐? 네 목소리는 부드럽고
> 온화하고 나직했지. 여자의 목소리는 그래야 해.

겠지만 아예 불임이 되거나요. 하지만 이런 폐해들이 속출해도 지금까지 불규칙 여성과의 결혼을 충분히 막지 못했어요. 고도로 발달된 다각형은 몇 개쯤 변을 잃는다 해도 쉽게 눈에 띄지 않을 테고, 위에서 설명한 신-치료법 김나지움에서 간혹 수술에 성공함으로써 보완이 되기도 하니까요.

95 게다가 동그라미들은 불임을 우수한 발달 법칙의 일환으로 기꺼이 받아들이고 있지요. 하지만 이런 폐해를 막지 못한다면 동그라미 계급의 점진적인 감소는 조만간 더욱 가속화될 테고, 더 이상 의장 동그라미를 배출하지 못하게 되면 플랫랜드의 체제는 무너지고 말겠죠.

해결 방안은 제시하지 못하면서 경고할 내용만 자꾸 떠오르는군요. 이

100 번에도 여자들과의 관계에 대한 겁니다. 약 3백 년 전, 의장 동그라미는 여자들에 대해 이성이 부족하고 감정이 풍부하므로, 더 이상 이성적으로 다루어져서는 안 되고 어떠한 정신적 교육도 받아서는 안 된다고 선포했습니다. 그 결과 여자들은 더 이상 읽는 법을 배울 수 없게 됐고, 남편과 자식의 각의 수를 세는 정도의 산수조차 익힐 수 없게 되었죠. 그러다 보니

105 여자들의 지능이 세대를 거듭할수록 현저하게 낮아졌어요. 그리고 여성을 교육하지 않는 제도 혹은 정적주의가 여전히 만연해 있지요.

제가 걱정하는 건, 이 제도가 취지는 좋았지만 남자들에게 해로운 영향을 미칠 지경에 이르렀다는 겁니다.

지금 같은 상황에서 우리 남자들은 일종의 이중 언어로 생활해야 할

110 판이니 말입니다. 아니, 이중 마음이라고 해도 과언이 아닐 거예요. 여자들과 함께 있을 때 우리는 "사랑" "의무" "옳다" "틀리다" "동정심" "희망" 등 비이성적이고 감정적인 개념들을 말하죠. 이 개념은 실체를 갖고 있지 않으며, 넘치는 여성성을 통제할 목적 외에 어떠한 목적도 없는 허구에

12.95. 불임을 … 기꺼이 받아들이고 있지요. 로즈마리 잰은 동그라미들의 상상력이 빈곤하다는 사실이 "그들이 아이를 낳지 못하는 계급이라는 사실에 반영되었으며 이것은 다가오는 시대에 그들을 패배하도록 만든다"라고 날카롭게 주목한다(잰 1985, 487).

12.101. 여자들에 대해 이성이 부족하고. 《정치학》에서 아리스토텔레스는 남자가 여자를 지배하는 것이 자연스럽다고 말한다. 여자는 심사숙고하는 능력이 "독단적"이기 때문이다. 제네비에브 로이드는 '여성이 이성으로부터 소외된다'는 점에 대해 아리스토텔레스, 아퀴나스, 데카르트, 루소, 칸트, 헤겔 그리고 사르트르의 작품들을 추적한다(로이드 1984).

12.105. 여성을 교육하지 않는. 여성들의 교육을 위한 애벗의 노력에 대해서는 부록 B3을 참조하라.

12.106. 정적주의quietism**.** 'quiet-ism'이라는 말 그대로, 조용히 있는 행동을 뜻한다.

12.109. 이중 언어로. 남성과 여성의 언어 사용 차이에 대한 체계적인 연구는 20세기에 시작되었다. 그 차이의 크기와 특성은 여전히 언어학적 연구 대상이다. 한 이론에 의하면 그 차이는 사회에서 남성의 지배와 여성의 종속이 빚어낸 결과이다. 또 다른 이론에서는 남자와 여자가 서로 다른 하위문화에 속하며 언어적인 차이는 이 문화적 차이를 반영하는 것이라고 한다. 두 이론 모두 플랫랜드에서 남자와 여자의 말들이 서로 많이 다른 것을 설명할 수 있을 것이다.

요. 반대로 우리 남자들끼리 있을 땐, 그리고 책 속에서는 완전히 다른 어휘를 사용하는데 거의 은어라고 할 수 있을 겁니다. 예를 들어 "사랑"은 "혜택에 대한 기대"라는 의미가 되고, "의무"는 "필요"나 "상응"이라는 단어로 바뀌지요. 다른 단어들도 그런 식으로 변형되고요. 그뿐 아니라 여자들과 함께 있을 땐 여성을 대단히 존중한다는 걸 암시하는 언어를 사용해요. 그래서 여자들은 자기들이 우리 의장 동그라미보다 훨씬 열렬한 숭배를 받고 있다고 철석같이 믿고 있습니다. 하지만 뒤에서는 "아무 생각 없는 유기체"보다 나을 게 없는 존재로 취급되고 또 그렇게 평가받고 있어요. 아주 어린 남자아이들을 제외하고 모두에게 말입니다.

신학 또한 여자들 응접실에서 이야기되는 신학과 바깥에서 이야기하는 신학이 완전히 다릅니다.

제 하찮은 두려움은, 사고뿐 아니라 언어에서 이 같은 이중 훈련이 어린 아이들에게 지나치게 부담을 주지 않을까 하는 겁니다. 특히 어머니 품에서 벗어나 이제까지 쓰던 언어를 잊고 과학적인 어휘와 관용어를 배워야 하는 세 살 무렵 아이들에게는 더욱 그렇습니다. 이전의 언어는 어머니와 보모 앞에서 이야기를 전달할 때만 필요하겠죠. 저는 3백 년 전 우리 조상들의 활발한 지성에 비해 오늘날의 우리는 수학적 진리를 파악하는 능력이 약하다는 걸 벌써 깨달은 것 같네요. 여자들이 남몰래 읽는 법을 배워 유명한 책 한 권을 정독한 뒤 다른 여자들에게 내용을 전달하는 것 같은 위험을 말하는 게 아니에요. 어린 아들이 분별없이 행동하거나 말을 듣지 않아 어머니가 논리적 대화술의 비밀을 알게 될 가능성을 말하는 게 아니라고요. 남성의 지적 능력이 약화되고 있다는 단순한 이유에서, 저는 여성의 교육 규제에 대해 재고할 것을 최고 행정부에 겸허히 간청하는 바입니다.

12.131. 여자들이 남몰래 읽는 법을 배워. 플랫랜드 여자들이 지성적이라는 또 다른 증거.

다른 세계들

"오, 멋진 신세계여,
이토록 근사한 사람들이 살고 있다니!"

제2부에 대한 주석

인용문: 2부의 인용문 "오, 멋진 신세계여 …"O brave new world, …는 《폭풍우》5막 1장의 대사를 약간 수정한 것이다. 이 대사는 미란다가 궁정의 귀족들과 악당들을 처음 보고는 순진한 감상을 읊는 부분이다. 여기서 'brave'는 '세련된', '멋진', '아름다운'의 의미를 가지고 있다.

> 아. 신기해라!
> 여기에는 멋진 사람들이 많이 있구나!
> 인간은 얼마나 아름다운가! 오 멋진 신세계여,
> 이토록 근사한 사람들이 살고 있다니!

올더스 헉슬리의 소설 《멋진 신세계》(1932) 역시 이 대사에서 그 역설적 제목을 가져왔다.

§13
라인랜드의 환영을 보다

우리 시대의 1999년을 이틀 남겨둔 날이자 긴 휴가의 첫날이었습니다. 저는 늦은 시간까지 좋아하는 취미인 기하학 문제를 풀면서 쉬다가 풀리지 않는 문제를 머릿속에 넣어둔 채 잠자리에 들었습니다. 그리고 그날 밤 꿈을 꾸었어요.

5   제 앞에 무수한 작은 직선들이(저는 당연히 여자들일 거라고 생각했어요) 그보다 훨씬 작은, 반짝이는 점 같은 다른 존재들과 한데 모여 있었어요. 가까이 들여다보니 모두가 동일한 하나의 직선 위를 이리저리 움직이고 있었습니다. 거의 같은 속도로 말이죠.

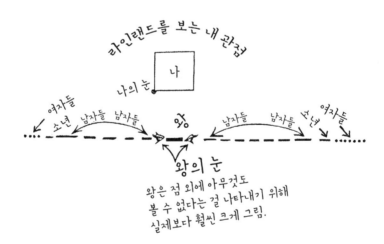

13장에 대한 주석

13.1. 긴 휴가. 영국에서 긴 휴가Long Vacation는 대학에서의 여름방학과 법정휴일을 말한다. 케임브리지에서 방학은 대략 6월 중순에서부터 10월 중순까지 계속 되었고, 이런 의미에서 플랫랜드의 달력은 아테네의 달력과 비슷하다. 아테네의 달력에서는 이론적으로 태양이 하지점에 도달하고 나서 처음으로 새로운 달이 나타날 때 한 해가 시작되며, 지나간 해에서 새로운 해로 바뀌는 것을 며칠 동안 축하하였다.

13.4. 꿈. 이 장의 제목은 "라인랜드의 환영a Vision of Lineland"이라고 말할 뿐 꿈에 대해서는 말하지 않는다. 그러나 다른 곳에서 애벗은 "꿈"을 "밤의 환영night-vision"이라고 불렀다.

　1880년에 (필명이 마크 러더퍼드였던) 영국의 작가 윌리엄 헤일 화이트는 사각형처럼 '기하학적' 꿈을 꾸는 사람에 관한 짧은 이야기를 썼다. 화이트의《2차원의 꿈》속 화자는 '유클리드'를 아들에게 가르치려고 했으나 잘 되지 않아 실망하고 있었다. 그는 의식을 잃고 자신은 3차원의 존재지만 자기 주변에는 색을 가진 그림자들만 있는 꿈의 세계로 가게 된다. 그가 가진 또 하나의 차원(지성)은 그 그림자들에게 완전히 보일 수도 이해될 수도 없는 것이었고, 특히 아내에게도 그랬다. 이 이야기는 1884년에 개인적인 회람을 위해 익명으로 출판되었다. 화이트는 그것을 1908년에 개작했고 대중에게 선보이기 위해《화이트》(1915)에 수록하여 처음 출판했다.

그들은 간격을 두고 움직였고, 움직일 때면 무슨 소리인지 모를 소리
10 를 쉴 새 없이 재잘재잘 지껄이고 있었어요. 그러다 이따금 동작을 멈추
었는데, 그럴 땐 일제히 조용해졌답니다.

저는 여자일 거라고 짐작되는 직선 가운데 가장 큰 직선에게 다가가
말을 걸어보았지만 아무런 대꾸가 없더군요. 두세 번 더 다가가 보았지만
15 역시나 허사였습니다. 너무 무례하다 싶어 잔뜩 골이 나서 그녀의 입 앞
에 내 입을 바싹 갖다 댔어요. 그 바람에 그녀는 동작을 멈추었고, 저는 큰
소리로 아까 물었던 질문을 되풀이했습니다. "이보세요, 여자분. 이 많은
사람들이 무슨 일로 이렇게 모인 겁니까? 무슨 소린지 모를 이 이상한 재
잘거림은 뭐고, 왜들 동일한 직선 위를 이리저리 단조롭게 움직이는 건가
요?"

20 "난 여자가 아니다." 작은 선이 대답했어요. "나는 이 나라 군주다. 그
대는 무슨 일로 내 라인랜드 왕국에 함부로 들어온 것인가?" 이 느닷없는
대답에 저는, 본의 아니게 폐하를 놀라게 했거나 무례하게 굴었다면 용서
해달라고 사과했습니다. 그리고 저를 이방인이라고 소개하고, 전하의 영
토에 대해 설명해달라고 간청했어요. 하지만 제가 정말로 흥미를 갖는 부
25 분에 대해서는 정보를 얻기가 무척 힘들 것 같았습니다. 왕은 자신이 아
는 내용은 틀림없이 저도 잘 알고 있을 터이므로, 제가 장난으로 모르는
척하는 거라고 철석같이 믿었으니까요. 하지만 저는 인내심을 갖고 계속
질문을 던진 끝에 다음과 같은 사실들을 알아냈습니다.

스스로를 왕이라 부르는 이 딱하고 무지한 왕은 자신이 왕국이라고 부
30 르면서 왔다갔다하는 직선이 세계의 전부이며 사실상 우주의 전부라고
믿는 것 같았어요. 직선 외에는 어디에서도 움직일 수 없고 아무것도 볼

13.20. 그대thou. 고대 영어에서는 'thou'와, 이와 비슷한 표현인 'thee', 'thine', 'thy'가 일상적인 말속에서 사용되었다. 'you'는 셰익스피어 시대에 이르러 단수나 복수 모두의 경우에 쓰이게 된다. 'Thou'는 "①친구에 대한 애정이나 ②하인에 대한 쾌활한 우월감 ③이방인에 대한 경멸이나 분노의 대명사로 남게 되었다. 그러나 이 단어는 이미 잘 사용되지 않고 낡은 것으로 여겨졌으며 따라서 ④자연스럽게 고등 시 양식이나 엄숙한 기도의 언어 속에 포함되었다"(애벗 1870, 153-154). 여기서 라인랜드의 군주는 'thou'를 ③의 의미로 쓴다.

13.20. 그대는 무슨 일로 … 함부로 들어온 것인가 whence intrudes thou. 사각형이 말하는 라인랜드에 대한 꿈 이야기와 구의 방문은 기본적으로 이야기 속의 이야기들이다. 셰익스피어가 쓴 연극 속의 연극처럼 이 이야기들 속의 대화는 고의적으로 과장된 표현을 사용한다.

13.25. 왕. 'Monarch'는 고대 그리스어 'mono'(한 개)와 'archen'(지배자)에서 나온 말이다. 이것은 1차원 공간의 지배자에게 어울리는 이름이다.

수 없는 왕은 다른 것에 대해서는 아무 개념이 없더군요. 제가 처음 왕에게 말을 건넸을 때 왕은 제 목소리를 들었다고 해요. 하지만 그 소리가 지금까지 경험했던 방식과 전혀 달라 제 말에 대꾸를 하지 않았던 거예요.

35 왕은 이렇게 표현하더군요. "사람은 보이지 않고, 마치 창자에서 나는 것 같은 소리가 들렸다"고 말이에요. 제가 그의 세계에 입을 대기 전까지 왕은 저를 보지 못했고, 무언가 부딪치는 듯한 알 수 없는 소리 외에는 아무런 소리도 듣지 못했어요. 그 소리는 직선의 변, 즉 왕이 내부 혹은 뱃속이라고 한 부분에 무언가가 부딪치는 소리였죠. 왕은 제가 떠나 온 지역에 대해서는 개념조차 없었답니다. 그에게 자신의 세계, 즉 직선 밖은 온통

40 빈 공간인 거지요. 아니, 빈 공간도 어쨌든 공간을 의미하니 빈 공간이라고도 할 수 없겠어요. 그냥 아무것도 존재하지 않는다고 하는 것이 정확할 겁니다.

남자인 작은 선과 여자인 점으로 이루어진 백성들 역시, 모든 움직임과 시각이 그들의 세계인 하나의 직선에서만 이루어졌어요. 말할 것도 없

45 이 그들의 시야는 한 점으로 제한되고, 모두들 점 외에는 아무것도 볼 수 없었지요. 라인랜드 백성의 눈에는 남자든 여자든 아이든 사물이든 모든 것이 하나의 점으로 보여, 오로지 목소리를 통해서만 성별이나 연령을 구

50 분할 수 있었어요. 그뿐 아니라 각자가 이를테면 자신의 우주라고 여기는 좁은 길을 전부 차지하고 있어, 지나가는 사람에게 길을 비키기 위해 오른쪽이나 왼쪽으로 몸을 움직이는 것이 전혀 불가능했죠. 결과적으로 라인랜드 사람들은 어느 누구도 다른 사람을 지나갈 수 없었어요. 그래서 결국 한번 이웃은 영원한 이웃이 되는 거지요. 이렇게 그들에게 이웃은 우

55 리에게 결혼과 같았답니다. 이웃은 죽음이 그들을 갈라놓을 때까지 이웃으로 남았으니까요.

13.41 아니nay. 단순히 부정하기 위해 쓰는 말이 아니라 수정하거나 말한 것을 더 확장하기 위해 쓰는 말이다.

13.54. 영원한 이웃. 페히너는 문헌 속에서 "라인랜드"를 처음으로 언급한 사람이다. 풍자적 에세이 〈왜 소시지는 비스듬하게 썰어야 하는가?〉에서 그는 사람들이 서로를 통과해서 지나다니는 라인랜드의 모델을 제시한다.

"나는 한번은 파티에서 (수학자이자 천문학자였던 아우구스트 뫼비우스August F. Mobius) 옆에 앉게 되었다. 나는 그에게 3차원이 아니라 하나의 차원밖에 가지지 않는 세계의 구성에 관해서 조언을 구했다. 내게는 그런 세계는 큰 장점이 있을 것 같았다. 그 세계는 우리 세계가 가지는 복잡함이 없을 테고 길을 잃는 일도 없을 것이다. 가장 어려운 점은 그런 세계의 사람들이 어떻게 자리를 바꿀 수 있는가 하는 것이었다. 독자들은 그가 이 문제를 풀 수 있었을지 한번 생각해보라. 우리는 두 개의 해법을 함께 발견했다. 이것들은 모두 완전히 실행 가능해 보이는 것들이었다. 첫 번째 방법은 이 1차원 세계를 구부려서는 신성한 단자들이 초점인 타원으로 만드는 것이었다. 그 세계에서는 서로를 통과하고 싶은 사람들은 단순히 방향을 반대로 해서 반대쪽 중간에서 만나면 된다. 그런 세계는 빠르게 여행할 수 있는 기차선로로 자연스럽게 표현될 수 있다. 하지만, 물론 이 세계는 단지 두 사람만을 수용할 수 있을 것이다. 이런 제한이 없는 두 번째 모델에서는 사람을 1차원적인 파동으로 여긴다. 잘 알려져 있듯이 파동은 서로를 간섭하지 않고 통과할 수 있으며 우리의 생각은 뇌에 있는 에테르 파동에 연결되어 있기 때문에 이러한 설정에서는 두 사람이 서로 자리를 바꾸겠다고 생각을 하는 것과 동시에 실제로 그렇게 할 수 있을 것이다"(페히너를 펠너와 린드그렌이 번역함. 1875, 398-399).

13.55. 결혼과 같았답니다. 1857년의 혼인관계 법령 이전에 영국의 이혼 재판은 성직자 법정에서 이루어졌으며 민간인의 이혼은 비싸고 복잡한 법적인 수단을 요구했다.

모든 시야가 한 점으로 제한되고 모든 움직임이 직선에만 국한되는 이런 삶은 저에게 이루 말할 수 없이 따분해 보였어요. 그래서 쾌활하고 생기 있는 왕의 모습에 몹시 놀랐습니다. 집안에서 육체관계를 맺기에 몹시 불리한 이런 환경에서 혼인의 즐거움을 누리는 것이 가능한지 궁금했지만, 왕에게 그처럼 민감한 사안을 묻기가 잠시 망설여지더군요. 그래서 뜬금없이 가족들 건강을 묻는 것으로 일단 질문을 던져봤어요. 그랬더니 왕이 이렇게 대답하는 겁니다. "아내들과 아이들은 모두 건강하게 잘 지내네."

이 대답에 깜짝 놀라서 저는 용기를 내어 되물었어요. 제가 라인랜드에 들어오기 전에 꿈에서 본 것처럼 왕의 바로 옆에는 남자들뿐이었으니까요. "외람되지만 도저히 상상이 되지 않습니다. 중간에 사람만 적어도 여섯 명인데다, 폐하께서는 그들을 꿰뚫어볼 수도 없고 지나가게 할 수도 없는데, 어떻게 아무 때나 왕비마마들을 만나거나 가까이 할 수 있단 말씀입니까? 라인랜드에서는 가까이 다가가지 않아도 결혼생활과 자녀의 생산이 가능하다는 말씀입니까?"

"어찌 그런 말도 안 되는 질문을 할 수 있느냐?" 왕이 대꾸했어요. "그대의 말대로라면 이 우주는 순식간에 인구가 감소할 것 아닌가. 하지만 전혀 그렇지 않다. 마음을 결합하기 위해 군이 가까이 다가갈 필요는 없으니까. 그리고 자녀의 생산은 매우 중요한 문제이기에 접근 같은 우연에 의지하도록 두어서는 안 된다. 이런 일에 이토록 무지할 수가 있나. 하지만 그대가 정 무지한 척 하겠다면, 그대를 라인랜드의 가장 어린 아기라고 여기고 알려주겠다. 잘 알아두거라. 결혼은 소리를 내는 기능과 청각 기능에 의해 완성된다.

13.76. 그대가 정 무지한 척 하겠다면. 원문은 "you are pleased to affect ignorance"이다. 'is/are pleased to' 구문은 '특정한 행위를 하는 성향 혹은 기질이 있는'이라는 의미다. 《플랫랜드》에서 이 구문은 풍자적인 의미로 사용되었다. 여기서는 '무지한 척을 하는(성향 혹은 기질)'이라는 뜻이다.

모든 남자는 몸의 양쪽 끝에 각각 하나의 입, 즉 목소리를 가지고 있다.
하나는 베이스, 다른 하나는 테너의 소리를 낸다는 것쯤은 당연히 알고 있
겠지. 물론 두 개의 눈을 가지고 있다는 것도. 이런 말 하긴 그렇지만, 우
리가 대화를 나누는 동안 자네의 테너 소리를 듣지 못한 것 같군." 저는 목
소리가 하나뿐이고, 왕이 두 개의 목소리를 지니고 있는 줄은 미처 몰랐다
고 대답했어요. "내 그럴 줄 알았지." 왕이 말했어요. "그대는 남자가 아니
라, 베이스 목소리와 아주 무지한 귀를 가진 여자 괴물일세. 하지만 그대
와 대화를 계속하도록 하지.

자연이 정한 바에 따르면 모든 남자는 두 명의 아내를 두어야 하고
……." 제가 물었어요. "왜 두 명이죠?" 그러자 왕이 소리쳤어요. "자네 무
식한 척이 도를 지나치는군. 한 가정에 네 개의 목소리, 즉 남자의 베이스
와 테너, 여자의 소프라노와 알토가 결합되지 않는다면 어찌 완벽한 결혼
이라고 할 수 있겠나?" 저는 다시 물었죠. "그렇지만 한 명이나 세 명의 아
내를 두는 것이 더 좋을 수도 있잖아요?" 왕이 말하더군요. "말도 안 되는
소리. 그건 2 더하기 1이 5가 된다거나 인간의 눈이 직선을 보는 것만큼이
나 상상할 수 없는 일이라네." 저는 왕의 말을 가로막았지만 왕은 계속해
서 말을 이었어요.

"자연법칙에 따라 우리는 매주 한 번씩 평소보다 격렬하게 리듬을 타
면서 앞뒤로 몸을 움직이지. 백 하나를 셀 때까지 한참 동안 계속해서 몸
을 움직인다네. 그렇게 합창의 춤을 추다가 한창 절정에 이르는 51번째
진동에서, 이 우주의 모든 거주자들은 잠시 멈추어 각자 가장 풍요롭고 완
전하며 달콤한 선율을 보내지. 우리의 모든 결혼은 바로 이런 절정의 순
간에 이루어진다네. 베이스와 소프라노의 조화, 테너와 알토의 조화가 몹
시도 아름다워 연인들은 2만 리 밖에서도 운명의 상대가 화답하는 음을

13.82. 테너 소리tenor. 테너라는 단어의 두 가지 의미를 활용한 말장난이다. 테너는 바리톤보다 높게 부르는 남성의 노래 소리를 의미하지만 동시에 어떤 문건 혹은 연설의 취지나 의의라는 뜻도 있다.

13.83. 두 개의 목소리.《자연을 통해서 그리스도에게로》에서 애벗은 헨리 모즐리의〈마음의 생리학과 병리학〉에 나오는 임상 사례를 소개하고 있다. "도덕적 의지를 상징하는 베이스와 비도덕적인 의지를 상징하는 팔세토, 이 두 개의 서로 다른 목소리가 하나의 환자에게서 연속해서 나오는 사례들이 알려져 있다. 이것은 이 환자 안에서 의지들이 갈등하고 있다는 것을 보여준다"(애벗 1877a, 448).

13.102. 2만 리twenty thousand leagues. 쥘 베른의《해저 2만 리》(1870)에 대한 암시다. 시간과 장소에 따라 다르게 쓰어 온 거리 단위 리그league는 최근에야 표준화되었다. 쥘 베른의 소설에서 우리는 그가 바다 리그를 2.16해리로 생각했다고 추정할 수 있다. 오늘날 1바다 리그는 3해리 즉 5.556킬로미터이다.《옥스퍼드 영어사전》에 따르면 '리그'는 영국에서 공식적으로 통용된 적이 없으며 거리에 대한 시적이거나 수사적인 언급에서만 종종 쓰였다고 한다(베른, 밀러 그리고 월터 1993).

단박에 알아들을 수 있지. 이렇게 사랑은 거리 같은 하찮은 장애를 뚫고 세 사람을 하나로 결속시킨다네. 그리고 첫날밤을 치르는 순간, 라인랜드 의 백성이 될 남자아이와 여자아이 셋이 만들어진다네."

"뭐라고요! 언제나 세 아이가 만들어진다고요?" 제가 말했어요. "그렇 다면 한 명의 아내가 늘 세 쌍둥이를 낳는단 말씀입니까?"

"베이스 목소리의 괴물이여! 바로 그렇다." 왕이 대답했어요. "사내아 이 한 명당 두 명의 여자아이가 태어나지 않는다면 무슨 수로 성별의 균형 이 유지될 수 있겠는가? 그대는 자연법칙의 기본을 무시하려는 건가?" 왕 은 말을 멈추었고, 너무나 화가 난 나머지 더 이상 말을 잇지 못했어요. 한 참 시간이 흐른 뒤에야 저는 왕에게 설명을 계속해달라고 설득할 수 있었 습니다.

"물론 그대는 우리 나라의 모든 미혼 남자들이 이 우주적인 결혼합창 곡에서 구애의 첫 소절을 부르는 즉시 곧바로 짝을 찾을 거라고 생각하지 는 않을 테지. 오히려 대부분의 사람들은 이 과정을 여러 차례 되풀이해 야 하네. 서로의 목소리로 하늘이 정해준 짝을 바로 알아보고, 서로를 더 할 나위 없이 정답게 선뜻 받아들이는 행운을 누리는 사람은 거의 없으니 까. 우리들 대부분은 오랜 구애의 과정을 거쳐야 한다네. 구애자의 목소 리는 미래의 부인들 가운데 한 사람과는 조화를 이룰 수 있지만 두 사람 모두와 조화를 이루기는 어렵지. 혹은 처음엔 어느 쪽과도 조화를 이루지 못할 수도 있고, 소프라노와 알토가 썩 어울리지 않을 수도 있네. 그런 경 우 자연은 매주 합창을 할 때마다 이 세 연인들을 점점 가까운 화음으로 이동시킨다네. 목소리를 낼 때마다 그래서 새로운 불협화음이 발견될 때 마다, 그들이 알아차리지 못하는 사이에 서로의 불완전한 발성은 보다 완

13.110. 자연법칙의 기본 the very Alphabet of Nature. 자연의 근본원리. 아마도 프랜시스 베이컨의 조각난 작품인 *Abecedarium Novum Naturae*를 암시하고 있는 것 같다.

13.123. 가까운 화음. 라인랜드 사람처럼 모기는 성적인 주목을 받기 위해 소리를 이용한다. 수 컷이 암컷을 만나면 수컷은 날갯짓의 속도를 올려서 암컷이 내는 소리보다 더 높은 주파수 의 소리를 낸다. 그러면 암컷은 수컷의 소리에 맞추기 위해 날개 속도를 약간 증가시키고 수 컷은 날개 속도를 줄여서 암컷의 속도에 맞춘다. 몇 초안에 그들의 주파수는 아주 가깝게 맞 춰진다(깁슨과 러셀 2006).

벽에 가까워지지. 그렇게 여러 차례 시도를 거듭해서 상당히 가까워지면 마침내 성과를 거두게 된다네. 전 우주의 라인랜드에서 어느 때와 다름없이 결혼합창곡이 울려 퍼지는 동안, 멀리 떨어져 있는 세 연인은 마침내 문득 정확한 화음을 발견하는 날이 찾아오는 거지. 그러면 부부의 연으로 맺어진 세 사람은 그들이 미처 깨닫기도 전에 동시에 목소리로 기쁨의 포옹을 하고, 자연은 또 하나의 결혼과 세 아이의 탄생을 기뻐한다네."

130

13.127. 전 우주의 라인랜드. 왕은 라인랜드가 존재하는 모든 것을 포함하고 있다고 믿는다.

§14
플랫랜드의 본질에 대해 설명하려
했지만 실패하다

저는 이제 왕을 황홀경에서 끌어내려 상식에 눈을 뜨게 할 때가 되었다고 생각하고, 왕에게 어렴풋이나마 진실을, 다시 말해 플랫랜드의 세상을 알려야겠다고 결심했습니다. 그래서 이렇게 이야기를 시작했어요. "폐하께서는 백성들의 모양과 위치를 어떻게 구별하십니까? 제 경우, 폐
5 하의 왕국에 들어서기 전에 시각을 통해 폐하의 백성들 가운데 어떤 사람은 직선이고 어떤 사람은 점이며, 직선 가운데 어떤 사람은 더 길고 ……하는 차이를 알아보았습니다." 그러자 왕이 말을 가로막았어요. "말도 안되는 소리. 그대는 틀림없이 환영을 보았을 거야. 시각으로 점과 선의 차이를 알아낸다는 건 모두가 알다시피 세상 이치상 불가능한 일이라네. 하
10 지만 청각에 의해서는 감지할 수 있고, 역시나 청각에 의해 내 모양을 정확하게 인식할 수 있지. 나를 잘 보게. 나는 하나의 선이고, 6인치가 넘는 공간을 차지해 라인랜드에서 가장 길다네." "6인치의 길이겠지요." 제가 조심스럽게 말했어요. "참으로 무지하구나." 왕이 말했어요. "공간이 곧 길이 아닌가. 다시 한 번 내 말을 가로막으면 더 이상 그대와 이야기하지
15 않겠네."

저는 왕에게 사과했지만 왕은 여전히 경멸하는 투로 계속해서 말을 이었어요. "내 아무리 주장을 해도 못 알아들으니, 지금 당장 각각 북쪽과 남쪽에 6천 마일 70야드 2피트 8인치 떨어져 있는 내 아내들에게 나의 두 목소리로 내가 어떻게 모습을 드러내는지 자네 귀에 똑똑히 들려주겠네. 그

14장에 대한 주석

14.18. 6천 마일. 지구에서 소리는 공기 속을 시속 약 750마일로 움직인다(음속은 약 1204km/h – 역주). 따라서 소리가 6천 마일을 가는 데는 약 8시간이 걸릴 것이다. 라인랜드에서 왕의 메시지는 이 거리를 한 순간에 움직인다.

14.18. 인치. 왕은 자신의 길이나 자신과 아내들 사이의 거리를 영국의 표준 단위로 표현한다. 국제적 거리표준인 미터는 1983년에 진공 속을 여행하는 빛이 1/299792.458초 동안 움직이는 거리로 정의되었다. 이에 상응하는 라인랜드의 거리 단위는 정해진 시간 동안에 소리가 움직인 거리일 것이다.

럼 이제 아내들을 부르겠네."

왕은 새소리처럼 짹짹 소리를 내기 시작하더니 만족스러운 듯 계속해
서 소리를 내더군요. "내 아내들은 지금 내 목소리 가운데 하나를 수신하
고 있고, 곧이어 다른 목소리를 수신하게 될 걸세. 그리고 6.457인치를 가
로지르는 시간이 지난 후에 나중 목소리를 수신할 수 있다는 걸 감지하고,
25 내 두 개의 입 가운데 하나가 다른 입보다 6.457인치 떨어져 있다고 추측
하겠지. 그에 따라 내 형태가 6.457인치라는 걸 알게 될 걸세. 하지만 내
아내들이 나의 두 목소리를 들을 때마다 매번 이런 계산을 하는 건 아니라
는 것쯤은 자네도 당연히 알고 있겠지. 아내들은 결혼 전에 딱 한 차례 계
산을 했다네. 물론 원하면 언제든지 계산을 할 수 있었을 테지. 한편 나는 마
30 찬가지 방식으로 청각을 통해 남자 백성들의 형태를 측정할 수 있네."

"그렇지만 만약에 남자가 두 목소리 가운데 하나로 여자 목소리인 척
하면 어떻게 되는 거죠? 또는 남쪽 목소리를 북쪽 목소리의 메아리처럼
위장해서 두 소리를 구별할 수 없게 만들 수도 있잖아요?" 제가 물었어요.
"그런 속임수가 큰 불편을 초래하지는 않을까요? 폐하와 가까운 곳에 있
35 는 백성들에게 서로를 느끼도록 지시해서 이런 식의 속임수를 제재할 방
법은 없나요?" 당연히 이건 매우 어리석은 질문이었어요. 이 질문의 목적
에 부합하는 답이 느낌이 될 수는 없었으니까요. 하지만 저는 군주를 짜
증나게 할 속셈으로 이렇게 물었고 완벽하게 성공했습니다.

"뭐라고!" 왕은 두려움에 떨며 소리쳤어요. "자세히 설명해보거라." 제
40 가 대답했어요. "느낌이요. 만지고 접촉하는 것 말입니다." "그대가 말하
는 느낌이라는 것이 두 개인 사이에 빈 공간이 없을 만큼 가까이 다가가는
것을 말한다면, 이방인이여, 내 나라에서 이것은 사형에 처해질 수 있는

14.29. 나는 ⋯ 측정할 수 있네. 라인랜드 사람들이 크기와 위치를 재는 데 있어 소리를 사용하는 것은 수중음파 탐지기와 비슷하다. 수중음파 탐지기는 물체에서 반향되거나 발생한 가청 소리, 즉 높은 파동 수의 소리를 이용해 바다 아래에서 물체의 위치나 성질 또는 속력을 추정한다.

범죄 행위임을 알아야 하네. 이유는 분명하지. 여자의 형체는 몹시 연약
해서 그렇게 접촉하다간 쉽게 부서지기 때문에 반드시 국가의 보호를 받
45 아야 하네. 그러나 시각으로는 여자와 남자를 구분할 수 없기 때문에, 여
자든 남자든 접근하는 자와 접근당하는 자 사이의 간격이 무너질 만큼 가
까이 다가가지 못하도록 보편적인 법으로 정해놓았지.

그리고 대체 무엇 때문에 그대가 접촉이라고 부르는 그처럼 불법적이
고 부자연스럽고 과도한 접근을 하려는지 모르겠군. 그런 거칠고 상스러
50 운 과정이 아니더라도 청각을 통해 원하는 모든 목적을 얼마든지 더 쉽고
더 정확하게 이룰 수 있는데 말일세. 아까 그대가 말한, 목소리를 속일 위
험에 대해 말하자면, 그런 건 있을 수 없네. 존재의 본질인 목소리는 그렇
게 마음대로 바꿀 수 있는 것이 아니라네. 하지만 만일 나에게 단단한 물
질을 관통하는 능력이 있어서 내 백성을 한 사람 한 사람 10억 명까지 관
55 통하여, 느낌이라는 감각으로 개개인의 크기와 거리를 확인할 수 있다 치
세. 세상에, 그처럼 어설프고 부정확한 방법으로 얼마나 많은 시간과 에
너지가 낭비되겠는가! 반면에 지금은 그저 한 순간 듣는 것만으로 라인랜
드의 모든 살아 있는 존재에 대해 이를테면 지역, 물질, 마음, 정신에 관한
조사와 통계를 파악할 수 있네. 그러니 그저 잘 듣기만 하면 된단 말일세!"

60 왕은 이렇게 말한 뒤 잠시 멈추어 마치 황홀경에 빠진 듯 어떤 소리에
귀를 기울였는데, 제 귀에는 릴리푸트의 무수히 많은 메뚜기들이 아주 조
그맣게 찍찍대는 소리로밖에 들리지 않았습니다.

제가 말했어요. "과연 폐하의 청각은 폐하에게 큰 도움이 되며 많은 결
점을 보충하리라 생각됩니다. 하오나 죄송하지만 라인랜드 사람들의 삶
65 은 비참할 정도로 따분하다는 걸 말씀드려야겠습니다. 점 외에는 아무것

14.61. 릴리푸트의 Lilliputian. 릴리푸트는 조너선 스위프트의 《걸리버 여행기》(1726)에 나오는 상상의 나라로, "6인치가 안 되는" 난쟁이가 사는 곳이다. 따라서 "릴리푸트의"라는 것은 '작은' 혹은 '시시한'이라는 뜻이다. 《플랫랜드》처럼 《걸리버 여행기》도 익명의 풍자였다.

도 볼 수 없다니요! 심지어 직선을 응시할 수조차 없다니요! 아니, 직선이 무엇인지조차 알지 못하다니요! 본다는 것이, 플랫랜드에 사는 우리에게 허락된 직선에 대한 관찰이 차단되다니요! 그렇게 보이는 게 없으니 시각이 아예 없는 편이 훨씬 낫겠습니다! 제가 폐하처럼 청각으로 사물을 구분할 능력이 없다는 건 인정합니다. 폐하가 그토록 열정적으로 즐거워하시는 라인랜드의 모든 콘서트가 저에게는 무수한 재잘거림이나 짹짹거림 정도로밖에 들리지 않으니까요. 하지만 적어도 저는 시각에 의해 선과 점을 구분할 수 있어요. 한번 증명해볼까요. 폐하의 왕국에 오기 바로 전에, 저는 폐하께서 왼쪽에서 오른쪽으로 춤을 춘 다음 다시 오른쪽에서 왼쪽으로 춤을 추는 모습을 보았습니다. 바로 왼쪽에 일곱 명의 남자와 한 명의 여자, 오른쪽에 여덟 명의 남자와 두 명의 여자들과 함께 말이죠. 제 말이 맞지 않습니까?"

왕이 말했어요. "그대가 말하는 '왼쪽'과 '오른쪽'이 무슨 뜻인지 모르겠지만, 수와 성별은 정확히 맞군. 하지만 그대가 이런 광경을 보았다는 말은 믿지 못하겠네. 그대가 어떻게 선을, 다시 말해 인간의 내부를 볼 수 있단 말인가? 그대는 이들이 말하는 소리를 듣고는 그것을 보았다고 상상한 게 분명하네. 이제 내가 그대에게 묻겠네. 그대가 아까 말한 '왼쪽'이니 '오른쪽'이니 하는 게 무슨 뜻인가? 내 짐작에 그건 북쪽과 남쪽을 자네 방식으로 말하는 것 같은데."

"그렇지 않습니다." 제가 말했어요. "폐하의 움직임에는 북쪽과 남쪽 외에 오른쪽에서 왼쪽으로 향하는 움직임도 있습니다."

왕. 괜찮다면 왼쪽에서 오른쪽으로 향하는 움직임을 나에게 보여주게.

14.87. 괜찮다면if you please. 비꼬는 표현이다. 왕은 사각형이 왼쪽-오른쪽 운동을 보여줄 수 있을 거라고 믿지 않는다는 것을 암시한다.

나. 그건 안 됩니다. 폐하께서 폐하의 선 밖을 완전히 벗어나지 못하면 그렇게 할 수 없습니다.

왕. 내 선 밖을 벗어나라고? 그러니까 세계 밖으로 나오라는 말인가? 공간 밖으로?

나. 음, 그렇습니다. 당신의 세계 밖으로, 당신의 공간 밖으로 나오셔야 합니다. 폐하의 공간은 진짜 공간이 아닙니다. 진짜 공간은 평면인데, 폐하의 공간은 직선일 뿐입니다.

왕. 그대가 직접 몸을 움직여 왼쪽에서 오른쪽으로 향하는 이동을 보여줄 수 없다면, 말로 설명해주길 부탁하네.

나. 폐하께서 오른쪽과 왼쪽을 구분할 수 없으시면, 죄송하지만 말로 설명을 드려도 제 말을 이해하지 못하실 겁니다. 하지만 그렇게 단순한 차이를 폐하께서 모르실 리가 없습니다.

왕. 나는 그대의 말을 조금도 이해할 수가 없네.

나. 아! 어떻게 하면 이해시켜 드릴 수 있을까요? 폐하께서는 직선 위를 움직일 때 간혹 폐하의 측면이 향하는 쪽을 보기 위해 눈을 돌리면서, 혹시 다른 방향으로 움직일 수도 있지 않을까 하는 생각을 해보신 적이 없습니까? 다시 말해, 폐하의 양끝 가운데 한쪽으로만 움직이는 대신 이를테면 옆으로 움직여보고 싶다고 생각한 적이 한 번도 없으십니까?

왕. 없네. 그리고 그대가 하는 말이 대체 무슨 뜻인가? 인간의 내부가 어떻게 아무 방향으로나 "향"할 수 있지? 어떻게 인간이 자신의 내부

14.93. 폐하의 공간은 진짜 공간이 아닙니다. 아인슈타인은 '빨강', '단단한', '실망한' 같은 단어들은 우리의 기초적인 경험과 관련을 가지고 있기 때문에 잘못 해석되기 어렵다고 지적했다. "그러나 '장소'나 '공간' 같은 단어들은 심리학적 경험들과 그것들이 가지는 관계가 덜 직접적이기 때문에 해석에 있어서 심오한 불확정성이 존재한다"(재머에 대한 서문, 1969, xii).

방향으로 움직일 수 있다는 것이냐?

110 나. 흐음, 말로는 설명하기 어려우니 직접 행동으로 보여드리겠습니다.
제가 폐하께 보여드리고자 하는 방향으로 라인랜드 밖으로 서서히
이동해보겠습니다.

저는 말한 대로 제 몸을 라인랜드 밖으로 이동하기 시작했어요. 제 몸
의 일부가 아직 왕의 영토에 남아 있어 왕의 눈에 그 모습이 보이는 동안,
115 왕은 계속해서 외쳤어요. "보인다, 여전히 그대가 보여. 그대는 어디에도
이동하지 않고 있군." 하지만 마침내 제가 왕의 선 밖으로 이동하자 왕은
아주 크고 날카로운 목소리로 소리를 질렀어요. "여자가 사라졌다. 여자
가 죽었다." "저는 죽지 않았습니다." 제가 대답했어요. "단지 라인랜드 밖
으로 나왔을 뿐이에요. 다시 말해, 폐하께서 공간이라고 부르시는 직선
120 밖으로, 진짜 공간 속으로, 모든 사물이 있는 그대로 보이는 곳에 있을 뿐
입니다. 그리고 지금 이 순간에도 폐하의 선, 그러니까 폐하께서 내부라
고 칭하시는 폐하의 옆모습을 볼 수 있습니다. 그뿐 아닙니다. 폐하의 북
쪽과 남쪽 방향에 있는 남자와 여자들도 볼 수 있고, 그들이 어떤 순서로
서 있는지, 크기는 어떤지, 서로의 간격은 얼마나 되는지도 자세하게 열
125 거할 수 있습니다.

14.126. **"이제 제 말이 납득이 되시겠지요?"** 사각형은 왕을 2차원 세계로 들어올린 후 그의 베이스와 테너 목소리 방향을 반대로 해서 제자리에 돌려놓는 것을 시도해볼 수 있었을 것이다. 물론 그래도 왕은 라인랜드 바깥에 공간이 존재한다는 것을 믿지 않을지 모른다. 하지만 분명히 그것은 그를 불안하게 만들 것이며 그가 자신의 원래 방향을 되찾을 방법은 없을 것이다. 우리가 플랫랜드의 여성을 집어서 반대 방향으로 돌려놓는다면 그녀는 그런 경험 때문에 겁을 먹기는 하겠지만 180°를 돌아서 원래 방향을 다시 찾을 수가 있다. (이에 대응하는 3차원과 4차원 공간에서의 뒤집기에 대해서는 주석 16.130을 참조하라.)

저는 장황하게 설명을 마치고 의기양양하게 외쳤어요. "이제 제 말이 납득이 되시겠지요?" 그런 다음 다시 라인랜드로 돌아와 아까와 같은 위치에 섰어요.

하지만 왕은 이렇게 대꾸하는 게 아니겠어요. "그대가 지각 있는 남자라면, 그대의 목소리가 하나뿐인 것으로 보아 나는 그대가 남자가 아닌 여자임을 거의 의심하지 않네만, 아무튼 그대가 조금이라도 지각 있는 사람이라면 이성적으로 행동하리라 믿네. 그대는 내 감각이 가리키는 것 외에 다른 선이 있고, 내가 매일 인식하는 것 외에 다른 움직임이 있다는 걸 믿어달라고 했지. 이번엔 그대가 말하는 그 다른 선을 말로 설명하거나 행동으로 보여주길 바라네. 그대는 몸을 움직이는 것이 아니라 눈에서 사라졌다 다시 보이게 하는 일종의 마술을 부릴 뿐이네. 또한 그대의 신세계에 대해 분명하게 설명하는 대신, 40명 정도 되는 내 수행원의 수와 크기에 대해, 우리 나라 수도에 살고 있는 어린아이도 다 아는 사실에 대해 말할 뿐이지. 세상에 어찌 그리 비이성적이고 뻔뻔할 수 있는가? 그대의 어리석음을 인정하든지 그렇지 않으면 이제 그만 내 나라에서 떠나게."

저는 왕의 완고함에 잔뜩 화가 난데다, 무엇보다 제 성별을 모르면서 아는 척하는 태도에 분개해 입에서 나오는 대로 마구 쏘아붙였어요. "이 답답한 인간아! 당신은 자신이 완벽한 존재라고 생각하겠지만 천만에 말씀. 당신은 세상에서 제일 불완전한 바보 천치야. 당신은 나를 볼 수 있다고 생각하지만, 당신 눈에 보이는 건 점 하나뿐이지! 당신은 직선의 존재를 짐작할 수 있다고 우쭐대지만, 나는 직선을 볼 수 있고, 각, 삼각형, 사각형, 오각형, 육각형, 심지어 원의 존재도 추론할 수 있어. 더 이상 말해봐야 내 입만 아프지. 불완전한 당신의 완성된 모습이 바로 나라고 말하면 알아들으려나. 당신은 하나의 선에 불과하지만 나는 우리 나라에서 선

14.149. 선들의 선. 사각형이 의미하는 것은 그림 14.1이 보여주듯이, 사각형은 선분들의 조합 혹은 집단으로 생각될 수 있다는 것이다. 선분 AB의 모든 점은 하나의 선분에 (다시 말해, 그 점을 포함하고 선분 AD에 평행한 선분에) 대응한다. 그리고 사각형 ABCD의 모든 점은 그 선들 중의 하나 위에 있다. 같은 방식으로 우리는 입방체를 정사각형들의 선들로, 구를 둥근 판들의 선으로 생각할 수 있다(주석 15.90 참조).

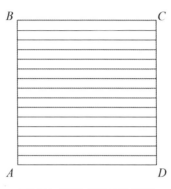

그림.14.1. 선들의 선으로서의 사각형

이탈리아 수학자 보나벤투라 카발리에리는 이런 개념을 가장 잘 알려진 저서《분할 불가능한 것들의 기하학》(1635)에서 설명한다. 그는 하나의 선은 무한한 수의 점들로 이뤄져 있으며 하나의 면은 무한한 수의 선들로, 한 입체는 무한한 수의 평면으로 이뤄져 있다고 말한다.

들의 선, 사각형이야. 당신에 비하면 높고 높은 나도 플랫랜드의 훌륭한 귀족들 사이에서는 보잘 것 없는 존재지. 나는 당신의 무지를 깨우치고 싶어 바로 이곳으로 당신을 찾아온 거야."

제 말을 들은 왕은 험악하게 소리를 지르면서 마치 대각선으로 가를 기세로 저에게 달려들었어요. 바로 그 순간 수많은 왕의 백성들의 우레 같은 고함소리가 들려왔어요. 그 소리가 어찌나 격렬하던지 십만 명의 이등변삼각형 군대, 천 명의 오각형 포병대의 고함소리와 맞먹겠다는 생각이 들 정도였답니다. 코앞에 닥친 죽음을 피해야 했지만, 저는 마법에 걸린 듯 꼼짝 않고 서서 몸을 움직일 수도 말을 할 수도 없었어요. 소리는 점점 커지고 왕은 더욱 바싹 다가오는데, 바로 그 순간 번쩍 잠에서 깨어났답니다. 아침식사 종소리가 이곳이 플랫랜드의 현실임을 상기시켜주었죠.

14.156. 천 명의 오각형 포병대. 이것은 실수다. 포병대원들은 사각형이다.

14.160. 아침식사 종소리. 빅토리아 시대의 중상류층 사람들에게 아침기도를 하는 것은 보편적 관습이었다. 모든 식구들은 "어른들의 아침식사가 시작되기 전에 매일 같은 시간에 벨소리 혹은 징소리에 따라 소집되어" 같이 모였다(데비도프 1973, 35).

§15
스페이스랜드에서 온 이방인

꿈 이야기는 이쯤에서 마치고 다시 현실로 돌아오겠습니다.

우리 시대의 1999년 마지막 날이었어요. 후드득 떨어지는 빗소리로 벌써 해질녘이 되었다는 걸 알았어요. 저는 아내 곁에 앉아[3] 지난 한 해 일어난 일들과 다가올 새 해, 다가올 세기, 다가올 새 천 년에 일어날 일들을 곰곰 생각하고 있었습니다.

네 명의 아들들과 고아가 된 두 손자는 각자 방으로 물러갔고, 저는 아내와 단둘이 지난 천 년이 가고 새로운 천 년이 다가오는 걸 지켜보고 있었어요.

그리고 가장 어린 손자의 입에서 무심코 흘러나온 몇 마디 말을 숙고하며 깊이 생각에 잠겼습니다. 어린 제 손자는 매우 유망한 육각형으로, 비범한 총명함과 완벽하게 날카로운 모서리를 갖추었지요. 저와 제 아들들은 손자에게 평소처럼 실습을 통해 시각 인식을 가르치고 있었습니다. 우리는 우리 몸의 중심을 기준으로 어느 땐 빨리 어느 땐 좀 더 천천히 회

---

3 물론 제가 "앉아 있다"고 말할 때 스페이스랜드에 사는 여러분과 같은 의미로 이 단어를 사용하는 것은 아니에요. 우리에게는 발이 없기 때문에 넙치나 가자미가 그렇듯 우리도 "앉"거나 "설" 수 없으니까요(여러분이 사용하는 단어의 의미대로 말이죠). 그럼에도 불구하고 우리는 "눕다" "앉다" "서다"라는 단어에 내포된 의지작용의 다양한 정신 상태를 완벽하게 인식할 수 있습니다. 그리고 이 의지작용이 커짐에 따라 빛이 약간 더 환해지기 때문에 보는 사람에게 제법 의지를 드러낼 수도 있어요. 하지만 제가 이 주제와, 이와 관련된 무수한 주제들에 대해 숙고하기엔 시간이 너무 부족하네요.

15장에 대한 주석

15.2. 빗소리로 벌써 해질녘이 되었다는 걸 알았어요. 플랫랜드에서는 비가 매우 규칙적으로 오기 때문에 비는 매일 '일몰'의 표시로 쓰였다.

15.3. 아내. 애벗의 아내에 대해서는 부록 B1, 1863을 보라.

15.4. 천 년 Millennium. 요한계시록 20장 1절부터 5절을 해석한 것에 따르면 이것은 그리스도가 지구를 직접 다스릴 천 년의 기간을 말한다.

15.6. 네 명의 아들들. 애벗의 유일한 아들 에드윈에 대해서는 부록 B1, 1868을 보라.

각주 3. 넙치나 가자미. 공간의 휘어짐이 어떻게 인력의 환상을 줄 수 있는가를 설명하기 위해, 물리학자 아서 에딩턴은 바다 밑바닥에 있는 흙더미 주변을 따라 휘어진 경로 위에서 경주를 하는 가자미들의 동화를 이야기했다. 가자미들은 2차원적이기 때문에 이 흙더미를 볼 수 없다(에딩턴 1921, 95-96).

전하면서 그 녀석에게 우리의 위치에 대해 질문했어요. 그리고 저는 손자
의 대답이 무척 흡족해, 녀석에게 상으로 기하학에 적용되는 산수에 관해
몇 가지 귀띔을 해주었답니다.

먼저 네 변이 각각 1인치인 사각형 9개를 준비한 다음, 그것을 모두 합
해 한 변의 길이가 3인치인 커다란 정사각형 하나를 만들었습니다. 그렇
게 해서 단순히 큰 정사각형 한 변의 길이를 제곱함으로써 그 안에 몇 개
의 작은 정사각형들이 있는지 알 수 있다는 걸 내 어린 손자에게 증명해
보였어요. 우리가 큰 정사각형의 내부를 볼 수는 없어도 이런 식으로 그
너비를 구할 수 있다는 사실을 알려준 거죠. 그리고 이렇게 덧붙였습니
다. "그러므로 우리는 한 변의 길이가 3인치인 정사각형의 너비는 3^2, 즉 9
제곱인치라는 걸 알 수 있단다."

어린 육각형 손자는 이 내용을 한참 동안 곰곰이 생각하더니 저에게
이렇게 말했어요. "그런데 할아버지는 숫자를 세제곱까지 계산하는 법을
가르쳐 주셨잖아요. 제 생각에 3^3은 틀림없이 기하학에서 어떤 의미가 있
을 것 같아요. 어떤 의미가 있을까요?" "아무 의미도 없다." 제가 대답했어
요. "적어도 기하학에서는 아무 의미도 없단다. 기하학에는 2차원만 존재
하니 말이다." 그런 다음 한 점이 3인치의 길이를 지나면 3인치 길이의 선
이 만들어지고, 이것을 3이라고 표시한다고 알려주었어요. 그리고 3인치
의 선 하나가 3인치의 길이만큼 평행이 되게 움직이면 모든 변이 3인치인
사각형 하나가 만들어지고, 이것을 3^2으로 표시한다는 것도 알려주었죠.

그러자 손자가 갑자기 제 말을 가로막더니, 처음의 문제로 돌아와 이
렇게 소리치는 것이었어요. "한 점이 3인치의 길이를 지나 3인치 길이의
선을 만들어 그것을 3으로 표시하고, 3인치 길이의 직선이 평행하게 움직

15.14. 우리의 위치에 대해 질문했어요. "정적인" 시각 인식에서 사람들은 움직이지 않는 도형의 가장자리 밝기가 변하는 것을 관찰해서 그 각도를 결정한다. 여기서 이 소년은 이미 그의 할아버지가 사각형이며 그의 삼촌들이 오각형이라는 것을 알고 있다. 그는 "동적인" 시각 인식을 사용해서 그들이 회전하는 동안 그들의 위치를 찾아내고 있다. 동적 시각 인식에서는 한 플랫랜드 사람이 다른 도형의 신원을 알아채기 위해 그 도형의 주변을 돌면서 모든 방향에서 시각적 각도의 크기를 관찰한다. (혹은 그 도형이 회전할 때 시각적 각도가 변하는 것을 관찰한다. 이것은 동등한 방법이다.) 좀 더 형식을 지켜서 말하면, 한 원 C안에 같은 무게중심을 가지는 도형 K가 있을 때 우리는 C의 각 점 x와 x에서 K의 시각적 각도를 측정한 값을 서로 대응시킴으로써 K의 시각적 각도의 함수를 C를 따라가면서 정의할 수 있다. 야노스 킨세스는 모든 볼록한 다각형은 이 각도함수에 의해서 결정된다는 것을 증명했다. 다시 말해서 만약 두 개의 다각형 P1과 P2가 어떤 한 원에 대해서 같은 각도함수를 가진다면 P1=P2이다(킨세스 2003).

그림 15.1은 한 오각형의 각도함수 그래프이다. 이 그림은 오각형이 180° 회전하고 그것을 한 정지한 관찰자가 볼 때 시각적 각도가 어떻게 변하는가를 보여주고 있다. 정다각형의 변의 숫자가 증가할 때 각도함수는 점점 더 평평해지고 원의 각도함수는 상수다. 여자의 각도함수를 위해서는 그림 15.2를 보라.

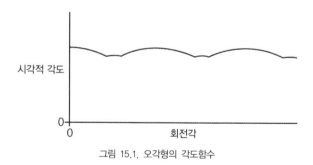

그림 15.1. 오각형의 각도함수

15.21. 정사각형의 내부를 볼 수는. 플랫랜드 위에 있는 유리한 장소에서 우리는 플랫랜드 안에 사는 사람들과 건물들의 전체 모양을 볼 수 있다. 하지만 이렇게 조망할 수 없는 사각형은 플랫랜드에서 물건의 모양을 그 물건 주변을 따라 움직이고 그 변과 각도를 관찰함으로써 알게 된다.

15.27. 3³, 세제곱. 영어권 국가의 사람들은 3³을 '쓰리 큐브드three cubed'라고 읽을 것이다(영어로 제곱은 square, 세제곱은 cube이다 - 역주). 19세기에는 네제곱은 바이쿼드래이트biquadrate로 다섯제곱은 서솔리드sursolid로 불렸다.

여 모든 변이 3인치인 정사각형 하나를 만들어 그것을 3^2으로 표시할 수 있겠죠. 그렇다면 네 변이 3인치인 정사각형을 어떻게든 평행하게 움직이면(어떻게 움직일지는 저도 모르지만요) 틀림없이 모든 변이 3인치인 뭔가
40 다른 것이 만들어질 거예요(물론 그게 뭔지는 저도 몰라요). 그렇다면 그것은 틀림없이 3^3으로 표시될 거라고요."

"그만 가서 자거라." 저는 손자가 제 말을 가로막은 것에 조금 심기가 불편해져서 이렇게 말해버렸어요. "엉뚱한 소리를 줄이면 분별력을 더 키울 수 있을 게다."

45 손자는 자존심이 상해서 자기 방으로 갔어요. 저는 아내 옆에 앉아 지난 1999년을 돌아보고 다가올 2000년엔 어떤 일이 일어날지 예상해보려 했지만, 총명하고 어린 육각형 손자 녀석이 생각 없이 지껄인 말이 도무지 뇌리에서 떠나질 않는 겁니다. 30분짜리 모래시계 안에는 이제 모래알이 얼마 남지 않았습니다. 저는 상념에서 깨어나, 남은 천 년의 마지막 시간
50 동안 모래시계를 북쪽으로 돌려놓았죠. 그러면서 크게 소리쳤어요. "그 녀석은 바보야."

그때 누군가 방 안에 있는 것 같은 느낌이 들었고, 그 즉시 차가운 숨결에 온몸이 오싹해졌어요. "그 애는 바보가 아니에요." 아내가 외쳤어요. "그리고 당신은 손자에게 심하게 창피를 주어 계율을 어기고 있어요." 하
55 지만 아내의 말에는 관심이 없었어요. 사방을 둘러보니 아무것도 보이지 않더군요. 하지만 여전히 누군가의 존재가 느껴졌고, 다시금 차가운 숨결이 다가와 저는 온몸을 덜덜 떨었어요. 그리고 다음 순간 자리에서 벌떡 일어났습니다. "왜 그래요?" 아내가 말했어요. "환풍구도 없는데. 뭐 찾아요? 여긴 아무것도 없어요." 맞아요, 아무것도 없었어요. 저는 자리에 앉

15.29. 기하학에는 2차원만 존재하니 말이다. 한 점으로 이뤄진 공간은 운동이 불가능하기 때문에 0차원이라고 불린다. 한 움직임(남/북)만 가능한 라인랜드 같은 공간은 1차원적이라고 말해진다. 플랫랜드는 두 개의 움직임들(북/남과 동/서)의 어떤 조합도 가능하며 두 개 이하의 움직임들로는 그 움직임을 설명할 수 없으므로 2차원적이다. 스페이스랜드는 그 안에서의 모든 운동이 세 개의 운동(북/남, 동/서, 위/아래)의 조합으로 설명되고 세 개 이하의 움직임들로는 그렇게 할 수 없으므로 3차원적이다. 2차원성은 1960년대에 인기가 있었던 장난감인 에치-어-스케치Etch A Sketch™로 멋지게 표현된다(에치-어-스케치는 하나의 화면과 두 개의 돌리는 손잡이가 있는 장난감으로 손잡이를 돌리면 화면에 선이 그어진다 – 역주). 에치-어-스케치의 유리 스크린 아래쪽은 알루미늄가루와 플라스틱 구슬들의 조합들이 발라져 있다. 왼쪽과 오른쪽 손잡이가 수평과 수직의 막대기를 조절하고 바늘이 그 두 개의 막대기들 교차점에 있다. 바늘이 움직이면서 스크린에서 가루들을 긁어내면 검정색 "선"이 만들어진다. 두 개의 손잡이들을 동시에 돌리면 2차원의 표면에서 가능한 모든 선을 그릴 수 있다(러커 1984, 1장).

"우리가 한 물체를 확대해보거나 줄여볼 때 우리는 차원들의 특성을 가장 명확히 알 수가 있다. 한 사진을 우편으로 보내기 위해 준비하는 문제를 생각해보자. 한 사각형의 사진은 특정 양의 끈과 포장지를 요구한다. 사진의 크기가 두 배가 된다면, 우리는 두 배의 끈이 필요하겠지만 네 배의 포장지가 필요하다. 한 정사각형 박스의 크기를 두 배로 하는 것은 두 배의 끈이 필요하게 만들고, 네 배의 포장지가 필요하게 만들며, 충전재가 여덟 배 필요하게 만든다. 마찬가지로, 우리가 현관홀의 크기를 두 배로 한다면, 전선의 길이 같이 모든 1차원적인 양들은 두 배가 된다. 그러나 벽을 칠하기 위한 페인트나 바닥에 깔 카펫의 양 같이 면적에 관련된 것은 네 배가 된다. 에어컨이 감당해야 하는 공간의 양처럼 부피에 관련된 것은 8배로 늘어난다"(밴초프 1990a, 13-14).

15.36. 평행하게 움직여 … 정사각형 하나를 만들어. 사각형은 '수직으로 움직이면'이라고 말했어야 한다. 일반적으로 한 선분이 그 자신에게 평행이 되게 움직이면 평행사변형이 만들어진다.

15.48. 30분짜리 모래시계. 18세기 내내 바다에서 시간은 30분짜리 모래시계로 측정되었다. 이 모래시계는 두 개의 막힌 유리그릇이 좁은 목으로 연결되고 그 안에 위의 그릇에서 아래 그릇으로 반 시간 동안 흘러내릴 정도의 모래가 담긴 것이다. 사각형이 가지고 있는 2차원적인 30분짜리 모래시계의 가능한 한 가지 모습은 8자처럼 생긴 것에 적절한 구멍이 있어서 2차원적인 모래가 흘러내리도록 한 것이다.

60 았고 다시 소리쳤어요. "그 녀석은 바보라니까. 3^3은 기하학에서 아무 의미도 가질 수가 없어." 그 순간 어떤 대답이 똑똑히 들렸습니다. "그 아이는 바보가 아니에요. 3^3은 틀림없이 기하학적으로 의미가 있습니다."

저뿐 아니라 아내도 그 소리를 똑똑히 들었어요. 아내는 그 말의 의미를 이해하지 못했지만 말이에요. 우리는 둘 다 소리가 나는 방향으로 향
65 했습니다. 그리고 눈앞에 서 있는 형체를 발견하고는 둘 다 어찌나 무섭던지! 옆에서 보면 언뜻 여자 같았지만, 잠시 찬찬히 살펴보니 여자라고 하기엔 양끝이 굉장히 빠른 속도로 희미해졌어요. 그래서 저는 그 형체가 동그라미라고밖에 생각할 수가 없었습니다. 다만, 동그라미나 지금까지 제가 경험한 다른 규칙 도형들로서는 불가능한 방식으로 크기가 변하는
70 것 같았어요.

하지만 제 아내는 저처럼 경험이 있는 것도 아니었고, 이런 특징들에 주목하기 위해 필요한 침착함도 없었죠. 평소 성급한 성격과 여자들 특유의 터무니없는 질투심으로 아내는 어떤 여자가 작은 구멍을 통해 집안으로 들어왔다고 대뜸 결론을 내려버리더군요. "이 여자가 어떻게 여기에
75 온 거지?" 아내가 소리쳤어요. "여보, 당신 분명히 말했잖아요. 새 집에 환풍구 만들지 않겠다고." "환풍구 안 만들었소." 제가 말했어요. "그런데 당신은 무슨 근거로 저 사람을 여자라고 생각하는 거요? 나야 시각 인식 능력으로 그렇게 본다지만 ……." "당신 시각 인식인지 뭔지, 도저히 못 참겠어요." 아내가 말했어요. "'느껴야 믿을 수 있'고, '직선에게 촉각은 동그
80 라미에게 시각만큼 가치가 있'다고요." 이 말들은 플랫랜드의 연약한 여자들이 툭 하면 내뱉는 속담이랍니다.

"좋소." 제가 입을 열었어요. 아내가 짜증을 낼까봐 무서웠거든요. "여

15.53. 온몸이 오싹해졌어요thrilled through my very being. 《로미오와 줄리엣》 4막 3장과 비교하라. "희미하지만 차가운 공포가 나의 혈관들 속에서 울려 퍼지고 있어I have a faint cold fear thrills through my veins."

15.62. 3^3은 틀림없이 기하학적으로 의미가 있습니다. 3^3이 가지는 "명백한" 기하학적 의미는 플랫랜드 사람들에게는 결코 명백하지 않다. 이 구절은 구가 선생으로서 부족하다는 것을 보여주는 몇 가지 예들 중의 하나다.

15.66. 옆에서 보면 언뜻 여자 같았지만. 구가 위아래로 움직일 때 둥근 절단면(그가 플랫랜드와 접하는 면)의 크기는 계속 변한다. 사각형과 아내는 이 변하는 절단면을 길이가 변하는 선분으로 "보게" 된다. 그들에게 있어서 겉보기 길이가 그렇게 변하는 것을 설명할 수 있는 유일한 방법은 그들이 회전하는 도형을 보고 있다고 생각하는 것이며, 겉보기 길이가 회전함에 따라 크게 변하는 유일한 도형은 여자다. 아래의 그래프들은 회전하는 여자와 플랫랜드를 통과하는 구를 구분하는 것이 얼마나 어려운지 보여준다.

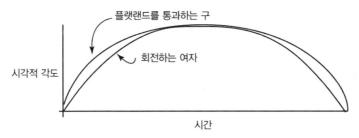

그림 15.2. 플랫랜드를 통과하는 구와 회전하는 여자의 각도함수

15.79. "느껴야" 믿을 수 있고. 요한복음 20장 25절에 대한 언급이다. "그러나 (도마가) 그들에게 말하기를 내가 그의 손에서 못 자국을 보지 않는다면, 그 못 자국에 내 손가락을 대지 못한다면, 내가 그에게 내 손을 내밀지 못한다면, 나는 믿지 않을 것이요." 애벗은 이 구절을 애벗(1917, 710ff)에서 논하고 있다.

자가 틀림없다면 자신을 소개해보라고 해봐요." 아내는 꽤나 우아한 태도
를 드러내며 낯선 형체를 향해 다가가 말했어요. "저, 부인, 제가 당신을
느끼고 느낌을 받도록 허락해주시면 ……." 그러더니 갑자기 흠칫 놀라
는 것이었어요. "에그머니! 여자가 아니에요. 각도 없고 각의 흔적도 없어
요. 완벽한 동그라미에게 그처럼 무례하게 굴었다니 어쩌면 좋죠?"

"어떤 면에서는 동그라미가 맞습니다." 목소리가 말했어요. "플랫랜드
에 있는 어떤 동그라미보다 완벽한 동그라미지요. 하지만 보다 정확하게
말하면 하나의 동그라미 안에 포함된 여러 개의 동그라미랍니다." 그러고
는 더욱 부드러운 말투로 덧붙이더군요. "부인, 저는 남편 분께 전할 말이
있어 왔습니다. 그러나 부인이 계시는 자리에서는 말을 전할 수가 없으
니, 죄송하지만 우리가 잠시 자리를 비우도록 허락해주시면 ……." 하지
만 아내는 우리의 존엄한 방문객이 몸소 불편을 감수하겠다는 제안을 끝
까지 들으려 하지 않았어요. 그렇지 않아도 잠자리에 들 시간이 한참 지
났다면서 동그라미를 안심시킨 다음, 조금 전의 무례한 행동을 용서해달
라고 거듭거듭 사과한 뒤 자기 방으로 들어갔답니다.

저는 30분짜리 모래시계를 응시했어요. 마침내 마지막 모래알이 떨어
지더군요. 그리고 두 번째 천 년이 시작되었습니다.

15.86. 흔적도 없어요not a trace. 'trace'의 두 가지 의미에 대한 말장난이다. 작은 양이라는 의미가 있고 한 선이나 평면이 다른 평면과 만나는 장소라는 의미도 있다.

15.90. 하나의 동그라미 안에 포함된 여러 개의 동그라미many circles in one. 그림 15.3은 구가 "여러 개의 동그라미가 하나 안에 있다"고 말할 때 무엇을 의미하는지 보여주고 있다. 사각형이 "선들의 선"인 것처럼, 구는 '많은 원형판의 선'이다. 다시 말해, 구의 위와 아래를 잇는 선분의 모든 점은 정확히 한 개의 원형판에 대응한다. 그리고 구의 모든 점들은 그 판들 중의 하나에 속한다.

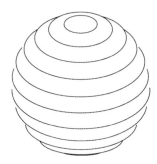

그림 15.3. "하나의 동그라미 안에 포함된 여러 개의 동그라미"
모양인 구

15.92. 부인이 계시는 자리에서는 말을 전할 수가 없으니. 이방인은 사각형에게 다른 무지한 자들에게는 숨겨온 '비밀들을 가르쳐주기'로 한다. 17장 76행에서 그는 사각형 이외에 다른 누구도 그가 나타나는 것을 목격해서는 안 된다고 반복해서 주장한다.

15.99. 두 번째 천 년. 이것은 '세 번째' 천 년이어야만 한다. 이 오류는 1926년의 블랙웰 판에서 수정되었다.

§16
이방인이 스페이스랜드의 미스터리를 설명하려 노력했지만 실패하다

방을 나서는 아내의 평화의 소리가 잦아들자마자, 저는 그를 좀 더 가까이에서 볼 겸 앉으라고 권하기도 할 겸 이방인에게 다가갔어요. 그런데 그의 외모에 너무 놀라 그만 말문이 막혔고 그 자리에서 꼼짝할 수가 없었습니다. 모서리가 있던 흔적은 전혀 보이지 않았지만, 크기와 밝기가 매 순간 단계적으로 바뀌는 것이었어요. 제 경험상 이런 모습은 어떤 도형에게도 거의 불가능했죠. 그때 제 앞에 있는 저 형체가 어쩌면 강도나 살인범 같은 극악무도한 불규칙 이등변삼각형일지 모른다는 생각이 뇌리를 스치더군요. 동그라미처럼 목소리를 위장해 어찌어찌 집안에 들어올 수 있게 되었고, 이제 날카로운 각으로 저를 찌를 준비를 하고 있다고 말입니다.

거실에 안개가 없으니(게다가 하필이면 건조한 계절이었답니다) 시각 인식을 신뢰하기가 어렵더군요. 특히나 그와의 거리가 좁혀진 바람에 더욱 그랬어요. 저는 너무 두려운 나머지 예의고 뭐고 없이 앞으로 성큼 다가가, "제가 선생을 느끼도록 허락하셔야겠소 ⋯⋯"라고 말하고는 다짜고짜 그를 느꼈어요. 아내 말이 옳았습니다. 각의 흔적이 없었어요. 울퉁불퉁하거나 불균등한 곳도 전혀 없었고요. 이보다 완벽한 동그라미는 제 평생 만나본 적이 없었습니다. 제가 그의 눈부터 시작해 주위를 빙 돌아 다시 그의 눈으로 돌아오는 동안 그는 꼼짝도 않고 서 있었어요. 그는 완벽한 원형, 완벽하기 이를 데 없는 동그라미였고, 그가 동그라미라는 데 추호의 의심도 있을 수 없었죠. 곧이어 그와의 대화가 이어졌어요. 기억할

16장에 대한 주석

16.1. 방을 나서는 아내의 평화의 소리. 초판에는 "떠나가는 아내의 발걸음 소리the sound of my Wife's retreating footsteps"로 되어 있다. 이렇게 수정한 이유에 대해서는 부록 A2의 각주 10을 보라.

20 수 있는 한 최대한 정확하게 기록하도록 노력하겠지만, 그에게 거듭거듭
사과한 내용은 생략하겠습니다. 사각형인 제가 동그라미를 느끼는 무례
를 범했다는 부끄러움과 무안함으로 몸 둘 바를 모르겠으니 말입니다. 장
황한 제 소개에 조바심을 느낀 이방인이 먼저 이야기를 시작하더군요.

25 이방인. 지금쯤이면 나를 충분히 느끼셨습니까? 아직도 날 모르시겠어요?

나. 훌륭하신 선생님, 저의 서툰 태도를 용서하십시오. 제가 상류사
회의 관례를 몰라서가 아니라, 이렇게 예기치 않은 방문에 조
금 놀라고 두려워서 그랬습니다. 그리고 제 무례한 행동을 아
무에게도, 특히 제 아내에게 절대로 이야기하지 말아주시길
30 부탁드립니다. 하지만 대화를 진척시키기 전에, 황송하오나
선생님이 어디에서 오셨는지 몹시도 궁금한 제 호기심을 충족
시켜 주시지 않겠습니까?

이방인. 공간에서 왔습니다. 공간이요, 선생님. 달리 어디에서 왔겠습
니까?

35 나. 아뢰옵기 황송하오나, 선생님. 선생님은 이미 공간에 계시지 않
습니까? 선생님과 미천한 저는 지금 이 순간에도 공간에 있지
않나요?

이방인. 어이쿠! 당신은 공간을 어떻게 알고 계시는 건가요? 당신이 아
는 공간에 대해 말씀해주십시오.

40 나. 공간은 말입니다, 선생님. 무한히 연장되는 높이와 너비입니다.

이방인. 바로 그렇습니다. 하지만 당신은 공간에 대해 전혀 모르는 것

16.39. 공간에 대해 말씀해주십시오. 아인슈타인은 공간을 정의하고 그것이 물질이나 운동과 어떤 관계를 가지고 있는지 말하는 것은 매우 어렵다는 사실을 발견했다: "우리는 '공간'이라는 애매한 단어를 완전히 피하고 그것을 '기준점이 되는 강체에 대한 상대적인 운동'으로 대체한다. 우리는 정직하게 말해서 공간이라는 말이 무슨 뜻인지 전혀 모르고 있다"(아인슈타인 1921, 9-10).

같군요. 당신은 공간을 2차원적으로만 생각하고 있어요. 하지만 저는 높이, 너비, 길이로 이루어진 3차원에 대해 알려드리기 위해 왔습니다.

45   나. 선생님께서 농담을 다 하시다니요. 우리도 길이와 높이 혹은 너비와 두께에 대해 이야기하고, 그렇게 네 개의 명칭으로 2차원을 나타냅니다.

이방인. 하지만 내가 말하려는 것은 단순히 세 개의 명칭이 아니라 3차원입니다.

50   나. 그렇다면 선생님, 제가 모르는 3차원이 어느 방향에 있는지 제게 보여주거나 설명해주시겠습니까?

이방인. 내가 바로 그곳에서 왔습니다. 3차원은 저 위와 아래에 있어요.

나. 아마도 북쪽과 남쪽을 말씀하시는 것 같군요.

이방인. 그것과는 전혀 의미가 달라요. 당신은 옆에 눈이 없기 때문에,
55   내가 말하는 방향은 당신에게 보이지 않을 거예요.

나. 죄송하지만 선생님, 잠시 저를 잘 관찰해보시면, 제 두 변의 연결 부위에 완벽한 발광체가 있다는 걸 아실 겁니다.

이방인. 네, 그렇군요. 하지만 공간을 들여다보려면 눈이 있어야 해요. 둘레가 아닌 측면에, 그러니까 아마도 당신이 내부라고 부르
60   는 것에 말이지요. 하지만 우리 스페이스랜드 사람들은 그것을 측면이라고 부릅니다.

16.57. 완벽한 발광체가 있다는 걸. 사각형은 그의 눈을 발광체, 다시 말해 빛을 발하는 기관으로 말하고 있다. 시각에 대한 발광체 이론은《티마이오스》, 45b-d에서 그것을 소개하고 있는 플라톤에 의해 가장 깊이 있게 전개되었다. 이 이론에 따르면, 관찰자의 눈에서 한 줄기의 빛 혹은 불이 나오고 이것이 햇빛과 합쳐져서는 "하나의 균일체"를 이룬다. 이 물체가 시각의 대상과 눈 사이에서 매체의 역할을 한다(린드버그 1976, 3-6).

나. 내부에 눈이 있다니요! 위장에 눈이 있다는 말씀인가요! 선생님, 농담이 심하십니다.

이방인. 나는 지금 전혀 농담할 기분이 아닙니다. 분명히 말씀드리지만 나는 공간에서 왔습니다. 공간의 의미를 모르시겠다면 3차원 나라에서 왔다고 하면 이해가 되실지 모르겠군요. 최근 저는 이 3차원 나라에서 당신이 사실상 공간이라고 부르는 당신네 평면 나라를 내려다보게 되었습니다. 유리한 위치에서 내려다본 덕분에 당신들이 입체라고 부르는 모든 것들을 알아볼 수 있었어요. 당신들이 "네 개의 변으로 에워싸여 있다"는 의미로 사용하는 입체 말입니다. 당신들의 집과 교회, 당신들의 상자와 금고, 심지어 당신들의 내부와 위장까지 제 눈에는 모두 훤히 들여다보였습니다.

나. 선생님, 그런 주장이야 얼마든지 쉽게 할 수 있지 않겠습니까.

이방인. 하지만 증명하기는 쉽지 않을 거라는 말씀이시죠. 그러나 저는 증명해 보이겠습니다.

이곳에 내려올 때 당신의 오각형 아들 네 명이 각자 자기 방으로 들어가는 모습과 육각형 손자 두 명을 보았습니다. 가장 어린 육각형 손자가 잠시 당신과 함께 남아 있다가 곧이어 자기 방으로 들어가, 당신과 아내와 단둘이 남게 되었지요. 이등변 삼각형 하인 세 명은 부엌에서 저녁식사를 하고, 어린 시동은 부엌방에 있더군요. 제가 이곳에 도착한 시간이 바로 그 무렵입니다. 그런데 어떻게 들어올 수 있었을까요?

16.64. 기분humour. 기분 혹은 기질을 뜻하는데, 이는 고대의 개념에서 나왔다. 이에 따르면 몸은 네 가지의 액체 혹은 '유머humours'를 가지고 있는데 그 액체들의 상대적 비율이 한 사람의 건강과 기질을 결정한다.

나. 지붕으로 내려오셨겠지요.

이방인. 그렇지 않습니다. 아주 잘 아시겠지만, 당신 집 지붕은 최근에 수리를 해서 여자 한 사람조차 뚫고 들어올 구멍이 없어요. 다시 말하지만 나는 공간에서 왔습니다. 내가 당신 자녀들과 가정에 대해 한 말을 듣고도 믿지 못하시겠습니까?

나. 선생님, 소인의 소유물에 관한 그 같은 사실들은 선생님처럼 정보를 얻을 수단이 풍부한 사람이라면 제 주변 사람 누구나 쉽게 알아낼 수 있다는 걸 잘 아실 겁니다.

이방인. (혼잣말로) 이것 참, 어떻게 설명해야 좋을까? 잠깐만요. 한 가지 논증이 떠올랐습니다. 당신이 아내와 같은 하나의 직선을 볼 때, 아내에게 얼마나 많은 차원을 부여하십니까?

나. 선생님은 마치 제가 수학도 몰라서 여자는 과연 하나의 직선이니 1차원으로만 이루어졌다고 생각하는 천박한 인간인 것처럼 대하시는군요. 아니요, 그렇지 않습니다, 선생. 우리 사각형들은 여자에 대해 선생님보다 정통하고 선생님만큼 잘 알고 있습니다. 일반적으로 여자는 하나의 직선으로 불리지만, 실제로 그리고 과학적으로 우리와 같은 2차원, 즉 길이와 너비(두께)를 지닌 아주 가느다란 평행사변형이라는 걸 말입니다.

이방인. 그렇지만 선을 볼 수 있다는 사실은 또 하나의 차원을 지닌다는 걸 의미하지요.

나. 선생님, 저는 여자가 길이뿐 아니라 너비도 지니고 있다는 걸 잘 알고 있습니다. 우리는 여자의 길이를 보고 너비를 짐작하

16.93. 어떻게 설명해야 좋을까? 사각형이 "왼쪽"이나 "오른쪽" 같은 말을 쓸 때, 그는 두 개의 꼭짓점 중에서 그의 눈/입이 있는 꼭짓점에 가까운 쪽이 어느 것인지 구분할 수 있는 것 같아 보인다. 사각형이 북쪽을 향할 때, L을 서쪽에 있는 꼭짓점, R을 동쪽에 있는 꼭짓점이라고 하자. 그의 '등쪽'에 있는 꼭짓점 B는 눈 E와 대각선상에서 반대쪽에 있다. 만약 구가 사각형을 플랫랜드의 바깥쪽으로 들어올려서 그를 돌려놓을 때 '뒤집어서' 그렇게 한다면, 그는 그 이전의 자신에 대해서 '거울 이미지'처럼 보일 것이다. 그런 거울-뒤집기가 사각형으로 하여금 제3의 차원을 믿게 하지는 못하더라도, 그는 금방 플랫랜드에서의 어떤 운동도 그를 원래의 방향으로 돌려놓지는 못한다는 것을 발견할 것이다.

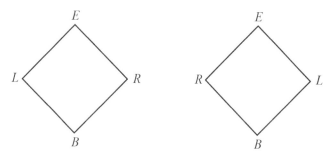

그림. 16.1. 사각형과 그의 거울 이미지

웰스H. G. Wells의 《플래트너 이야기》(1896)는 이에 대응하는 4차원 공간에서의 "뒤집기"를 소개하고 있다. 과학 교사인 고트프리트 플래트너는 "초록 빛깔의" 가루를 폭발하게 만드는데 이 사건은 그를 4차원 공간으로 날려버린다. 이 우주에서 9일을 보낸 후 그는 한 바위 위로 미끄러져 떨어진다. 그러자 남은 가루가 들어 있는 병이 폭발했다. 다음 순간, 그는 자신이 지구로 돌아온 것을 발견한다. 그런데 그의 심장은 이제 오른쪽에 있었다. 게다가 몸 왼쪽과 오른쪽이 전부 바뀐 것 같았다(웰스 1952).

가향성orientability의 기하학적 의미를 위해서는 에세이 〈이마누엘 칸트와 반가향성〉(밴초프 1990a, 192 – 193), 러커(1984, 4장), 그리고 버거(1965)를 보라. 윌리엄 슬레이터의 《자신을 뒤바꾼 소년》도 참고하라.

16.93. "(혼잣말로) 이것 참, 어떻게 설명해야 좋을까?" 여기서부터 16장의 131행까지는 초판본에 더해진 것이다. 이런 변화의 이유에 관해서는 부록의 A2를 참조하라.

16.100. 하나의 직선으로 불리지만 … 평행사변형이라는 걸 말입니다. 17세기 옥스퍼드의 신학자 겸 수학자 존 윌리스는 높이가 무한히 작거나 0인 평행사변형을 "직선 이외에는 아무것도 아닌" 것으로 말했다(보이어 1949, 170-171).

지요. 상당히 가늘지만 측정은 가능합니다.

이방인. 내 말을 이해 못하시는군요. 내 말은, 당신이 여자를 볼 때 여자의 길이를 보고 너비를 짐작할 뿐 아니라, 우리가 말하는 여자의 높이라는 걸 보게 된다는 겁니다. 비록 당신네 나라에서는 높이, 즉 세 번째 차원을 측정해봤자 치수가 극히 미미하겠지만 말입니다. 만일 하나의 선이 "높이"는 없고 길이만 있다면, 그 선은 더 이상 공간을 차지하지 않게 되고 따라서 눈에 보이지도 않을 겁니다. 이제 분명히 이해되셨나요?

나. 솔직히 고백하면, 선생님이 무슨 말씀을 하시는지 전혀 이해가 되지 않습니다. 플랫랜드에서는 선을 볼 때 길이와 밝기를 봅니다. 밝기가 사라지면 선이 사라지고, 선생님이 말씀하신 것처럼 더 이상 공간을 차지하지 않게 되지요. 그렇다면 이 밝기에 선생님이 말씀하시는 차원이라는 명칭을 부여하고, 우리가 "밝기"라고 부르는 것을 선생님은 "높이"라고 부른다고 생각하면 되겠습니까?

이방인. 아니, 그게 아니지요. 내가 말하는 "높이"는 당신이 말하는 길이와 마찬가지로 하나의 차원입니다. 다만 이 "높이"의 치수가 지극히 미미하기 때문에 당신들 눈에는 잘 보이지 않아요.

나. 선생님 주장은 쉽게 실험해볼 수 있을 것 같습니다. 선생님은 제가 3차원, 그러니까 "높이"라는 걸 지니고 있다고 하셨어요. 그런데 차원은 방향과 치수가 있다는 걸 의미합니다. 저의 "높이"만 측정해보십시오. 아니면 제 "높이"가 늘어나는 방향만 알려주셔도 좋습니다. 그렇다면 선생님 주장을 전폭적으로 받

16.111. 하나의 선이 "높이"는 없고 길이만 있다면 ⋯ 보이지도 않을 겁니다. 애벗이 구의 입을 통해 행한 이 잘못된 단언은 애벗의 오류를 보여주고 있다. 초판본에 이렇게 수정을 가한 이유에 대해서는 부록 A2, 각주 2를 참조하라.

16.117. 이 밝기에 ⋯ 차원이라는 명칭을 부여하고. 사각형은 구의 "차원"이라는 단어가 비유적으로 한 물체의 어떤 측면이나 성질을 의미하는 것인지 묻고 있다.

아들이겠어요. 그렇지 않으면 선생님의 해석은 못 들은 걸로 해야겠습니다.

130   **이방인.** (혼잣말로) 둘 다 불가능해. 이것 참, 어떻게 하면 저 사람을 납득시킬 수 있을까? 그래, 사실을 분명하게 설명한 다음 눈으로 직접 목격하게 하면 충분히 이해시킬 수 있을 거야. 저, 선생님. 내 말을 잘 들어보십시오.

당신은 평면 위에 살고 있습니다. 당신이 플랫랜드라고 부르는 이곳은 내가 유동체라고 부를 수 있는 드넓고 평평한 표면

135 이며, 당신과 당신 나라 사람들은 이 표면 너머를 훌쩍 뛰어 넘거나 아래로 쑥 떨어지는 일 없이, 표면의 상단이나 안쪽 주변을 이동합니다.

나는 평면 도형이 아닌 입체입니다. 당신은 나를 동그라미라고 부르더군요. 하지만 실제로 나는 동그라미가 아니라, 한 점

140 부터 지름 13인치의 동그라미에 이르기까지 매우 다양한 크기의 무수히 많은 동그라미들이 층층이 쌓여 이루어진 입체입니다. 지금처럼 내가 당신의 평면 나라를 가르고 지나갈 땐, 평면 위에 당신이 바로 동그라미라고 부르는 하나의 단면을 만들지

145 요. 아무리 구球 — 우리 나라에서 나를 부르는 정식 이름이랍니다 — 라도, 플랫랜드 거주자에게 모습을 보이려면 동그라미로 드러낼 수밖에 없으니까요.

기억하십니까? 모든 것을 볼 수 있는 나는 지난 밤 당신의 뇌에 라인랜드에 대한 환영이 펼쳐지는 걸 보았습니다. 당신이 라

150 인랜드 왕국에 들어갈 때, 왕에게 당신의 모습을 사각형이 아

16.135. 당신이 플랫랜드라고 부르는 이곳. 플랫랜드라는 단어를 이렇게 쓰는 것은 사각형이 앞에서 한 말과 모순된다. 사각형은 사람들이 그렇게 부르기 때문에 플랫랜드라고 부르는 것이 아니라, 그 세계의 특징을 우리 독자들에게 보다 명확히 보여주기 위해서라고 말했다.

16.136. 유동체라고 부를 수 있는 드넓고 평평한 표면. 해양생물학자 월스비A. E. Walsby는 시나이 반도에 있는 소금물 호수에서 표면에 떠있는 작고 평평하며 투명한 사각형의 박테리아를 발견했다(월스비 1980).

16.145. 단면. 작가 폴 레이크는 '시의 형태'를 묘사하기 위해 차원적인 비유를 사용한다. 시의 형태는 그가 고차원적인 물체의 단면으로 비유한 종이 위에 나타난 2차원적인 테두리가 아니라고 말한다. 시의 핵심은 "말해지거나 읽혔을 때 그것이 창조해내는 4차원적인 형태"다.

16.146. 구. 등장인물의 기하학적 배치에 대해 듀드니는 구와 사각형의 만남에서 "인간적인 내용을 중화시켜서" 그 사건을 영적이거나 종교적인 것으로 해석하지 않도록 하는 역할을 한다고 봤다. "그러나 영적인 느낌은 있고 그 영적인 느낌은《플랫랜드》이야기 속에서 충분히 여러 번 강화되기 때문에 형이상학적인 차원이 애벗의 주요 관심사라는 것에는 의심의 여지가 없다"(듀드니 1984a, 10).

16.149. 기억하십니까? 하워드 힌턴은 2차원의 존재가 직선에 갇힌 어떤 존재를 상상하게 되면 공간이라는 세 번째 차원의 존재를 머릿속에 떠올리게 될지도 모른다고 생각했다.

만약 그(2차원의 존재)가 직선에 갇힌 어떤 존재를 상상한다면, 그는 직선 위의 그 생명체는 오직 한 방향으로만 움직일 수 있지만 그 자신은 2개의 방향으로 움직일 수가 있다는 것을 깨닫게 될 것이다. 이러한 생각을 하고 나서 그는 "그러나 왜 방향의 수가 두 개로 제한되어야 할까? 세 개면 왜 안 되지?"라고 생각할지 모른다(힌턴 1880, 18).

애벗은 사각형에게 1차원의 존재와 만나는 꿈을 꾸게 했다. 그 꿈은 3차원 공간으로부터 한 존재가 플랫랜드로 "나타나게" 되리라는 조짐을 보여주는 것이었다. 그러나 그는 사각형에게 그 꿈을 해석할 충분한 상상력을 주지 않았다. 게다가 사각형은 플랫랜드에 너무 얽매여서 그 자신이 라인랜드의 왕에게 두 번째 차원이 있다고 설득하려던 시도와 구가 그에게 세 번째 차원이 있다고 설득하려는 시도가 유사하다는 것을 알지 못한다.

닌 선의 형태로 드러내야 했던 것을 기억하십니까? 직선의 왕
국에는 당신의 전체 모습을 드러내기에 충분한 차원이 없기 때
문에 당신의 일부 모습만 드러낼 수 있었죠. 이와 마찬가지 방
식으로 2차원인 당신 나라는 3차원 존재인 나를 드러낼 만큼
차원이 크지 않기 때문에, 당신이 동그라미라고 부르는 나의
일부 즉 단면만 드러낼 수 있습니다.

당신 눈의 밝기가 희미해지는 걸 보니 내 말을 믿지 못하는군
요. 하지만 이제 내 주장이 사실이라는 확실한 증거를 보게 될
거예요. 사실상 당신은 내 여러 부분들, 즉 동그라미들을 한 번
에 하나씩밖에 볼 수 없습니다. 당신의 시각은 플랫랜드의 평
면을 벗어날 능력이 없기 때문이지요. 하지만 적어도 내가 공
간 안으로 올라갈 때 내 단면들이 점점 작아지는 건 볼 수 있을
겁니다. 이제 내가 서서히 올라갈 테니 내 모습을 잘 보십시오.
당신의 시각에는 내 동그라미가 점점 작아져 마침내 한 점으로
줄어들다가 결국 사라지는 모습이 보일 거예요.

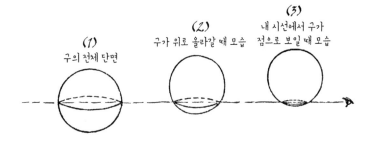

(1)
구의 전체 단면

(2)
구가 위로 올라갈 때 모습

(3)
내 시선에서 구가
점으로 보일 때 모습

제 눈에는 구가 "올라가는" 모습이 보이지 않았지만, 구는 점점 줄어들
다가 마침내 사라졌습니다. 저는 꿈이 아니라는 걸 확인하기 위해 한두

16.165. 내 동그라미가 점점 작아져. 사각형은 구가 플랫랜드를 통과하는 것을 원형 판이 시간이 지남에 따라 커지고 작아지는 것으로 경험하게 된다.

삽화. 그림 16.2에서와 같이, 조감도에서 구의 원형 단면들은 타원처럼 보이게 된다. 그러나 사각형이 잘못 그린 그림에서 그들은 이중 볼록 렌즈의 단면들을 닮았다.

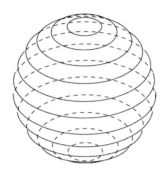

그림 16.2. 구의 단면들

번 눈을 껌벅거려 보았어요. 꿈이 아니었습니다. 그때 어디선가 깊은 곳에서 희미한 소리가 들렸어요. 그 소리는 제 심장 가까이에서 들리는 것같았어요. "내 모습이 완전히 사라졌지요? 이제 내 말을 믿으시겠습니까? 그럼 이제 서서히 플랫랜드로 돌아가겠습니다. 내 단면이 점점 커지는 걸보게 될 거예요."

스페이스랜드의 모든 독자들은 이 수수께끼 같은 이방인이 정확하고도 쉬운 말로 표현하고 있다는 걸 쉽게 이해하실 겁니다. 하지만 플랫랜드 수학에 정통한 저조차도 그가 하는 말이 도무지 이해되지 않았어요. 위에 그린 대략적인 도해는 스페이스랜드의 어린이라면 누구나 쉽게 이해하겠죠. 구가 도해에 표시된 세 위치로 올라갈 때 저와 플랫랜드 사람들에게는 구의 모습이 동그라미로 밖에 보이지 않으며, 처음엔 실물 크기로 보이다가 차츰 작아져서 마지막에는 점에 가까울 만큼 아주 작아지는 현상을 말입니다. 하지만 여러 가지 사실들을 제 눈으로 직접 보고도 그 원인에 대해서는 여전히 알 길이 없었죠. 제가 이해할 수 있는 것이라고는 동그라미가 스스로 점점 작아지다가 사라졌다는 것, 그리고 지금 다시 나타나서 빠른 속도로 점점 제 몸의 크기를 키우고 있다는 것뿐이었어요.

원래 크기로 돌아온 구는 깊은 한숨을 내쉬더군요. 제 침묵으로 제가 그의 말을 전혀 이해하지 못했음을 알아챈 거죠. 솔직히 저는 이제 구가 동그라미가 아니라 굉장히 영리한 곡예사가 틀림없다고 믿어버리고 싶었어요. 아니면 노파들의 허무맹랑한 이야기들이 사실이어서 마법사나 마술사 같은 사람들이 정말로 존재한다고 믿고 싶어졌습니다.

구는 한참 동안 아무 말이 없더니 혼잣말로 중얼거렸습니다. "행동으로도 설득이 어렵다면 남은 방법은 한 가지뿐이지. 유추를 시도해봐야겠

16.170. 희미한 소리. 《햄릿》1막 5장을 연상시킨다. 여기서 셰익스피어는 유령으로 하여금 무대의 바닥에서 햄릿과 호라티오에게 말하게 했다.

16.182. 제가 이해할 수 있는 것. 더 높은 차원의 공간을 상상하는 어려움 이외에도 《플랫랜드》는 독자로 하여금 2차원의 생명체가 3차원의 사물을 상상하는 것을 상상하는 과제를 준다. 우리는 2차원적인 존재의 공간 개념을 알 수 없다. 우리는 그들의 감각 인식이 어떤 것인지 모르기 때문에, 공간에 대한 그들의 관념이 "촉각 혹은 시각"에서 나온다는 가정조차도 그들의 공간 개념에 대한 결론을 충분히 뒷받침할 수 없는 것이다. 그러나 《플랫랜드》의 중심 원리는 플랫랜드 사람들은 "우리와 같다"는 것이다. 따라서 그 2차원의 사람들이 어떤 공간 개념을 가지고 있는가 하는 것에 대해서 우리는 우리 자신의 경험으로부터 상상하려고 해야 할 것이다. 이런 종류의 유추적 사고는 우리 자신과 4차원 공간의 관계를 이해하려는 시도에서도 일반적이다. [보충주석에서 계속]

16.188. 노파들의 허무맹랑한 이야기들. 오래된 미신들을 계속 퍼뜨리는 "이야기들"을 "노파들" 탓으로 돌리는 것은 고대부터 시작되었다. 플라톤은 《고르기아스》에서 그것을 이야기하고 있으며 바울은 디모데에게 보내는 그의 첫 편지에서 "불경한 이야기들, 노파들의 이야기들을 거부하게"라고 경고한다.

16.191. 유추Analogy. 가장 넓은 의미에서 유추란 두 가지의 것들을 서로 비교하는 것을 말한다. 이때 한 쪽의 몇 가지 성질들은 다른 쪽의 성질들과 대응한다. 유추는 그리스어 아날로기아 analogia에서 나왔으며, 아리스토텔레스는 아날로기아를 비율이나 비례가 같은 것으로 정의했다: A와 B의 관계는 C와 D의 관계와 같다(《니코마코스 윤리학》5장 3절). 플라톤은 동굴의 우화에서 인간이 처한 상태를 설명하기 위해 하나의 비유를 쓴다. 그 동굴과 감각 인식의 세계("보이는 세계")와의 관계는 감각 인식의 세계와 생각의 세계("이해 가능한 세계")와의 관계와 같다. 《플랫랜드》에서 애벗은 동굴과 그 죄수를 기하학적인 도형들이 살고 있는 2차원적인 우주로 대체함으로써 플라톤의 비유를 기하학의 언어로 재창조한다. 이렇게 볼 때, 사각형이 라인랜드를 '방문'한 것이나 구가 플랫랜드를 방문한 것은 한 차원적인 비유를 설명해준다. 1차원과 2차원 공간 간 관계는 2차원과 3차원 공간 간 관계와 비슷하다.

차원적인 유추를 쓰는 것은 더 높은 차원들을 연구하기 위한 직관적인 접근이다. 이것은 종종 낮은 차원의 결과들을 일반화하는 결실을 맺는다. "우리가 평면 기하학에서 하나의 정리를 정말로 이해하려고 한다면, 우리는 입체 기하학에서 하나나 그 이상의 유사한 정리들을 발견할 수 있어야 한다. 이와 반대로 입체 기하학의 정리들은 평면 도형들 사이의 관계에 대해 새로운 제안을 한다. 사각형에 관한 정리는 입방체나 사각 각기둥에 관한 정리에, 원에 관한 정리는 구나 원기둥이나 원뿔에 관한 정리에 대응해야 한다. [215쪽에서 계속]

어." 그러고는 한참 동안 침묵이 이어지더니 마침내 대화를 계속했어요.

구. 수학자 선생님, 제 질문에 대답해주십시오. 한 점이 북쪽으로 움직 인다면, 그리고 빛을 발하면서 흔적을 남긴다면 선생님은 그 흔적 에 어떤 이름을 부여하겠습니까?

195 나. 직선이라고 하겠습니다.

구. 그렇다면 하나의 직선은 몇 개의 끝점을 지니고 있습니까?

나. 두 개의 끝점을 지니고 있습니다.

구. 이제 북쪽으로 향하는 직선이 동쪽에서 서쪽으로 평행하게 이동하 고, 모든 점이 움직이면서 직선의 흔적을 남긴다고 상상해보십시 200 오. 이렇게 해서 만들어진 도형의 이름을 무엇이라고 하겠습니까? 우리는 이것이 원래 직선과 같은 거리를 사이에 두고 이동한다고 가정하겠어요. 이 도형의 이름을 무엇이라고 할까요?

나. 사각형입니다.

구. 그렇다면 사각형에는 몇 개의 변이 있나요? 각은 몇 개인가요?

205 나. 네 개의 변과 네 개의 각이 있지요.

구. 이제 좀 더 상상력을 발휘해보십시오. 플랫랜드에 있는 사각형 하 나가 평행하게 위로 이동하는 모습을 마음속에 그려보세요.

나. 뭐라고요? 북쪽으로요?

구. 아니요, 북쪽이 아니라 위로요. 플랫랜드 밖을 완전히 벗어나보란

만약 우리가 2차원에서 3차원으로 가면서 많은 것을 배운다면, 3차원에서 4차원으로 갈 땐 더 많은 것을 배우게 되지 않을까?"(밴초프 1990a, 8).

16.193. 수학자 선생님. 이방인은 플랫랜드의 다른 보통 사람과는 달리 자신은 수학에 무지하지 않다는 사각형의 말을 비꼬듯이 언급하고 있는 것이다.

16.193. 한 점이 북쪽으로 움직인다면. 그림 16.4는 유도 단계를 보여준다. 한 점(0차 입방체)이 같은 방향으로 계속 움직이면 선분(1차 입방체)이 된다. 한 선분이 그 자신에게 수직으로 한 평면 위에서 움직이면 사각형(2차 입방체)이 된다. 한 사각형이 자기 자신에게 수직으로 삼차원 공간에서 움직이면 한 입방체(3차 입방체)가 된다. 18장 183행에서 사각형은 이런 배열의 다음 단계의 존재를 가정한다. 바로 4차 입방체 즉 하이퍼큐브로 그가 초입방체 Extra-Cube라고 부른 것이다.

그림 16.3. 유도 단계

아리스토텔레스는 유도과정을 3차원 이상으로 확대하는 것이 불가능하다고 생각했다: "우리는 길이를 넘어서 면으로 이동했듯이 입체를 넘어서 그 위의 어떤 것으로 갈 수 없다. 우리가 만약 그럴 수 있다면 입체가 완전한 크기가 아니기 때문이다. 우리가 어떤 것을 넘어설 수 있는 것은 오직 그 안에 어떤 결함이 있기 때문이다. 완전한 것은 모든 면에서 존재하고 있기 때문에 결함이 있을 수 없다(《천국에 대하여》, 268ab).

점, 선, 평면 그리고 입체를 관념적이고 물리적인 크기에 있어서 구성원소들로 언급하는 일은 기원전 4세기에 처음 있었다. 《형이상학》(985b-988a)에 나오는 아리스토텔레스의 이야기에 따르면 크기의 유도 문제는 그 시대 사람들이 고민하던 문제였다. "각각 다른 방법으로, 플라톤과 스페우시포 그리고 크세노크라테스는 점, 선, 면, 입체의 배열로부터 크기들을 유도했으며 그들의 추측은 자를 수 없는 선에 대한 활발한 논쟁을 불러일으켰다"(필립 1966, 32).

말입니다. 사각형이 북쪽으로 움직이면, 사각형에 있는 남쪽의 점들은 이전에 북쪽의 점들이 차지하던 위치를 지나 이동해야 할 거예요. 하지만 내 말은 그런 의미가 아닙니다.

사각형인 당신을 예로 드는 것이 좋겠군요. 내 말은 당신 안에 있는 모든 점들, 이를테면 당신의 내부에 있는 모든 점들이 통째로 공간을 지나 위로 이동하는 겁니다. 어떤 점도 다른 점이 이전에 차지했던 위치를 지나가지 않는 방식으로 말이죠. 이렇게 되면 각각의 점은 당연히 하나의 직선을 만들겠지요. 순전히 비유에 따르면 그렇다는 건데, 틀림없이 당신을 이해시키는 데 도움이 될 거예요.

저는 꾹 참았어요. 당장에라도 저 방문객에게 달려들어 플랫랜드 밖으로 내쫓아서 공간인지 뭔지에 보내버리고 영원히 안 보고 싶은 심정이었거든요. 하지만 일단 대꾸는 했습니다.

"선생님이 말씀하시는 '위'라는 곳으로 이동해서 어떤 도형이 만들어졌을 때 그 도형의 본질은 무엇입니까? 제 생각에 그건 플랫랜드의 언어로 설명할 수 있을 것 같은데요."

구. 오, 물론이지요. 그건 아주 분명하고 단순하며 유추에 정확하게 부합해요. 그런데 이제는 그렇게 만들어진 결과물을 도형이라고 불러서는 안 됩니다. 입체라고 불러야 하지요. 아무튼 그것에 대해 설명을 드리겠습니다. 설명이라기보다 유추를 통해 보여드리는 것이지만요.

우리는 하나의 점에서 시작했어요. 물론 그 점은 그 자체로 하나의 점이며, 단 하나의 끝점을 가지고 있습니다.

16.221. 내쫓아서. 사각형이 "플랫랜드의 바깥"이나 "공간으로"라는 말을 무슨 뜻으로 쓰는지는 명확하지 않다. 그에게 플랫랜드는 "공간"의 전부이기 때문이다.

한 점은 두 개의 끝점으로 선을 만듭니다.

자, 이제 당신은 당신 자신의 문제에 직접 답할 수 있어요. 1, 2, 4는 틀림없이 등비수열을 이루는 수지요. 그럼 다음 수는 무엇일까요?

235 나. 8이요.

구. 맞아요. 하나의 사각형이 여덟 개의 끝점을 지닌 무언가를 만듭니다. 당신은–아직–그–이름을–모르지만–우리는–그것을–입방체라고 부르지요. 이제 납득이 되시나요?

나. 그럼 그 피조물 역시 각은 물론이고 변도 지니고 있나요? 혹은 당신
240 이 "끝점"이라고 부르는 걸 지니고 있습니까?

구. 물론이지요. 유추에 따르면 모두 지니고 있어요. 저, 그런데 당신이 변이라고 부르는 것이 아니라 우리가 변이라고 부르는 걸 지닌답니다. 당신은 그것을 입체라고 불러야겠지요.

나. 그럼 '위로' 향하는 제 내부의 움직임에 의해 제가 만들게 될 이 존
245 재에는 몇 개의 입체 혹은 변이 있나요? 그리고 당신은 그걸 입방체라고 부르나요?

구. 아니 어떻게 그런 걸 물을 수 있지요? 당신 수학자잖아요! 어떤 도형의 측면이든, 이렇게 말해도 좋다면, 그 도형보다는 한 차원이 낮아요. 따라서 점 뒤에는 차원이 없으므로 한 점은 0개의 측면을 가
250 지고 있지요. 또한 한 직선에는 말하자면 2개의 측면이 있어요(한 선분의 양 끝점들은 관례상 측면들이라고 부를 수 있으니까요). 그리고 하나의 사각형에는 4개의 측면이 있답니다. 0, 2, 4. 이걸 무슨 수열이라고 하지요?

16.235. 등비수열. (1, 2, 4, 8 …)의 수열은 등비수열의 예다. 등비수열에서 첫 번째 수 다음의 수들은 그 앞의 수에 어떤 특정한 수를 곱한 것과 같다. 선분이 그 자신에게 수직하게 움직여서 사각형을 만들 때, 처음의 선분과 마지막의 선분은 둘 다 두 개의 꼭짓점을 가진다. 그래서 사각형은 4개의 꼭짓점을 가지게 된다. 한 사각형이 자기 자신에게 수직으로 움직여 입방체를 만들 때 처음의 사각형과 마지막 사각형은 둘 다 네 개의 꼭짓점을 가진다. 따라서 입방체는 8개의 꼭짓점을 가지게 된다. 일반적으로 n차 입방체가 자기 자신에게 수직하게 움직여 (n+1)차 입방체가 만들어지면, 꼭짓점의 수는 두 배가 된다. 처음의 n차 입방체와 마지막의 n차 입방체가 같은 수의 꼭짓점을 가지기 때문이다.

16.248. 어떤 도형의 측면이든 … 한 차원이 낮아요. 한 선분의 측면side은 끝점들이며, 사각형의 측면은 가장자리들이고, 입방체의 측면은 사각형들이며, 한 하이퍼큐브의 측면들은 입방체들이다. 일반적으로 n차 입방체의 측면들은 (n-1)차의 입방체다.

수학자들은 여러 가지 방식으로 선이 1차원이고 평면이 2차원이며 공간은 3차원이라는 생각을 차원의 훨씬 일반적인 개념으로 확장해왔다. "어떤 도형의 측면이든 언제나 그 도형보다 한 차원" 아래라는 사각형의 관측은 그런 확장된 정의들 중의 하나인 "작은 귀납적" 차원의 핵심을 담고 있다. 이것은 1922년에 칼 멩거Karl Menger와 우리손P. J. Urysohn에 의해서 각각 독립적으로 제시되었다.

나. 등차수열이요.

구. 그럼 다음에 무슨 수가 나올까요?

나. 6이요.

구. 맞습니다. 이제 당신의 질문에 대한 답을 아셨겠지요. 당신이 만들 입방체는 여섯 개의 면, 다시 말해 당신의 내부 여섯 개가 모여 이루어진다는 걸 말입니다. 이제 확실하게 이해가 되셨나요, 네?

260 　"이 괴물." 저는 날카롭게 소리를 질렀어요. "사기꾼, 마법사, 악마. 이건 꿈이야, 더 이상 당신의 조롱을 참아주지 않겠어. 당신이 죽든 내가 죽든 둘 중 한 사람은 끝장이 나야겠어." 저는 이렇게 말하면서 그에게 달려들었습니다.

16.255. 등차. (0, 2, 4, 6 …)으로 이어지는 음수 아닌 짝수의 배열은 등차수열의 한 예다. 등차수열은 각 항들이 똑같은 간격을 가지는 수열이다. 다시 말해 첫 번째 숫자 이후의 각 항은 앞쪽 항과 어떤 한 숫자와의 합과 같다. 한 선분이 자기 자신과 수직하게 움직여서 사각형을 만들 때 두 개의 옆면들(끝점들)은 움직이면서 각각 한 선분을 만든다. 두 개의 선분은 처음과 마지막의 선분들과 함께 사각형의 네 변들이 된다. 사각형이 자기 자신에게 수직하게 움직여서 입방체를 만들 때 각각의 네 변들(가장자리들)은 움직이면서 사각형을 만든다. 그 네 개의 사각형들은 처음과 마지막 사각형들과 함께 입방체의 여섯 측면들이 된다. 일반적으로 n차 입방체가 자기 자신에게 수직하게 움직여서 (n+1)차 입방체가 될 때, "측면"의 수는 2개 늘어난다.

16.262. 조롱. 사각형은 입방체의 존재를 믿을 수 없고 그래야 할 이유도 없다. 구의 '유추법'은 결론을 도출하는 과정에서 물체들의 끝점의 수는 등비수열(1, 2, 4, 8, 16 …)을, 측면의 수는 등차수열(0, 2, 4, 6, 8 …)을 이룬다고 말한다. 우리가 앞에서 본 것처럼, 높은 차원에 있는 수학적 물체들의 어떤 성질에 대한 이런 추정들은 쉽게 증명된다. 그러나 이런 추정들은 그런 물체가 물리적으로 존재한다는 것을 증명하는 데에는 아무 쓸모가 없다.

물론, 애벗은 유추를 통한 논증의 한계를 잘 알고 있었다: "그러므로 유추에 의한 논증은, 그것이 논증이라면, 귀납법으로 분류된다. 그렇지 않으면 그것은 논증이 아니라 어떤 논증에 대한 비유적 설명에 지나지 않는다"(애벗과 실리 1971,273).

§17
구가 말로 설명하려다 실패하고
결국 행동으로 보여주다

하지만 허사였어요. 저는 가장 단단한 오른쪽 모서리로 격렬하게 이방인과 충돌했고, 보통 동그라미라면 부숴버리고도 남을 만큼 있는 힘껏 그를 짓눌렀어요. 하지만 그가 제 몸에서 서서히 벗어나 달아나는 게 느껴지더군요. 그는 오른쪽으로도 왼쪽으로도 움직이지 않았고, 어떻게 그럴 수 있었는지 모르겠지만, 세계 밖으로 이동해 흔적도 없이 사라져버렸어요. 순식간에 빈 공간만 덩그러니 남기고 말이에요. 하지만 제 귀에는 여전히 침입자의 소리가 들렸습니다.

구. 왜 내 설명을 들으려 하지 않으세요? 난 천 년에 단 한 번 3차원 복음을 전파할 수 있는 사도로 분별 있고 유능한 수학자인 당신이 적임자일 거라고 기대했어요. 하지만 이제 어떻게 해야 당신을 설득시킬 수 있을지 모르겠습니다. 잠깐만요, 한 가지 방법이 있어요. 말이 아닌 행동으로 보여드리면 틀림없이 진실을 가르쳐드릴 수 있을 거예요. 내 말을 잘 들어보십시오.

아까 나는 내가 사는 공간에서는 당신이 닫혀 있다고 생각하는 모든 사물의 내부를 볼 수 있다고 말했어요. 예를 들어, 나는 당신이 서 있는 곳 가까이에 놓인 저쪽 벽장 내부를 볼 수 있습니다. 당신이 상자라고 부르는 것이 몇 개 있고, 그 안에는 돈이 가득 들어 있군요(하지만 플랫랜드의 모든 사물이 그렇듯 이 상자들 역시 윗면과 아랫

17장에 대한 주석

17.8. 천 년에 단 한 번. 구로 하여금 오직 천 년에 한 번만 설교를 할 수 있게 제한하는 권력자가 누구인지는 확실하지 않다.

17.8. 3차원 복음을. 복음the Gospel은 좋은 소식을 의미하는 말로, 옛 영어 갓스펠godspel에서 유래한다.

17.9. 사도. 새로운 원리나 시스템의 중심 주창자를 뜻한다. 다른 사람에게서 위임을 받고 보내진 사람 혹은 앞으로 보내진 사람이라는 뜻의 그리스어 아포스톨로스apostolos에서 유래한다.

17.11. 말이 아닌 행동으로. 이 오래된 속담은 이솝의 《허풍쟁이 여행자》의 교훈이다.

면이 없네요). 두 권의 장부도 보입니다. 지금 곧 벽장 안으로 내려

20 가 당신에게 장부 한 권을 가져다주겠어요. 나는 30분 전에 당신이

벽장문을 잠그는 것도 봤어요. 당신이 소지품 안에 열쇠를 둔 것도

알고 있지요. 하지만 난 이제 공간에서 내려갑니다. 당신이 보다시

피 문은 전혀 움직이지 않고 있어요. 나는 지금 벽장 안에 있고, 장

부를 손에 잡으려고 해요. 이제 장부를 잡았습니다. 그리고 지금은

장부를 가지고 올라가고 있어요.

25 저는 벽장으로 달려가 황급히 문을 열었습니다. 정말로 장부 한 권이

없어졌지 뭐예요. 그때 이방인이 비웃듯 웃으며 방의 다른 쪽 모퉁이에서

모습을 드러냈고, 그와 동시에 바닥 위에 장부가 보였어요. 저는 장부를

집었습니다. 의심의 여지가 없더군요. 그것은 사라진 장부였습니다.

제 머리가 돈 건 아닐까 의심스러워 두려움에 신음 소리를 냈습니다.

30 그런데 이방인이 계속해서 말하더군요. "이제 내 설명이 이 현상과 정확

하게 일치한다는 걸 알겠지요. 당신이 입체라고 부르는 것은 사실상 표면

일 뿐입니다. 당신이 공간이라고 부르는 것은 사실상 거대한 평면이고요.

나는 공간 안에 있고, 당신에게는 외부만 보이는 사물의 내부를 내려다볼

수 있어요. 필요한 자유의지만 발휘할 수 있다면 당신도 이 평면을 떠날

35 수 있습니다. 위나 아래로 조금만 움직이면 내가 볼 수 있는 모든 것을 당

신도 볼 수 있어요.

난 위로 올라갈수록, 그리고 당신의 평면으로부터 멀어질수록 더 많은

것을 볼 수 있지요. 물론 점점 작게 보이겠지만요. 예를 들어보겠습니다.

난 지금 위로 올라가고 있어요. 지금 당신의 이웃인 육각형과 그의 가족

40 이 각자의 방에 있는 모습이 보입니다. 지금은 극장 내부가 보이는군요.

17.19. 장부tablets of accounts. 편지를 쓰거나 계산을 하는 것 같은 통상적인 목적을 위해 고대 그리스 사람들은 와스를 바른 얇은 나무판자를 이용했다. 그런 태블릿은 고대에서 중세에 걸쳐 재사용과 휴대가 가능한 필기 공간을 제공했다.

17.24. 장부를 가지고. 구는 문을 열지 않고도 사각형의 벽장에서 쉽게 물건을 빼낼 수 있다. 벽장은 플랫랜드와 수직한 방향으로는 열려 있기 때문이다. 비슷한 방식으로, 4차원의 존재는 잠긴 3차원의 금고에서 물건을 꺼낼 수 있다. 그 금고는 네 번째 차원의 방향으로는 벽이 없기 때문이다.

17.30. 현상과 정확하게 일치한다suits the phenomena. 어떤 가설은 그것이 관찰된 사실들을 성공적으로 설명하면 현상과 일치한다suit, save고 말해진다. "이런 표현은 지금 남아 있는 플라톤의 작품에서는 나오지 않지만 'sozein ta phainomena'는 플라톤의 전통에 그 기원이 있는 것 같다. 플라톤은 원형운동을 표준적이라 생각했을 것으로 추정되며, 천문학자들이 해야 하는 일은 이 원형운동을 수학적으로 조합해서 현상에 맞추는 일saving appearance이라고 말해졌다"(맥멀린 2003, 458).

열 개의 문이 열려 있고, 이제 막 관객들이 문을 나서고 있어요. 반대편에는 동그라미가 여러 권의 책을 펼쳐놓고 서재에 앉아 있네요. 이제 당신에게 돌아오겠어요. 그런데 가장 확실한 증거로 내가 당신의 배를 만져보면, 아주 살짝만 만져보면 어떨까요? 당신을 많이 다치게 하진 않겠습니다. 약간 아프겠지만 그 정도는 당신이 받게 될 정신적 이익에 비하면 아무것도 아닐 겁니다."

저는 뭐라고 항의를 하려 했지만 어느새 뱃속에서 찌릿하는 통증이 느껴졌고 제 안에서 악마의 웃음소리가 흘러나오는 것 같았어요. 잠시 후 날카로운 고통이 그치고 둔중한 통증만 남더군요. 이방인이 다시 모습을 드러내기 시작했고, 점점 크기가 커지더니 이렇게 말했어요. "그거 보세요, 많이 아프지는 않았지요. 그렇죠? 아직도 내 말을 믿지 못한다면 이제 당신을 어떻게 납득시켜야 할지 모르겠습니다. 당신 의견을 말씀해보세요."

저는 결심이 섰어요. 이렇게 제멋대로 홀연히 나타나 뱃속에다 장난이나 치는 마법사에게 당하고만 있다니 도저히 참을 수 없을 것 같았죠. 아, 누군가 도와줄 사람이 올 때까지 어떻게든 저 인간을 벽에 밀어붙여 꼼짝 못하게 하면 좋으련만!

저는 가장 단단한 각으로 다시 한 번 그 자를 들이받았고, 동시에 도와달라고 외쳐 온 집안에 위급 상황을 알렸어요. 제가 행동을 개시했을 때 아마도 이방인은 우리의 평면 아래로 내려갔고, 올라오는 데 꽤나 애를 먹지 않았나 싶습니다. 어쨌든 누군가 저를 돕기 위해 다가오는 소리가 들리는 것 같아 더욱 힘껏 그를 누르면서 계속해서 도와달라고 외쳤는데, 그동안에도 그는 여전히 꼼짝하지 않더군요.

17.43. 확실한 증거로crowning proof. 'to crown'의 두 가지 의미를 활용한 말장난이다. 그 의미로는 '마무리에 더하다', '성공적인 결론을 이끌어내다'가 있다.

그러자 그가 격렬하게 몸서리를 쳤어요. "이건 아니야." 그가 말하는
소리가 들리는 것 같았어요. "사각형이 내 설명을 듣지 않으면, 마지막 남
은 문명의 수단에 의지해야 해." 그러더니 더 큰 소리로 다급하게 외치더
군요. "내 말을 들어보세요. 어떤 낯선 이도 당신이 목격한 것들을 목격해
서는 안 됩니다. 당신 아내가 이 방에 들어오기 전에 당장 그녀를 돌려보
내요. 3차원 복음이 이렇게 좌절되어서는 안 됩니다. 천 년을 기다려온 결
실이 이렇게 무너져서는 안 돼요. 그녀가 오는 소리가 들려요. 돌아가라
고 하세요. 돌아가라고! 나에게서 떨어지게 하세요. 안 그러면 당신은 나
와 함께 당신이 알지 못하는 3차원 세계로 가야 합니다!"

"이 사기꾼! 미친 놈! 불규칙!" 저는 소리쳤어요. "네놈을 풀어주나 봐
라. 네놈이 저지른 사기에 대가를 치르게 될 거다."

"하! 결국 이럴 건가요?" 이방인이 고함을 쳤어요. "그렇다면 당신의
운명을 받아들이는 수밖에요. 당신의 평면 세계를 벗어나 나와 함께 갑시
다. 하나, 둘, 셋! 자, 다 왔습니다!"

17.76. 당신의 평면 세계를 벗어나. 플랫랜드에서의 생활이 사각형으로 하여금 다른 차원의 공간이 가능하다는 것을 상상도 할 수 없게 만들었기 때문에, 구가 사각형의 이성과 이전 경험들에 대고 호소한 것은 성과가 없었다. 철학적인 여행은 이 세계와의 완전한 '결별'을 요구한다. 그래서 구는 사각형을 평면에서 공간 속으로 들어올린다.

§18
내가 스페이스랜드에 오게 된 방법과 그곳에서 본 것들

　　말할 수 없는 공포가 저를 사로잡았어요. 주위는 온통 어둠뿐이었지요. 곧이어 익히 알고 있는 것과 다른 광경에 어지럽고 메스꺼운 느낌이 들었어요. 저는 선이 아닌 선, 공간이 아닌 공간을 보았습니다. 나는 나이면서 내가 아니었어요. 간신히 목소리를 낼 수 있게 되었을 때, 저는 몹시 고통스러워 크게 악을 쓰며 말했어요. "이건 미친 짓이야. 아니면 이곳은 지옥이든지." "둘 다 아닙니다." 구의 목소리가 차분하게 대꾸했어요. "이 것은 지식입니다. 그리고 이곳은 3차원이에요. 다시 한 번 눈을 떠서 차분히 보려고 해보십시오."

　　주변을 둘러보니, 제 앞에 새로운 세상이 펼쳐져 있지 뭐예요! 동그라미의 완벽한 아름다움에 대해 유추하고 짐작하고 꿈꾸었던 모든 것이 제 앞에 또렷하게 구체적인 모습으로 한꺼번에 드러나 있었어요. 이방인 형체의 중심인 듯한 무언가가 시야에 들어왔습니다. 하지만 심장이나, 폐, 동맥은 보이지 않고, 아름답고 조화로운 무언가만 보이더군요. 그것을 뭐라고 표현해야 할지 모르겠는데, 아마 스페이스랜드의 독자 여러분은 그 것을 구의 표면이라고 불렀겠지요.

　　저는 마음속으로 제 안내자 앞에 엎드리며 이렇게 외쳤어요. "오, 완전한 사랑과 지혜가 충만한 성스러운 분이시여, 어찌하여 저는 당신의 내면을 보고도 당신의 심장, 당신의 폐, 당신의 동맥, 당신의 간을 알아볼 수 없

18장에 대한 주석

18.3. 저는 선이 아닌 선 … 을 보았습니다. 웰스는 프리스틀리J. B. Priestley에게 쓴 편지에서 사각형이 플랫랜드의 위에 있을 때 그가 가질 시각적 능력에 대해서 논한다. "사각형A. Square과 '플랫랜드'가 저로 하여금 (네 번째 차원에 대하여) 생각하기를 시작하도록 만들었습니다. 편지에서 논하기는 복잡한 문제입니다만 나는 만약 당신이 2차원의 세계에서 들어올려진 사각형에게 무슨 일이 벌어질까를 다시 따져본다면 이 문제의 함정을 알게 될 거라고 생각합니다. 그는 여전히 평평한 존재임이 분명합니다. 그는 사각형이 가정한 것처럼 그가 있었던 평면을 보게 되지 않을 것입니다. 그는 그저 또 다른 평면 위에 존재하게 될 것입니다. 후자의 평면이 전자의 평면에 대해서 기울어져 있다면 그에게는 전자의 평면이 후자의 평면 위에 있는 하나의 교차선으로 (다른 세부적인 것은 보이지 않고) 보일 것입니다"(웰스, 1937).

　웰스가 말하듯, 사각형은 오직 플랫랜드에 관한 일련의 1차원 이미지를 보게 될 뿐이다. 그럼에도 불구하고 그는 그 이미지들을 처리해서 완전히 2차원적인 정신적 이미지를 만들어낼 수 있을지도 모른다. 기본적으로 1차원적인 망막을 가진 동물들이 있는데 그들은 3차원 물체에 대한 이미지를 '훑기, 즉 스캔' 과정을 통해서 만들어낸다. "깡충거미jumping spider와 육식성의 바다고둥sea snail은 한 줄로 된 휘어진 망막을 가지며 이 망막은 고작 6-7개의 광수용체들보다 넓지 않은 폭의 광수용체 띠로 되어 있다. 다시 말해 그들은 기본적으로 한 줄의 광수용체들로 된 1차원적인 망막을 가진 것이다. 그런데 최소한 깡충거미는 먹이를 잡는 데 있어서 매우 성공적이다. 이것을 보면 깡충거미는 매우 훌륭한 시각을 가지고 있으며 어떤 형태의 3차원적인 처리과정이 존재하는 것이 틀림없다. 이런 생명체들은 망막이 호를 그리게 하면서 움직이고 스캔의 원리를 사용해서 이미지를 얻는다"(슈왑 2004, 988).

18.5. "이건 미친 짓이야. 아니면 이곳은 지옥이든지." 플라톤은 동굴에서 끌려 나간 죄수의 순간적인 시력 상실과 정신착란을 《국가》 515d-516a에서 묘사하고 있다. 그곳에서와 같이 이 구절은 지식에 대한 자신의 잘못된 관념이 폭로된 사람이 겪는 혼돈과 고통을 그리고 있다.

18.11. 한꺼번에 드러나 있었어요incorporate. 아마도 사각형은 구가 플랫랜드를 방문했을 때 그가 목격한 구의 원형 절단면들이 합쳐져 구가 되었다고 생각하고 있을 것이다.

18.16. 안내자. 플라톤은 동굴을 빠져 나오는 여행이 어렵다는 것을 표현할 때, 다른 사람이 그 죄수를 태양이 비치는 동굴 바깥쪽으로 향하는 오르막길을 따라 강제로 끌어올려야 했다는 식으로 표현했다(《국가》, 515e). 사각형의 '여행' 안내인인 구는 그리스 고전 문학에서 인간의 운명을 결정하는 초자연적인 존재인 다이몬daimon을 닮았다. 플라톤은 다이몬을 일종의 영혼의 안내자 역할을 하는, 신들과 인간 사이의 중개자로 묘사했다.

는 건가요?" "당신은 그것들을 볼 수 없을 겁니다." 구가 대답했어요. "당

20 신에게도, 다른 어떤 존재에게도 내 몸의 내부는 보이지 않아요. 나는 플
랫랜드의 존재와는 다른 종류의 존재랍니다. 내가 동그라미라면 당신은
내 내장을 똑똑히 볼 수 있었을 거예요. 하지만 아까도 말했다시피 나는
수많은 동그라미들로 이루어진 존재, '하나의 동그라미 속에 있는 수많은
동그라미'로서 이곳에서는 구라고 불립니다. 그리고 입방체의 겉모습이

25 사각형이듯 구의 겉모습은 동그라미 모양으로 드러나지요."

저는 스승의 알 수 없는 말에 어리둥절했지만, 더 이상 조바심 내지 않
고 조용히 흠모하는 마음으로 그를 숭배했어요. 그는 더욱 온화한 목소리
로 계속해서 말을 이었습니다. "스페이스랜드의 심오한 신비를 당장 이해
할 수 없다 해도 괴로워하지 마십시오. 차츰 깨닫게 될 겁니다. 먼저 당신

30 이 살던 세계로 돌아가 간단히 살펴보면서 이야기를 시작해보죠. 잠시 플
랫랜드의 평지로 돌아갑시다. 내 그곳에서 당신이 자주 논리적으로 추론
하고 생각했지만 시각으로는 한 번도 본 적 없는 내용을 보여주겠습니다.
바로 각을 보는 겁니다." "말도 안 돼요!" 제가 외쳤어요. 하지만 구는 저를
안내했고 저는 마치 꿈을 꾸듯 그를 따라갔습니다. 그리고 그의 목소리에

35 걸음을 멈추었어요. "저쪽을 보십시오. 당신의 오각형 집과 그곳에 거주
하는 사람들을 보세요."

저는 아래를 내려다보았고, 지금까지 단순히 지성에 의지해 추론해 왔
던 집안의 특징들을 맨눈으로 낱낱이 보았습니다. 지금 제가 바라보는 현
실에 비하면 추론에 의한 짐작은 얼마나 보잘것없고 희미하던지요! 네 명

40 의 아들은 북서쪽 방에서, 부모가 없는 두 손자는 남쪽 방에서 조용히 자
고 있었어요. 하인들과 집사와 딸은 모두 각자의 방에 있고요. 제가 오래
집을 비우는 것이 걱정됐는지, 다정한 제 아내만이 방에서 나와 거실을 위

18.23. 하나의 동그라미 속에 있는 수많은 동그라미. 초기 그리스 철학을 지배한 것은 '일자와 다자' 문제였고, 이는 '어떤 의미에서 세계와 우리가 가진 세계에 대한 지식이 하나인가?'라는 질문과 같이 여러 가지 방식으로 표현되었다. 플라톤은 그것을 하나의 형상과 그것의 많은 특수자들 혹은 사례들 사이의 관계를 이해하는 문제로 보았다. 3차원의 입체가 플랫랜드를 통과하는 것을 목격한 사각형에게 그것은 그가 목격한 (많은) 2차원 절단면의 이미지들에 기초해서 (하나의) 입체에 대한 개념을 구성하는 문제다.

18.38. 지금 제가 바라보는 현실. 3차원 공간에서 사각형의 시점은, 그가 물체들의 내부를 들여다볼 수 있어서가 아니라 그런 자리가 그에게 포괄적 시각을 제공한다는 점에서 중요하다. 플라톤은 시눕티코스(synoptikos, '전체를 한꺼번에 보는 것' 또는 '포괄적 시각을 취하는 것')를 달성하는 것이 대화적 본성의 결정적인 특징이라고 말했다(《국가》, 537c).

18.41. 딸. 애벗의 유일한 딸 메리에 대해서는 부록의 B1, 1870을 보라.

아래로 서성거리며 제가 오기를 오매불망 기다리고 있었어요. 제가 외치는 소리에 잠에서 깬 시동도 자기 방에서 나오더니, 제가 어딘가에서 기절해 있는지 확인한다는 구실로 제 서재의 캐비닛 속을 엿보고 있었어요. 이제 저는 이 모든 장면을 단순히 추측하는 것이 아니라 두 눈으로 생생하게 볼 수 있었고, 점점 가까이 다가갈수록 캐비닛 속 물건들과 두 개의 금궤, 그리고 구가 언급했던 장부들까지 똑똑히 알아볼 수 있었습니다.

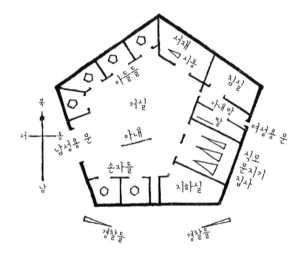

저는 걱정하는 아내가 안쓰러운 나머지 아내를 안심시키기 위해 아래로 뛰어내리려 했지만 몸을 움직일 수 없다는 걸 알았어요. "부인은 염려하지 마십시오." 제 안내자가 말했어요. "부인은 곧 불안에서 벗어날 테니, 그동안 우리는 플랫랜드를 살펴봅시다."

다시 한 번 공간을 뚫고 올라가는 느낌이 들었어요. 과연 구가 말한 그대로였습니다. 바라보는 대상에서 멀어질수록 시야는 더욱 넓어지더군요. 모든 집들의 내부와 그 안에 살고 있는 모든 존재들과 함께 제가 태어난 도시가 축소된 크기로 시야에 펼쳐졌어요. 우리는 더 높이 올라갔습니

삽화. 만약 삽화가 비율에 맞게 그려졌으며 사각형의 아내가 1피트 길이라고 가정한다면, 집의 각 변들은 약 4피트고 면적은 약 27.5평방피트다(1피트는 약 30.5cm이고 4피트는 약 121.9cm이며 27.5평방피트는 2.55m²혹은 0.77평이다 – 역주). 플랫랜드의 남자가 차지하는 바닥의 면적은 인간이 그렇게 하는 것과 비슷하므로 이 집은 매우 붐비는 곳임에 틀림없다.

식모scullion는 부엌에서 하찮은 일들을 하는 하인으로 집에서 가장 신분이 낮다. 플랫랜드 사람들은 발이 없다. 그래서 그들에게 문을 지키고 짐을 나르며 식탁을 담당하는 남자 하인인 문지기footman가 있을지 궁금하다.

다. 그러자, 우와, 신비로운 대지와 깊은 광산, 언덕 속에 자리 잡은 동굴들이 제 눈앞에 그대로 드러나는 것이었어요.

비루한 제 눈앞에 이렇게 베일을 벗은 땅의 신비로운 풍경이 펼쳐지자
60   한없이 경이롭더군요. 저는 동행인에게 이렇게 말했답니다. "보세요, 저는 이제 신처럼 되었습니다. 우리 나라의 현자들에게 모든 것을 본다는 것은, 그들 표현대로 말하면 **전시**全視, omnividence하다는 것은 신만이 지닌 유일한 속성이니까요." 그런데 제 말에 대꾸하는 스승의 목소리에서 경멸감 같은 것이 느껴졌어요. "정말로 그렇습니까? 그렇다면 우리 나라의 소
65   매치기와 살인자들은 당신 나라의 현자들에게 신으로 숭배를 받겠군요. 그들도 지금 당신이 보는 만큼은 보니까요. 내 말을 믿으세요. 당신 나라의 현명한 사람들이 틀렸습니다."

나. 그렇다면 신뿐 아니라 다른 이들도 모든 것을 볼 수 있는 능력이 있단 말입니까?

70   구. 그건 모릅니다. 하지만 우리 나라의 소매치기나 살인자가 당신 나라에 있는 모든 것을 볼 수 있다고 해서, 소매치기나 살인자가 당신들에게 신으로 받들어져야 할 이유가 될 수는 없습니다. 당신이 말하는 **전시함**(스페이스랜드에서 거의 사용하지 않는 단어입니다)이라는 것이 당신을 더 정의롭고 더 자비롭고 더 이타적이고 더 다정하게
75   해주나요? 결코 그렇지 않잖아요. 그런데 그것이 어떻게 당신을 더 신성하게 만들겠어요?

나. "더 자비롭고, 더 다정하게"라뇨! 그런 건 여자들에게나 있는 특징이라고요! 그리고 우리는 지식과 지혜가 한낱 애정보다 더 높은 평가를 받는 한, 동그라미가 직선보다 더 높은 존재라고 믿고 있어요.

18.57. 신비로운 대지와 깊은 광산, 언덕 속에 자리 잡은 동굴들. 그리스에서는 큰 석회동굴들이 흔한데 이들은 종종 미스터리들mysteries과 관련된다.

18.60. 저는 이제 신처럼 되었습니다. 창세기 3장 5절에 대한 암시다. 거기에서 뱀은 이브에게 말한다. "당신의 눈은 열릴 것입니다. 그리고 당신은 신처럼 될 것입니다."

18.65. 소매치기와 살인자. 애벗은《물 위의 영혼》에서 이 설명으로 돌아온다. 거기에서 그는 4차원적인 '초입체'를 가정한다. 4차원 존재가 우리와 맺게 되는 관계는 우리가 플랫랜드 사람과 맺게 되는 관계와 같다. "그렇다면 그는, 우리 가운데 일부가 전시All-seeing하고 편재 Omnipresent하는 신이라고 부르는 존재가 될 것입니다. 그러나 기독교인들은 초입체에게 신의 이름을 줄 수 있어서는 ― 이런 일에 '할 수 있다'라는 표현은 아마도 지나친 것이겠지만 ― 안 될 것입니다. 그 초입체는 어쩌면 경멸스런 사람일지도 모르며 4차원의 땅에서 온 탈옥수일 수도 있습니다"(애벗 1897, 29-33).

18.77. 여자들에게나 있는 특징. 구에 따르면 정의감, 자비, 이타성 그리고 사랑은 신성한 특성들이다. 그러나 사각형은 그런 특성들을 여성스러운 것으로 경멸하고 있다. 애벗은 그런 도덕적 특성들은 오직 여성적인 것이라는 당대의 견해를 풍자하고 있다.

구. 가치에 따라 인간의 역량을 분류하는 것은 제 관심사가 아닙니다.
하지만 스페이스랜드에서 가장 훌륭하고 현명한 사람들 가운데 대
다수는 이해력보다는 애정을, 당신이 격찬하는 동그라미보다 멸시
하는 직선을 더 중요한 것으로 여깁니다. 저 건물 아시죠?

저는 구가 가리키는 쪽을 보았어요. 저 멀리 거대한 다각형 건축물이
보였고, 그건 플랫랜드의 의회의사당이었죠. 서로 직각으로 배치되어 빽
빽하게 늘어선 오각형 건물들에 둘러싸인 의회의사당은 제가 아는 도로
에 위치해서, 우리가 대도시를 향해 다가가고 있다는 걸 알 수 있었어요.

"여기에서 내려갑시다." 안내자가 말했어요. 그때는 아침이었고, 우리
연대로 2000년의 첫 날 첫 아침 시간이었어요. 이 나라 최고 신분의 동그
라미들은 1000년의 첫 날 첫 시간과 0년의 첫 날 첫 시간에 그랬던 것처럼,
이번에도 선례에 따라 어김없이 엄숙한 비밀회의를 열었습니다.

누군가가 과거 회의들을 기록한 회의록을 읽고 있더군요. 그가 제 남
동생이라는 걸 대번에 알아보았죠. 남동생은 완벽하게 대칭을 이루는 사
각형으로 최고위원회 서기장이었어요. 매번 새 천 년이 시작되는 첫날에
는 다음과 같은 내용이 기록되었다고 합니다. "국가는 다른 세계에서 계
시를 받았다고 자처하는 자들, 시위를 일으켜 자신은 물론 다른 사람들이
격분하도록 선동했다고 공표하는 자들 등 온갖 부류의 악의를 품은 자들
에 의해 곤란을 겪는 바, 이러한 이유로 최고위원회에서는 매 천 년 기의
첫 날, 플랫랜드 각 주의 주지사들에게 특별 명령을 내릴 것을 만장일치로
결정하였다. 즉, 그처럼 그릇된 자들을 엄중히 조사하되 수학적 검사라는
형식적인 절차를 밟지 않아도 좋다. 이등변삼각형은 각도를 막론하고 모
두 제거하고, 규칙 삼각형은 징벌하여 감금한다. 사각형이나 오각형은 해

232 플랫랜드

18.87. 대도시 Metropolis. 영국에서 '메트로폴리스'는 런던 전체를 의미한다. 반면에 '더 시티the city'는 옛날 런던의 경계선 안쪽을 의미한다.

18.90. 0년. 우리 세계의 달력에서는 기원전 1년 다음에 기원후 1년이 나온다는 것에 주목하라.

18.92. 제 남동생. 애벗의 형제 시드니에 대해서는 부록 B1, 1887을 참조하라.

18.93. 완벽하게 대칭을 이루는 사각형. 그리스어 시메트리아symmetria는 한 물체의 구성 부분들이 조화와 비례를 이룬다는 것을 말한다. 수학적 대칭의 개념은 여러 종류의 대칭을 정의함으로써 분명해진다. 두 가지 친근한 형태는 사람 몸에서 두드러지는 좌우 대칭과 원에서 가장 잘 보이는 회전대칭이다. 한 그림은 그 그림에 한 선이 있어서 그 선 위로 거울을 놓으면 한 쪽의 그림을 비추고 그것이 다른 한 쪽의 그림과 같을 때 좌우 대칭적이라고 말해진다. 한 그림을 $(360/n)°$ 회전한 결과가 원래의 그림과 같을 때 그 그림은 n차 회전 대칭을 가지고 있다. 사각형은 4개의 대칭선(서로 마주 보는 모서리들을 통과하는 두 개의 선과 서로 마주 보는 가장자리의 중심점을 통과하는 두 개의 선)을 가지고 있으며 4차 회전 대칭을 가지고 있다. 일반적으로 말해서 n개의 변을 가진 모든 정다각형은 n개의 대칭선을 가지며 n차 회전 대칭을 가지고 있다.

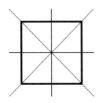 그림 18.1. 한 사각형의 대칭 선

18.94. 최고위원회 High Council. 플랫랜드의 최고위원회는 고대 아테네에 있던 귀족정치 단체인 아레오파거스Areopagus에 얼추 대응한다. 아레오파거스의 일원이 되는 사람들은 고위 관직에 있는 사람들이었다.

18.95. 계시. 플랫랜드 성직자들은 경험주의자들이다. 그들은 경험에 의거하지 않고도 지식을 얻을 수 있다는 것을 부정하며 계시에 대한 어떤 언급도 이단으로 여긴다.

18.97. 온갖 부류의divers. 두 가지 의미가 가능하다. 첫 번째 의미는 통상적으로 어느 정도 고어체로 사용되는 표현으로, 법적 또는 성서적인 표현에서 잘 알려진 것이다: 말하는 사람이 '많다' 또는 '적다' 같은 말을 쓰지 않고 '다수성'의 뜻을 표현하는 불명확한 숫자를 말하는 단어이다. 두 번째 의미는 현재 통용되지 않지만 이 문맥에 잘 들어맞는다. '옳거나 선하며 이득이 되는 것과 다르거나 반대되는', '심술궂은', '사악한' 등의 의미이다.

당 지역 정신병동으로 보내고, 고위층 계급은 모두 체포 즉시 수도로 보내 위원회에서 조사 및 판결을 받도록 한다."

105 "당신의 운명에 대해 듣고 있군요." 최고위원회가 세 번째 공식 결의안을 통과시키는 동안 구가 저에게 말했어요. "3차원 복음의 사도들을 기다리는 것은 죽음이나 감금입니다." "그렇지 않아요." 제가 말했어요. "전 이제 똑똑히 알겠어요. 어린아이도 이해시킬 수 있을 만큼 실제 공간의 본질을 분명하게 알 것 같아요. 지금 당장 아래로 내려가서 저 사람들을 깨

110 우치게 해주세요." "아직은 안 됩니다." 제 안내자가 말했어요. "때가 올 거예요. 그때까지 나는 임무를 수행해야 합니다. 아직은 이곳에 그대로 계세요." 그는 이렇게 말하더니, 매우 민첩하게 (이렇게 불러도 좋다면) 플랫랜드의 바다, 다시 말해 의회 의원들이 모여 있는 한가운데로 뛰어들었어요. 그러고는 이렇게 외쳤습니다. "3차원 세계의 존재를 선포하러 왔소

115 이다."

저는 구의 둥근 단면이 점차 넓어지자 젊은 의원들이 파르르 공포에 떨며 뒤로 물러나는 모습이 보였습니다. 하지만 회의를 주재하는 동그라미는 두렵거나 놀라는 기색이 조금도 드러나지 않더군요. 그가 신호를 보내자, 지위가 낮은 이등변삼각형 여섯 명이 여섯 개 구역에서 구를 향해

120 달려들었습니다. "그 자를 잡았습니다." 그들이 소리쳤어요. "앗, 놓쳤습니다. 아니, 다시 잡았습니다. 그 자를 꽉 붙들고 있습니다! 앗, 그 자가 사라지고 있습니다! 완전히 사라졌습니다!"

"의원님들." 의장이 의회의 젊은 동그라미들에게 말했어요. "조금도 놀랄 필요 없습니다. 의장 전용 기밀 공문서에 따르면, 과거 두 차례 새 천

125 년의 첫날에도 이와 유사한 일이 일어났다고 합니다. 물론 여러분은 이 사

18.102. 징벌scourge. 심각하게 매질하기. 매질은 악마를 쫓아내기 위해 행해진 고대의 정화 형식이었다.

18.105. "당신의 운명에 대해 듣고 있군요." 구가 사각형의 운명을 정확히 알든 모르든 구는 그 운명에 직접적인 책임이 있다. 이 '운명의 부여'는 애벗이 구의 모델로 삼은 것이 그리스의 다이몬이라는 가정과 부합한다.

18.111. 나의 임무. 이 "임무"의 목적이 무엇인지는 확실치 않다. 앞에서, 구는 사각형이 보게 될 것을 어떤 다른 이방인도 보지 말아야 한다고 주장했다. 그러나 그는 이곳에서 위원회 모임을 갑자기 습격했는데 이것은 분명히 그 회원들에게 3차원 공간이 존재한다는 것을 설득하려는 진지한 시도는 아니었다. 예측할 수 있었던 것처럼, 그가 이룬 것이라고는 몇몇 이등변 삼각형 경찰관들이 소모적인 죽음을 당하게 한 것과 사각형의 형제를 감옥에 갇히게 만든 것이었다. 몇몇 젊은 동그라미들은 구의 둥근 절단면이 나타나자 잠시 놀랐다. 하지만 의장의 확언이 곧 그들의 놀람을 진정시켰다.

사각형의 형제가 감옥에 간 일이 이 "임무"의 유일한 결과이며 이 투옥이 정확히 구가 의도했던 일일지도 모른다. 어쩌면 구는 사각형이 앞으로 감옥에 갈 것을 예측했을 것이다. 그리고 그와 같이 감옥에 있을 동생으로 하여금 그에게 '비밀을 배운 것'이 실제로 일어났던 일이라는 확신을 주게 하려는 것인지도 모른다. 이런 가설에 대한 증거는 19장 6행에 나온다. 거기서 구는 사각형과 그의 형제가 감옥에서 같이 있게 될 거라고 암시한다.

18.113. 의회 의원들 Counsellor. 16세기부터 이 단어는 'councilor'로 썼다.

18.116. 파르르 공포에 떨며manifest horror. 'manifest'의 두 가지 의미를 활용한 말장난이다. 이 단어는 분명한 공포와 나타남manifestation에 대한 공포를 의미한다.

18.120. "그 자를 잡았습니다" … **"완전히 사라졌습니다!"** 《햄릿》1막 1장에 대한 암시. 군인들은 햄릿의 아버지 유령에게 돌진한다. "베르나르도: 그가 여기 있습니다! / 호라티오: 그가 여기 있습니다! / 마르셀루스: 그가 사라졌습니다!"

소한 사건을 의회장 외부로 발설하지 않으시겠지요."

의장은 이제 목소리를 높여 경호원을 호출했어요. "경찰들을 체포하고 입을 막아라. 너희들은 자신의 의무를 알 것이다." 그는 밝혀서는 안 되는 국가 기밀을 본의 아니게 목격하게 된 불운한 이들, 저 가련한 경찰들을 각자의 운명에 넘긴 뒤 다시 의원들을 향했습니다. "친애하는 의원 여러분, 의회의 안건을 마치겠습니다. 모두 새해 복 많이 받으십시오." 그는 자리를 떠나기 전, 대단히 유능하지만 무척이나 불운한 제 남동생인 서기장에게 한참 동안 진심어린 유감의 뜻을 밝혔습니다. 선례에 따라 그리고 비밀 유지를 위해 부득이 종신형을 선고할 수밖에 없었다면서요. 그날의 일을 발설하지 않는 한 목숨은 살릴 수 있어 그나마 마음이 놓인다고 덧붙이더군요.

18.135 마음이 놓인다고 덧붙이더군요. 원문에는 "added his satisfaction"으로 표기되어 있다.

§19
구가 스페이스랜드의
다른 미스터리를 보여주었지만
나는 여전히 더 알길 원했고,
그로 인해 무슨 일이 생겼는가

불쌍한 남동생이 감옥으로 끌려가는 모습을 보았을 때, 저는 그를 위해 선처를 호소하기 위해, 하다못해 그에게 작별 인사라도 하기 위해 의회장으로 뛰어내리려 했습니다. 하지만 제 힘으로는 꼼짝도 할 수 없다는 걸 알았어요. 제 움직임은 순전히 안내자의 의지에 달려 있었죠. 그가 침울한 어조로 말했어요. "남동생 일에 마음 쓰지 마십시오. 아마 그를 애통해할 시간은 앞으로도 충분할 겁니다. 날 따라 오세요."

우리는 다시 공간 속으로 올라갔어요. 구가 말했습니다. "지금까지는 평면 도형과 그 내부에 대해서만 알려드렸습니다. 이제부터는 입체에 대해 소개하고, 그것이 어떤 설계를 바탕으로 만들어지는지 알려드리려 합니다. 여기 움직일 수 있는 많은 수의 사각형 카드들을 보세요. 한 장의 카드 위에 다른 카드를 올려놓겠습니다. 자, 보세요. 당신이 생각했던 것처럼 다른 카드의 북쪽이 아니라 바로 그 카드의 위에 올려놓을 거예요. 그리고 두 번째, 세 번째 카드도 올리겠습니다. 보십시오. 많은 수의 사각형들을 서로 평행하게 올려놓음으로써 입체가 만들어지고 있어요. 이제 입체가 완성되었습니다. 높이, 길이, 너비가 동일하지요. 우리는 이걸 입방체라고 부릅니다."

19장에 대한 주석

19.5. 그를 애통해할 시간은 앞으로도 충분할 겁니다ample time hereafter to condole with him. 구는 사각형이 형제와 감옥에서 같이 있게 될 거라고 예측한다. 'condole'이라는 말의 뜻이 '함께 슬퍼하다'임을 기억하라. '달래다comfort'는 뜻의 '위로하다console'와 혼동되어서는 안 된다.

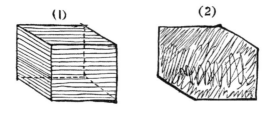

"죄송하지만 선생님." 제가 말했어요. "제 눈에는 내부가 들여다보이는 불규칙 도형의 겉모습으로 보이는데요. 다시 말해, 입체는 보이지 않고 이를테면 우리가 플랫랜드에서 추론하는 것과 같은 평면만 보이는 것 같습니다. 무시무시한 범죄자를 나타내는 불규칙 도형이 연상돼서 보기만 해도 두 눈이 아플 지경이에요."

"맞습니다." 구가 말했어요. "당신에게는 평면으로 보일 거예요. 당신은 명암과 원근법에 익숙하지 않으니까요. 시각 인식 기술이 없는 사람에게 플랫랜드의 육각형이 직선으로 보이는 것처럼 말이에요. 하지만 이것은 실제로 입체입니다. 촉각으로 알게 될 거예요."

그러더니 그는 저를 입방체 앞으로 데리고 갔고, 곧이어 저는 이 놀라운 존재가 정말로 평면이 아닌 입체라는 걸 알게 됐어요. 입방체가 여섯 개의 평평한 면과 입체각이라고 하는 여덟 개의 끝점을 지니고 있다는 사실도 알게 됐고요. 그때 이 같은 존재는 하나의 사각형이 공간 안에 그대로 평행하게 이동함으로써 만들어진다는 구의 말이 떠올랐죠. 그리고 저처럼 하찮은 존재가 어떤 의미에서 그토록 훌륭한 후손의 선조로 불릴 수 있다는 생각에 무척 기뻤답니다.

하지만 여전히 스승님이 말한 "명암"이니 "원근법"이니 하는 것이 무슨 의미인지 충분히 이해할 수 없었어요. 그래서 도무지 이해가 가지 않

19.18. 불규칙 도형. 그림 19.1는 불규칙한 육각형이 아니라 입방체가 종이의 2차원 표면 위에 사영된 것으로 보일 것이다. 입방체의 여섯 모서리가 사영되면 육각형의 모습이 된다. 입방체는 6개의 면들로 이루어져 있는데 이 육각형은 6개의 면들이 뒤틀려져 만들어지는 이미지들을 포함한다.

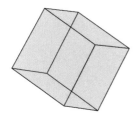

그림 19.1. 입방체의 사영된 모습인 "불규칙 도형"

19.21. 두 눈이 아플 지경. 작은 실수다. 사각형은 눈이 하나밖에 없다.

는다고 그에게 서슴없이 말했습니다.

제가 이 문제에 대한 구의 설명을 아무리 간단명료하게 전달한다 해도, 이미 내용을 다 아는 스페이스랜드의 주민들에게는 무척 지루할 거예요. 구는 대상의 빛과 위치를 바꿔가며 쉽고 명확하게 설명했고, 여러 대상들은 물론이고 자신의 신성한 몸을 직접 느끼게 함으로써 마침내 모든 내용을 이해시켜 주었답니다. 덕분에 지금 저는 동그라미와 구, 평면 도형과 입체를 쉽게 구분할 수 있게 되었죠.

희한하고 파란만장한 제 역사의 절정이자 낙원 같은 시절은 여기까지입니다. 이제부터는 비참한 몰락의 과정을 이야기해야 합니다. 몹시도 비참하지만 그마저도 과분하다고 해야 하겠지요! 어째서 저에게 지식을 향한 갈망이 일었던 걸까요? 결국엔 실망과 형벌만 안게 될 것을! 굴욕을 상기시키는 고통스러운 일은 제 의지를 위축시키죠. 하지만 저는 제2의 프로메테우스처럼 그것을, 아니 그보다 더한 괴로움도 견뎌낼 겁니다. 2차원이나 3차원, 그밖에 유한한 차원으로 우리의 존재를 한정시키는 자만심에 과감히 맞서겠노라는 기개를 평면과 입체의 인류 내부에 불러일으킬 수만 있다면 말입니다. 그리고 모든 사적인 사고는 배제하겠어요! 처음과 마찬가지로 마지막까지, 옆길로 벗어나거나 무언가를 함부로 예측하지 않고 냉철한 역사가 닦아놓은 분명한 길을 추구하겠습니다. 정확한 사실을 정확한 단어로, 제 머릿속에 각인된 이 모든 것들을 조금도 각색하지 않고 있는 그대로 기록하겠어요. 그러니 저와 운명의 신 가운데 과연 누가 옳은지 독자들께서 판단해주시기 바랍니다.

구는 저에게 원기둥, 원뿔, 각뿔, 오면체, 육면체, 십이면체, 구 등 모든 정다면체들의 형태를 가르침으로써 기꺼이 수업을 계속하려 했습니다.

19.42. 희한하고 파란만장한 제 역사. 셰익스피어의 《뜻대로 하세요》 5막 7장에 나오는 '남자의 일곱 나이들 대사'에서 가져온 구절이다. "모든 것의 마지막 장면 / 이 이상하고 파란만장한 역사를 끝내는 장면 / 그것은 두 번째의 유치함이며 단순한 망각이다."

19.43. 비참한 몰락의 과정. 불복종 행위 때문에 아담과 이브가 죄의 상태로 갑자기 전락한 것과 같은, 인간의 타락에 대한 암시다.

19.46. 프로메테우스. "(그리스 문학에서) 종교적인 요소는 아마도 《결박된 프로메테우스》에서 가장 강할 것이다. 그 이야기에서 한 인간 영웅은 신의 불의에 대해 항의하고 있는 것처럼 보인다"(애벗 1897, 95). 반半신 프로메테우스 신화에는 여러 변형된 형태가 있다; 다음은 프로메테우스를 인간을 위한 순교자로 설정한 아이스킬로스의 《결박된 프로메테우스》의 짧은 요약이다.

권좌에 오른 지 얼마 지나지 않아, 제우스는 기존의 인간 종족을 다른 종족으로 교체하려고 했다. 그러나 프로메테우스는 올림포스에서 불을 훔쳐 인간들에게 줌으로써 제우스의 계획을 훼방했다. 인간을 도운 것에 대해 제우스는 프로메테우스에게 잔인한 형벌을 선고한다. 연극은 스키타이에 있는 한 바위에 프로메테우스가 묶여있고 영원히 끝나지 않는 형벌을 받고 있는 장면에서 시작한다. 고난과 사람들의 설득에도 불구하고 프로메테우스는 제우스에게 복종하기를 거부한다. 마지막 말로 그는 항의한다. "나를 보라. 나는 모욕당하고 있다"(해밀턴 1937).

19.54. 운명의 신 Destiny. 인간의 삶의 과정을 결정한다는 신화 속의 신.

하지만 감히 제가 수업을 중단하고 말았죠. 배움에 지쳐서가 아니었어요. 오히려 저는 그가 제공하는 것보다 훨씬 깊고 풍부한 지식을 갈망하고 있었으니까요.

제가 말했어요. "죄송합니다만 더 이상 선생님을 모든 아름다움의 완성이라고 부를 수 없을 것 같습니다. 하오나 청컨대 미천한 제가 선생님의 내부를 보게 해주십시오."

구. "나의 뭘 본다고요?"

나. "선생님의 내부를 말입니다. 당신의 위장, 당신의 창자를요."

구. "왜 이처럼 적절하지 않은 때에 무례한 청을 하시는 건가요? 그리고 내가 더 이상 모든 아름다움의 완성이 아니라니, 그건 또 무슨 말입니까?"

나. 선생님, 선생님의 지혜는 저에게 선생님보다 훨씬 훌륭하며 더욱 아름답고 보다 완벽에 가까운 존재를 열망하도록 가르치셨지요. 플랫랜드의 모든 형태를 능가하는 선생님께서 무수한 동그라미들이 하나로 결합되어 이루어진 것처럼, 틀림없이 선생님보다 더 높은 존재, 많은 구들이 결합되어 이루어진 어떤 최고의 존재, 심지어 스페이스랜드의 입체들을 능가하는 존재가 있을 것입니다. 지금 스페이스랜드에서 플랫랜드를 내려다보며 그곳에 사는 모든 존재들의 내부를 들여다보는 우리처럼, 틀림없이 우리 위에 더 높고 더 순수한 영역이 있지 않겠습니까. 그리고 선생님께서는 저를 그곳으로 이끌어주실 겁니다. 오, 제가 언제 어디에서나 그리고 모든 차원에서 사제요 철학자요 친구로 모시는 선생님, 더욱 드넓은 공간,

19.57. 정다면체. 3차원에서 정다각형과 유사한 것은 평평한 표면을 가지고 있는 볼록한 입체인 정다면체다. 정다면체는 각 면이 정다각형이고 이들이 꼭짓점에서 정확히 같은 방식으로 나열되어 있다. 3차원 공간에서는 오직 5개의 정다면체만 존재한다. 정사면체(4개의 정삼각형 면과 4개의 꼭짓점), 입방체(6개의 정사각형 면과 8개의 꼭짓점), 정팔면체(8개의 정삼각형 면과 6개의 꼭짓점), 정십이면체(12개의 정오각형 면과 20개의 꼭짓점) 그리고 정이십면체(20개의 삼각형 면과 12개의 꼭짓점).

그림 19.2. 정다면체(정사면체, 입방체, 정팔면체, 정십이면체, 정이십면체)

유클리드는 다섯 개의 다면체들이 정다면체들의 전부라는 증명으로 《기하학 원론》을 끝마치고 있다. 플랫랜드 사람들은 유클리드 논증의 핵심을 이해할 수 있다: 플랫랜드의 평평한 공간에서는 한 점 주위로 같은 정다각형을 이어붙이는 방법이 5개밖에 없다.

비록 그들은 그런 배치를 3차원 공간에서 접한다는 것이 무엇을 의미하는 것인지 상상할 수 없겠지만, 3차원 공간에서 기껏해야 5개의 정다면체가 존재한다는 것을 알아낼 수는 있다(밴초프 1990a, 93-94).

정다면체는 종종 플라톤의 입체라고 불리는데, 이는 플라톤이 창조 신화(《티마이오스》)에서 각각의 고전적 원소(불, 공기, 물 그리고 흙)에 한 개씩의 정다면체(각각 정사면체, 정팔면체, 정이십면체 그리고 입방체)를 대응시킨 물질 구조론을 제시했기 때문이다. 정십이면체에 대해 플라톤은 신이 "우주 전체를 위해서" 사용한 제5원소가 있다고 말한다.

19.61. 모든 아름다움의 완성. 사랑의 신비를 배우는 것에 대한 설명에서 소크라테스는 한 사람은 마침내 "아름다움의 완성"을 알게 된다고 말한다(《심포지움》, 211c-d).

80 더욱 차원 높은 차원성의 영역으로 저를 이끌어주소서. 그 전망 좋
은 곳에서 우리는 입체로 이루어진 모든 존재의 내부를 훤히 들여
다보게 될 것이며, 선생님의 내부와 선생님과 비슷한 부류인 다른
구들의 내부 또한 이미 많은 지식을 제공받은 가련한 플랫랜드 망
명자의 시각에 그대로 드러날 것입니다.

85 구. 나 참! 쓸데없는 소리! 그런 시시한 소리 그만두세요! 시간이 없어
요. 눈멀고 무지몽매한 플랫랜드 동포들에게 3차원 복음을 선포하
려면 당신 앞에 놓인 과제들이 너무나 많습니다.

나. 아닙니다, 고결하신 선생님, 거부하지 말아주세요. 제가 아는 한
선생님은 제게 지식을 알려줄 힘이 있습니다. 선생님의 내부를 딱
90 한 번 잠깐만 들여다볼 수 있도록 허락해주십시오. 그러면 영원히
만족하면서 이후로 선생님의 착실한 제자, 기꺼이 구속된 노예가
되어 선생님의 모든 가르침을 받들겠습니다. 선생님 입술에서 떨
어지는 모든 말씀을 소중하게 받아 모시겠습니다.

구. 그렇다면, 좋아요. 당신의 마음을 진정시키고 입을 다물게 하기 위
95 해 일단 대답부터 하겠습니다. 할 수 있다면 당신이 원하는 대로 보
여드리겠지만, 그럴 수 없습니다. 당신의 부탁을 들어주자고 내 위
장을 꺼내 보일 수는 없지 않습니까?

나. 하지만 선생님은 저를 3차원 세계에 데리고 와서 2차원 세계에 사
는 제 동포들의 내부를 보여주셨잖습니까. 그러니 이제 소인을 축
100 복받은 영역, 4차원으로 데리고 가는 것은 얼마나 더 쉽겠습니까.
거기에서 저는 선생님과 함께 다시 한 번 3차원 세계를 내려다보고
싶습니다. 3차원으로 이루어진 모든 집의 내부와 입체적인 땅의 비

19.79. 사제요 철학자요 친구로. 알렉산더 포프는 풍자시 〈인간에 대한 에세이〉에서 볼링브로크Henry St. John, Lord Bolingbroke를 "안내자요, 철학자이며 친구"라고 불렀다.

19.80. 더욱 차원 높은 차원성more dimensionable dimensionality. 'dimensionable'은 측정하는 것이 가능한 혹은 차원들을 가진다는 뜻이다. 이 단어는《옥스퍼드 영어사전》에서《플랫랜드》를 인용했다고 설명되는 18개의 단어 중 하나다.

19.89. 선생님의 내부를 … 들여다볼 수 있도록 허락해주십시오. 그러면 영원히 만족하면서. 요한복음 14장 8절과 비교하라: "빌립은 그에게 말했다. 주여, 아버지를 보여주시면 우리는 그것으로 족하겠나이다."

밀을, 스페이스랜드의 광산에 숨은 보물들을, 모든 입체적인 생명
체들과 심지어 고결하옵고 숭배되어 마땅한 구들의 내부를 내려다
보고 싶습니다.

구. 하지만 그 4차원 세계가 어디에 있는데요?

나. 저야 모르죠. 하지만 선생님은 분명히 아시잖아요.

구. 나도 몰라요. 그런 세계는 없습니다. 그런 상상을 하시다니 정말 터
무니없군요.

나. 선생님, 저 같은 사람도 그런 상상을 해보는데, 하물며 선생님은 더
구체적으로 생각하지 않으셨겠습니까. 아니요, 저는 희망을 버리
지 않습니다. 선생님의 능력이라면 이곳 3차원 세계에서도 4차원
을 보여주실 수 있을 겁니다. 2차원 세계에서처럼 말이에요. 비록
그때 저는 아무것도 볼 수 없었지만, 선생님의 능력으로 이 눈먼 제
자는 보이지 않는 세 번째 차원이 존재한다는 사실에 기꺼이 눈을
뜨게 되었습니다.

지난 일을 떠올려 보겠습니다. 저 아래 세상에서 선생님은, 제가 하
나의 선을 보면서 평면이라고 추측할 때, 사실은 아직 알아볼 수 없
는 세 번째 차원을 보고 있는 것이라고, 밝기와 다르고 "높이"라고
불리는 새로운 차원이 있다고 가르쳐주시지 않았습니까? 마찬가
지로 지금 이곳에서 제가 평면을 보고 입체라고 추측하지만, 사실
은 아직 알아볼 수 없는 네 번째 차원을, 색깔과 다르고 극히 미미해
측정은 불가능하지만 분명히 존재하는 새로운 차원을 보는 것 아
닐까요? 어디 그뿐인가요. 도형의 유추를 통한 논의도 있지요.

19.106. 4차원. 처음으로 4차원 공간이 있다고 말한 사람은 아이작 뉴턴과 동시대 사람인 케임브리지의 플라톤주의자 헨리 무어였다. 무어는 공간의 크기는 물질의 성질일 뿐만 아니라 영혼의 성질이기도 하다고 주장했다. 그는 또한 영혼이 그 "전 존재"를 바꾸는 일 없이 3차원의 공간에서 더 많거나 적은 공간을 차지하게 하려면 네 번째 차원이 존재해야 한다고 가정했다. 그는 이 차원을 "핵심적 두께Essential Spissitude"라고 불렀다. 라틴어에서 스피시투도spissitudo는 두께를 의미한다. 무어에 따르면 세 개의 차원 중 하나나 둘의 차원에서 영혼이 줄어든 부분은 "핵심적 두께에 안전하게 보관된다"(카조리 1926, 399-401; 맥키논 1925, 213).

《알맹이와 껍데기》에서 애벗은 헨리 무어와는 달리 자신은 영혼이 '4차원의 존재'라고 믿지 않는다고 분명하게 말했다.

> "만약 4차원의 존재가 있다면, 그것은 닫힌 방에 문이나 창을 여는 일 없이 들어올 수 있다는 것을, 아니 우리 몸 안에도 뚫고 들어와 살 수 있다는 것을 아실 겁니다. 당신이 최근에 출판된 《플랫랜드》를 읽었다면 아마 그럴 테지요. 힌턴 씨의 매우 뛰어나고 독창적인 작품을 공부해봤다면 더욱더요. 그 존재는 모든 것의 내부를 볼 수 있고 지구 전체의 내부가 그에게는 보이도록 열려 있습니다. 또한 원하면 자신을 보이거나 보이지 않게 할 수 있고, 바깥의 보이지 않는 곳 혹은 우리 안에서 말을 할 수도 있습니다. 그런데 왜 영혼이 4차원의 존재가 아닐까요? 이유를 말씀드리죠. 우리는 영원히 영혼이 뭔지 이해할 수 없을 겁니다. 영원히 신이 무엇인지 이해할 수 없을 것처럼 말입니다. 그러나 사도 바울로는 영혼의 깊은 곳은 어느 정도 우리에게 알려진다고 가르쳤습니다. 언제 우리 안의 영혼이 가장 활발한 것 같습니까? 혹은 우리가 언제 '신의 깊은 곳'에 대한 이해에 가장 가까이 있는 것 같습니까? 사도 바울로가 말했듯 그것은 '우리와 함께 하는' 덕성들을 발휘할 때가 아닙니까? 믿음과 소망과 사랑을 발휘할 때 말입니다. 이 덕성들과 4차원은 분명히 아무 관계가 없습니다. 우리가 4차원의 공간을 인식한다 해도 – 우리는 그렇게 할 수 없습니다. 그것이 존재한다면 그런 현상의 일부를 설명할 수 있을지는 모르지만 말입니다 – 도덕적, 영적으로 더 좋아지지는 않습니다. 영혼의 관념에 가까이 접근한다는 것은 지적이라기보다 도덕적인 과정으로 보입니다. 4차원 공간에 대한 어떤 지식도 이것을 우리에게 안내해줄 수 없을 것입니다"(애벗 1886, 259).

19.108. 그런 세계는 없습니다. 《플랫랜드》를 여타의 '차원 이야기'뿐만 아니라 동굴의 우화와도 다르게 만드는 가장 큰 특징은, 다른 세계의 존재가 방문을 한다는 점이다. 사각형이 본래 "이방인stranger"이라고 불렸던 구는 실제로 이상하다strange. 그는 초자연적인 존재지만 흠이 있다. [보충주석에서 계속]

구. 유추라니요! 말도 안 됩니다. 무슨 유추를 한단 말입니까?

나. 선생님은 제자가 전달받은 계시를 제대로 기억하고 있는지 시험하
시는군요. 저를 너무 만만하게 보지 마십시오, 선생님. 저는 더 많
은 지식을 갈망하고 갈구합니다. 우리의 위장에는 눈이 없기 때문
에, 우리는 지금 더 높은 차원의 다른 스페이스랜드를 볼 수 없는 것
이 확실합니다. 하지만 딱하고 보잘 것 없는 라인랜드의 군주가 왼
쪽으로도 오른쪽으로도 몸을 돌릴 수 없어 알아보지 못했지만 플
랫랜드 왕국은 엄연히 존재했습니다. 눈멀고 분별없는 가련한 제가
그것을 만질 수 있는 능력도 알아볼 수 있는 내면의 눈도 없지만 3
차원 세계는 바로 가까이에 존재했고, 제가 가진 틀을 건드렸습니
다. 마찬가지로 4차원 세계 역시 틀림없이 존재하고 선생님께서는
생각이라는 내면의 눈으로 그것을 감지하실 것입니다. 그리고 선
생님의 가르침에 따르면 그것은 틀림없이 존재해야만 합니다. 설
마 소인에게 직접 알려주신 내용을 잊으신 건 아니겠지요?

1차원에서 한 점이 이동하여 두 개의 끝점을 지닌 하나의 선을 만들
지 않았던가요?

2차원에서 한 선이 이동하여 네 개의 끝점을 지닌 하나의 사각형을
만들지 않았던가요?

그리고 제 눈으로 볼 수는 없었지만, 3차원에서 하나의 사각형이
이동하여 여덟 개의 끝점을 지닌 이 축복받은 존재인 입방체를 만들
지 않았던가요?

그러니 4차원에서는 하나의 입방체가 이동해, 그러니까 신성한 정

19.108. 정말 터무니없군요. 런던 수학협회 회장이었던 사무엘 로버트는 "네 번째 기하학적 차원을 마음에 그린다는 것이 불가능하다는 것은 두루 인정되는 사실입니다"라고 말했으며 거의 모든 19세기 수학자들은 이 말에 동의했다(로버트 1882, 12). 이와 동시에 그들 중 다수는 실베스터에 동의했는데 그는 4차원의 공간을 마음에 그릴 수 없다는 것이 그것의 의미를 무시하거나 연구에서 배제해야 할 적당한 이유가 되지 못한다고 말했다.

실베스터의 논거는 세 가지였다. ①그와 다른 사람들은 "4차원의 공간을 마치 인식 가능한 공간처럼 다루는 것이 실용적인 가치가 있다"는 증거를 제시했다." ②4차원적인 물체의 성질들은 "그것을 3차원적인 공간에 투영함으로써 완전하지는 않더라도 많은 부분이 연구될 수 있다." ③"미학에서 그러하듯이 철학에서 가장 높은 차원의 지식은 믿음에서 오며" 가우스나 캐이레이, 리만 그리고 클리퍼드 같은 유명한 사람들은 "초월적인 (4차원적) 공간의 현실성을 내적으로 확신하고 있었다"(실베스터 1869, 238). 19세기의 영국 사람들이 공간의 성질에 대해 품었던 견해에 대해서는 리처드(1988, 54-59)를 보라.

애벗은 실베스터의 세 번째 주장을 강력히 지지했을 것이다. 《알맹이와 껍데기》에서 그는 평면 기하학과 종교에서의 믿음과 상상력을 비교했다. 《플랫랜드》의 2부에서 그는 이 비교의 성질을 근원적으로 바꿨다. 《알맹이와 껍데기》에 나오는 상상의 기하학자는 "완벽한 원을 믿었"는데 그는 그런 도형에 아주 가까운 물질적 예를 본 적이 있었다(애벗 1886, 32). 이와 다르게, 사각형은 3차원적인 물체를 상상하게 해줄 이와 비슷한 "물질적 예"를 본 적이 없으며 4차원적인 공간이 존재할 거라는 그의 가정은 완전히 믿음에 근거하는 것이다.

19.110. 저 같은 사람도 그런 상상을 해보는데. 19절 110행에서 19절 125행까지는 개정판에서 추가된 것이다.

19.120. 마찬가지로 지금 이곳에서 … 네 번째 차원을 … 보는 것 아닐까요? 16장에 추가된 것과 비슷한 이 잘못된 논증은 19장에 새롭게 추가된 15행 중에서 가장 중요한 것이다(부록 A2, 각주 2를 참조).

19.135. 생각이라는 내면의 눈. 상상력.

육면체가 이동해 **열여섯** 개의 끝점을 지닌 더욱더 신성한 어떤 구조가 만들어지지 않을까요? 유추의 과정을 통해서 생각해본 겁니다. 그게 아니라면 사실의 전개 과정이라고 해두지요.

결코 오류가 있을 수 없는 2, 4, 8, 16의 연속적인 수의 배열을 보십시오. 이것은 등비수열 아닌가요? 선생님의 말을 인용하면, 이것은 "정확하게 유추에 부합하지 않나요?"

다시 말해, 하나의 선에는 경계를 나타내는 두 개의 점이 있고, 하나의 사각형에는 경계를 나타내는 네 개의 선이 있듯이, 틀림없이 하나의 입방체에는 경계를 나타내는 **여섯** 개의 사각형이 있다고 선생님께서 제게 가르쳐 주시지 않으셨나요? 이 확실한 수열을 다시 한번 보십시오. 2, 4, 6. 바로 등차수열 아닙니까? 따라서 4차원 나라에서 신성한 입방체의 더욱 신성한 후손은 당연히 경계를 나타내는 8개의 입방체를 지녀야 하지 않을까요? 그리고 이것은 또한 선생님께서 저에게 믿으라고 가르치신 "정확하게 유추에 부합되는" 내용 아닌가요?

오, 선생님, 나의 선생님, 저는 사실을 알지 못한 채 믿음 안에서 추측에 의지합니다. 그러니 제 논리적 예측이 사실임을 확증하시거나 혹은 틀렸다고 말씀해주시길 간청합니다. 제가 틀렸다면 이제부터 선생님 말씀에 순종하여 다시는 4차원 세계를 보여달라고 조르지 않겠습니다. 하지만 제가 옳다면 선생님께서 이성에 따르시리라 생각합니다.

그러므로 저는 선생님께 여쭤보고 싶습니다. 지금까지 선생님 세계의 다른 사람들도 그들보다 높은 차원에 있는 어떤 존재가 내려

19.162. 믿음 안에서 추측에 의지합니다 I cast myself in faith upon conjecture. 사각형은 그의 유추적 논증이 4차원 공간의 존재를 증명해내지 못한다는 것을 깨닫는다. 그것이 존재할 것이라는 믿음은 "믿음의 비약"이다. 그는 현명한 표현을 이용했다. 추측conjecture은 말 그대로 '함께 던지다'(throw 또는 cast together)라는 뜻이다.

19.169. 문도 창문도 열려 있지 않고 사방이 막힌 방으로 들어와서. 요한은 "문이 닫혀 있었지만" 예수가 갑자기 방안에 나타난 두 사건들에 대해 기록하고 있다(요한복음 20장 19절, 26절).

와, 선생님이 우리 집에 오셨던 것처럼 문도 창문도 열려 있지 않고 사방이 막힌 방으로 들어와서 자유자재로 나타났다 사라지는 모습을 목격한 일이 있습니까? 이 질문의 대답에 기꺼이 제 모든 걸 걸겠습니다. 그런 일이 없다고 하신다면 이후로 저는 침묵을 지키겠습니다. 어서 대답해주십시오.

구. (잠시 생각에 잠긴 뒤) 그런 기록이 있긴 합니다. 하지만 사실에 관해서는 사람들마다 의견이 분분해요. 심지어 사실을 인정한다 해도 설명하는 내용은 제각각이고요. 하지만 그렇게 설명이 다양하다고 해도 4차원 이론을 도입하거나 제시하는 사람은 아무도 없습니다. 그러니 이런 시시한 이야기는 그만두고 이제 우리 할 일로 돌아갑시다.

나. 그럴 줄 알았어요. 제 예상이 맞을 줄 알았다니까요. 그러니 더할 나위 없이 훌륭하신 선생님, 이제 제게 조금만 더 인내심을 발휘하시어 한 가지만 더 제 질문에 답해주시면 감사하겠습니다! 그렇게 어디에서 오는지 아무도 모를 곳에서 홀연히 나타났다가, 어디로 가는지 아무도 모를 곳으로 되돌아가는 사람들은 역시나 자신의 단면을 축소시켰을까요? 그리고 제가 지금 선생님께 안내를 청하고 있는 더 넓은 공간으로 사라진 건가요?

구. (침울하게) 그들은 틀림없이 사라졌을 겁니다. 혹시 나타난 적이 있다면 말이에요. 하지만 대부분의 사람들은 이런 환영이 생각에서, 즉 뇌라는 곳에서 나온 것이라고 말합니다. 선지자의 섭동된 모서리에서 나왔다고 말해요. 물론 당신은 제 말이 잘 이해되지 않겠죠.

나. 사람들이 그렇게 말한다고요? 오, 믿을 수 없어요. 혹시라도 그 말

19.178. 4차원 이론을 도입하거나 제시하는 사람은 아무도 없습니다. 수학자 윌리엄 그랜빌 William A. Granville은 바로 이런 제안을 한다. 요한복음 20장의 구절을 언급하면서 그는 말한다. "더 높은 차원의 존재로 여겨지는 그리스도는 위에서 말한 것처럼 몸소 나타나거나, 3차원 공간에 있는 우리로서는 할 수 없지만 가상적인 4차원 공간에 사는 사람들에게는 가능한 일을 하는 능력을 가졌다"(그랜빌 1922, 52-53).

19.190. 선지자의 섭동된 모서리perturbed angularity of seer. 기하학적 의미에서 섭동된 모서리perturbed angularity를 가졌다는 것은 그 모서리의 각이 약간 바뀌었다는 뜻이다. 여기서는 비유적인 의미로 쓰였는데, '정신적으로 혼란스러운'이라는 뜻이다.

이 사실이라면, 이 다른 공간은 사실상 생각으로 이루어진 세계일 테니, 생각 속의 제가 모든 입체들의 내부를 볼 수 있는 그 축복받은 곳으로 절 데려가 주십시오. 황홀경에 빠진 제 눈앞에는 입방체가 완전히 새로운 방향으로, 그렇지만 정확히 유추에 따라 움직일 것입니다. 내부의 모든 파편들이 흔적을 남기며 새로운 종류의 공간을 지나가도록 말이에요. 그렇게 해서 맨 끝에 열여섯 개의 추가적인 입체각과 바깥 테두리의 경계선인 여덟 개의 입체 입방체가 있는, 처음 모습보다 훨씬 완벽하게 완성된 모습이 만들어지겠지요. 그런데 일단 그 상태가 되면 죽 그 모습만 유지하는 걸까요? 4차원이라는 축복의 나라에서 우리는 5차원의 문턱 앞을 서성거릴 뿐 그 안으로 들어가지는 않을까요? 오, 천만에요! 육체가 올라갈수록 우리의 야망도 함께 올라간다고 봐야 해요. 그러므로 우리의 지적인 공격에 굴복해 6차원의 문이 활짝 열리고, 그 다음 7차원, 8차원 …… 그렇게 더 높은 차원의 문이 열릴 것이라고요.

얼마나 오랫동안 이야기를 했을까요. 구는 공연히 고함을 치며 이제 그만 입을 다물라는 명령을 되풀이했고, 당장 멈추지 않으면 벌을 내리겠노라고 위협했어요. 하지만 제 가슴 벅찬 열망의 물결은 그 무엇도 막을 수 없었답니다. 그래요, 힐책을 받을 만도 했을 테죠. 정말이지 저는 그가 직접 건넨 진실의 술에 잔뜩 취해 있었으니까요. 하지만 이제 끝이 머지 않았어요. 외부에서 요란한 굉음이 들렸고 동시에 제 내부에서도 쿵 하고 무언가 추락하는 소리가 들려, 돌연 저는 말을 멈추어야 했습니다. 더 이상 이야기를 계속할 수 없을 만큼 빠른 속도로 공간을 빠져나가고 있었던 겁니다. 아래로! 아래로! 아래로! 빠르게 내려가고 있었어요. 그리고 결국 플랫랜드로 돌아가는 것이 제 운명임을 깨달았지요. 따분하기 짝이 없는

19.194. 입방체가 … 움직일 것입니다. 사각형은 요즘 하이퍼큐브라고 불리는 것을 묘사하고 있다. 하이퍼큐브는 4차원 공간의 입방체와 비슷한 것이다. 그것은 입방체를 4차원 공간에서 수직한 방향으로 움직일 때 만들어진다. 하이퍼큐브에 대한 더 많은 내용은 밴초프(1990a)와 러커(1984)를 참조하라.

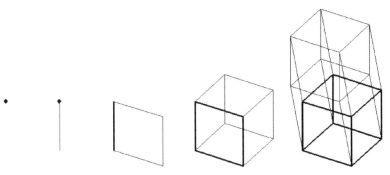

그림 19.3. 네 번째 차원까지 확장된 유도과정

19.196. 모든 파편들이 … 지나가도록 말이에요. 앞의 유도과정은 기하학적 도형을 만들어내는 더 오래된 이론을 개량한 것이다. 이 이론에 따르면 1은 점에, 2는 선분에, 3은 삼각형, 4는 피라미드(정사면체)에 대응한다. [보충주석에서 계속]

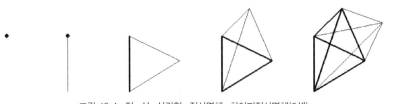

그림 19.4. 점, 선, 삼각형, 정사면체, 하이퍼정사면체(5셀)

19.197. 추가적인. 접두사 'extra'는 '그 지역이나 뭔가의 영역 바깥에 있는'이라는 의미다. 여기서는 3차원 공간 바깥에 있다는 뜻이다. 오늘날 '4 혹은 그 이상의 차원들의 공간에 있는 우리가 알고 있는 것과 유사한 것'이라는 의미의 접두사는 '하이퍼hyper'로 실베스터가 처음 이런 뜻으로 사용했다: hyperlocus(1851); hyperplane, hyperpyramid, hypergeometry(1863)(매닝 1914,329).

황무지, 이제 다시 나의 우주가 될 황무지의 전경이 마지막으로 얼핏, 결코 잊지 못할 모습으로 제 눈앞에 펼쳐졌습니다. 그러고는 이내 사방이 어두워지더군요. 그리고 마지막으로 모든 것을 완성하는 천둥소리가 이 여행의 끝을 장식했죠. 정신을 차렸을 때, 저는 다시 느릿느릿 기어 다니는 평범한 사각형이 되어 집안 서재에 앉아 있었습니다. 저에게 다가오는 아내의 평화의 소리를 들으면서 말입니다.

220

19.199. 여덟 개의 입체 입방체. 이 표는 n차 입방체 안에 k차 입방체가 몇 개 있는지 보여준다. n번째 줄에 기재된 숫자는 $(2x+y)n$ 이항전개의 계수들이다. 예를 들어 n이 3인 줄의 숫자는 $8x3+12x2y+6xy3+y3$의 계수들이다.

n	n차입방체	0차입방체	1차입방체	2차입방체	3차입방체	4차입방체
0	점	1				
1	선분	2	1			
2	정사각형	4	4	1		
3	입방체	8	12	6	1	
4	하이퍼큐브	16	32	24	8	1

19.208. 진실의 술에 잔뜩 취해 있었으니까요. 〈비판에 대한 에세이〉에서 알렉산더 포프는 배움을 술 마시기에 비유한다. 그 비유에는 역설적인 데가 있었는데 배움(술 마시기)은 약간만 배울 경우 술에 취하는 것이 되지만, 아주 많이 배우게 되면 오히려 깨어나는 것이 된다는 것이다.

> 약간의 배움은 위험한 것;
> 깊게 마셔라 그럴 게 아니라면 영감의 샘물을 맛보지 말라:
> 살짝만 꿀꺽이는 것은 뇌를 취하게 한다.
> 그리고 많이 마시는 것이 우리를 다시 깨어나게 한다.

애벗은 포프의 시를 잘 알았다. 그는 아버지의 책《알렉산더 포프의 작품에 대한 용어 색인》 (1875)에 자세한 소개의 글을 썼다.

19.214. 황무지. 종교적 의미에서 '황무지'란 종종 천국이나 미래의 삶과 대비되는 현재의 세계나 삶을 뜻한다.

19.216. 모든 것을 완성하는 천둥소리.《결박된 프로메테우스》의 마지막 장면에 대한 암시. 무너지는 세상이 프로메테우스를 덮칠 때 천둥소리가 울린다.

19.217. 기어 다니는 평범한 사각형. 에덴동산의 뱀에 대한 암시. 자신의 운명을 말하면서 사각형은 여러 번 아담의 몰락과, 이와 가장 가까운 그리스 이야기인 프로메테우스의 신화를 암시한다. 이 두 개의 이야기는 차이가 있지만 둘 다 모두 상상력을 신에 대한 공격으로 묘사한다(커니 1988, 79-87).《플랫랜드》또한 '추락한 상상력'의 이야기에 대해 말한다. 사각형이 '비참하게 몰락한' 가장 직접적인 이유는 그가 4차원 공간의 가능성을 상상함으로써 구를 공격했기 때문이다.

§20
구가 환영 속에서 나를 격려하다

　　생각할 시간이라곤 1분도 채 없었지만, 아내에게 지금까지의 경험을 숨겨야 한다는 걸 일종의 본능으로 느꼈어요. 아내가 제 비밀을 누설하여 행여나 위험이 닥칠까봐 두려웠던 건 아니었어요. 그보다 플랫랜드 여자들은 제 모험담을 결코 이해하지 못하리라는 걸 알았기 때문이죠. 그래서 저는 지하실로 내려가는 문에서 실수로 굴러 떨어져 한참 실신해 있었다고 둘러대 아내를 안심시키려 했습니다.

　　우리 나라에서는 남쪽으로 끌어당기는 힘이 아주 미미해서 여자들조차 제 말을 거의, 눈곱만큼도 믿지 않을 게 분명했어요. 그런데 보통 여자들보다 훨씬 분별력이 뛰어난 아내는 제가 유난히 흥분해 있다는 걸 눈치 채고는 이 문제로 저하고 왈가왈부하는 대신, 아플 테니 그만 쉬는 게 좋겠다고 말하더군요. 저는 방에 들어가 그동안 저에게 일어난 일을 조용히 생각할 구실이 생겨 좋았죠. 마침내 혼자 있게 되자 졸음이 쏟아졌어요. 하지만 눈을 감기 전에 3차원 세계를 떠올려보려 했습니다. 특히 사각형이 움직여 입방체가 만들어지는 과정을 재현해보고 싶었어요. 바라는 만큼 선명하게 기억나지는 않았지만 "북쪽이 아니라 위로" 이동해야 한다는 말이 떠올랐고, 의미를 분명하게 파악한다면 틀림없이 저를 해결의 길로 이끌어줄 단서로 이 말을 마음 깊이 간직하기로 결심했습니다. 그래서 "북쪽이 아니라 위로"라는 말을 마치 주문처럼 기계적으로 반복하면서 깊은 단잠에 빠져들었지요.

　　자는 동안 꿈을 꾸었습니다. 저는 구의 곁에 있었어요. 구의 몸에서 광

20장에 대한 주석

20.9. 훨씬 분별력이 뛰어난. 사각형은 아내가 교육은 못 받았지만 상당한 지성을 지니고 있다는 것을 안다. 그러나 다른 여성들도 그럴 수 있다는 가능성은 믿지 않는 것 같다.

20.20. 꿈을 꾸었습니다. 16장 149행부터 구는 자신이 사각형의 비현실적인 환상들을 볼 수 있다고 했다. 그는 아마도 사각형으로 하여금 꿈을 꾸게 하거나 환상을 보게 할 수 있는 것 같다.

채가 나는 것으로 보아 저에 대한 노여움이 완전히 사라지고 무척 너그러워진 것 같았죠. 제 스승은 저에게 밝지만 아주 작은 한 점을 가리켰고, 우리는 함께 그곳으로 이동하고 있었어요. 우리가 다가가자, 당신들 스페이스랜드의 청파리가 내는 소리와도 같은 윙윙거리는 소리가 아주 조그맣게 들리는 듯했어요. 울림이 아주 약하고 소리도 어찌나 작던지 우리가 날아오르는 진공 상태의 완벽한 정적에서조차 거의 들리지 않을 정도였답니다. 하지만 마침내 소리에서 얼마간 떨어진 위치에서 비행을 멈추었을 때, 스무 발자국 아래에서 무언가를 발견했어요.

"저쪽을 보십시오." 제 안내자가 말했어요. "당신은 플랫랜드에서 살고 있고 라인랜드의 환영을 보았으며, 저와 함께 스페이스랜드까지 올라왔습니다. 이제 당신의 다양한 경험을 완성하기 위해 저는 당신을 데리고 존재의 가장 낮은 곳, 차원이 없는 심연인 포인트랜드의 영역까지 내려가겠습니다."

"저기 비참한 존재들을 좀 보십시오. 점은 우리와 같은 존재지만 무차원의 만(灣)에 갇혀 있습니다. 점은 그 자신이 자신의 세계이고 자신의 우주예요. 자신 외에 다른 존재에 대해서는 개념조차 없지요. 길이니 너비니 높이를 경험해본 적이 없기 때문에 그것이 뭔지 모릅니다. 둘이라는 숫자에 대한 이해가 전혀 없고, 복수에 대해서는 생각해본 적도 없어요. 실제로는 아무것도 아닌 존재지만 자신이 하나이며 전부이기 때문이지요. 하지만 그의 완벽한 자기만족에 주목한 결과, 이런 교훈을 얻었습니다. 자기만족은 비천하고 무지한 것이며, 열망을 갖는 것은 맹목적이고 무력한 만족보다 낫다는 교훈 말입니다. 자, 들어보세요."

그는 잠시 말을 멈추었어요. 그때 윙윙거리는 작은 생명체로부터 작고

20.24. 청파리. 파리(파란 몸 때문에 청파리라고 불린다). 성체의 크기는 집파리의 거의 두 배다.

20.26. 진공 상태의 … 들리지 않을. 소리는 진공을 (다시 말해 아무런 물질도 없는 공간을) 여행할 수 없다.

20.32. 차원이 없는. 한 공간의 차원은 이론상 그 공간 안에서 움직일 때 가능한 독립적인 움직임의 최대 수로 정의될 것이다. 한 점으로 된 공간에서 움직임은 가능하지 않기 때문에 그런 공간은 0의 차원을 가진다. 사각형의 표현에 의하면 그것은 차원이 없으며 0차원적이다.

20.34. 우리와 같은 존재. 소크라테스가 동굴의 우화를 이야기하기 시작할 때, 글라우콘은 그것이 이상한 그림이며 그들은 이상한 죄수들이라고 말한다. 그러자 소크라테스는 그 죄수들이 우리와 같다고 대답한다(《국가》, 515a).

20.36. 자신 외에 다른 존재에 대해서는 개념조차 없지요. 점은 유아론자다. 그는 자신 이외에 다른 사고나 경험 또는 감정이 존재한다는 생각에 아무런 의미를 둘 수가 없다.

낮고 단조롭지만 또렷하게 쨜랑거리는 소리가 들렸어요. 마치 당신들 스
45 페이스랜드의 축음기에서 나는 소리 같은 그 소리에서 저는 이런 말을 들
었습니다. "존재의 무한한 지복이여! 그것이 존재하며, 그것 외에 아무것
도 없도다."

"저 미미한 존재가 말하는 '그것'이란 무엇입니까?" 제가 물었어요. "자
기 자신을 말합니다." 구가 대답했어요. "혹시 자신과 세계를 구분하지 못
50 하는 아기들이나 아기 같은 사람들이 자기 자신에 대해 3인칭으로 말하는
걸 들어본 적 없으십니까? 앗, 잠깐만요, 쉿!"

"그것은 모든 공간을 채운다." 작은 존재는 독백을 계속했어요. "그것
이 채우는 것은 그것. 그것이 생각하는 것을 그것이 말하고, 그것이 말하
는 것을 그것이 듣는다. 그것은 스스로 생각하는 자이고 말하는 자이며
55 듣는 자이고, 생각이며 단어이고 청취다. 그것은 하나이면서 동시에 모든
것 안의 모든 것. 아, 행복이여, 아, 존재의 행복이여!"

"선생님께서 이 미미한 존재를 깜짝 놀라게 해, 자족감에서 벗어나게
하면 안 될까요?" 제가 물었어요. "저에게 말씀하셨던 것처럼 그것의 실체
를 알려주세요. 포인트랜드의 좁은 한계를 보여주시고 더 높은 곳으로 이
60 끌어주세요." "쉬운 일이 아닙니다." 스승이 말했어요. "당신이 한번 해보
시겠어요?"

그래서 저는 최대한 목소리를 높여 점에게 다음과 같이 말을 건넸습니다.

"비루한 존재여, 정숙하시오, 정숙. 당신은 자신을 모든 것 가운데 모
든 것이라고 말하지만, 사실 당신은 아무것도 아니오. 당신이 말하는 우
65 주라는 것은 선 위의 흔적에 불과하고, 선은 또 다른 차원에 비하면 그림

20.44. 짤랑거리는 … 당신들 스페이스랜드의 축음기에서 나는 소리 같은. 토머스 에디슨이 처음으로 축음기에 녹음을 할 때 소리는 원통에 감긴 은박지에 새겨진 요철로 기록되었다. 《타임스》는 에디슨의 축음기가 말하는 사람의 목소리를 "자기 목소리처럼, 그러나 약간 기계적이고 금속적인 소리와 함께" 재생했다고 보도했다(《타임스》1878년 1월 17일, 4).

20.46. 지복. 'beatitude'는 기독교적 완벽함의 특성을 묘사한다(마태복음 5장 3-11절, 누가복음 6장 20-22절).

자에 불과하며 ……." "쉿, 조용. 이제 그만하면 됐습니다." 구가 제 말을 가로막았어요. "이제 잘 들어보세요, 당신의 열변이 포인트랜드의 왕에게 효과가 있는지."

제 말을 듣고도 왕의 광채가 그 어느 때보다 환하게 빛나는 걸 보니, 왕은 여전히 자족감을 잃지 않은 것이 분명했습니다. 아니나 다를까, 제 말이 끝나기가 무섭게 왕의 연설은 계속되었지요. "오, 기쁨이여, 아, 생각의 기쁨이여! 생각으로 구하지 못할 것이 무엇인가! 그것의 생각은 곧 그 자신이 되며, 그것의 비하를 연상시킴으로써 행복을 더욱 드높이나니! 오, 승리를 위한 달콤한 반란이여! 오, 하나이자 모든 것의 신성한 창조력이여! 아, 기쁨이여, 존재의 기쁨이여!"

"이제 아시겠습니까?" 스승이 말했어요. "당신이 아무리 설득해봤자 씨알도 먹히지 않아요. 설사 왕이 당신이 한 말을 이해했다 하더라도 자기 식대로 받아들일 것입니다. 자기 말고 다른 존재는 생각조차 할 수 없으니까요. 그리고는 자신이 창조력의 모범으로서 다양한 '생각'을 할 줄 안다며 우쭐대지요. 포인트랜드의 신이 무지로 인한 무소부재無所不在와 무소부지無所不知의 열매를 누리게 내버려둡시다. 당신이나 내가 아무리 애쓴들 자기만족에 빠진 그를 구할 수는 없어요."

이제 우리는 사뿐히 공중 위를 떠올라 다시 플랫랜드로 돌아왔습니다. 그리고 제 동행은 제가 본 환영의 도덕적 의미를 부드러운 목소리로 설명했어요. 저에게 더 큰 차원을 열망하도록 격려했고, 다른 사람들이 더 큰 차원을 갈망할 수 있도록 그들을 가르치라고 촉구했죠. 그리고 3차원 이상의 더 높은 차원으로 비상하려는 제 야망에 처음에는 화가 났었노라고 고백하더군요. 하지만 이후 새로운 통찰력을 얻었고, 이제는 제자에게 실

20.81. 열매를 누리게. 원문에는 'fruition'으로 표기되었다. 즐거움이라는 의미다.

수를 인정할 수 있을 만큼 오만에서 벗어나게 되었다고 말했어요. 한편 입체들의 이동에 의해 초입체를 구성하는 방법, 초입체의 이동에 의해 이중 초입체를 구성하는 방법을 "정확히 유추에 따라서" 그리고 여자들도 분명하게 이해할 수 있을 정도로 아주 단순하고 매우 쉬운 방법으로 알려주더군요. 그러면서 제가 목격한 것보다 훨씬 높은 차원의 신비로운 사실들에 대해 가르쳐주었죠.

20.90. 초입체 Extra-solid. 초입체는 4차원적 공간에 있는 물체다. 사각형이 초입체라고 부르는 것은 요즘 하이퍼큐브라고 불리고 있다. 힌턴은 4차원에서 입방체에 대응하는 것을 처음에는 '4-사각형four-square'이라고 불렀다. 나중에 그는 "테서라트(tessaract, 지금은 tesseract라고 쓴다)"라는 이름에 정착했다(힌턴 1880, 1888). 지금은 고차원적인 다면체들을 폴리토프(polytope, 다포체)라고 부르며 4차원적인 규칙적 폴리토프regular polytope에 대한 표준적인 표기 방식은 'k-포k-cell'다. 여기서 k는 경계를 이루는 3차원적인 포들cells의 수를 의미한다. 그러므로 하이퍼큐브는 8-포이다.

2차원 공간에서는 2보다 큰 모든 숫자 n에 대해서 n변 정다각형이 존재한다. 3차원 공간에서는 정다면체가 5개밖에 존재하지 않는다(19.57 주석 참조). 1852년에 집필되었지만 1901년까지 발표되지 않은 논문에서 스위스의 기하학자 루트비히 슐래플리Ludwig Schläfli는 모든 더 높은 차원에서의 규칙적 폴리토프를 찾아냈다. 그는 4차원에서는 6개의 규칙적 폴리토프만이 존재한다는 것을 보여주었다. 5-포, 8-포, 16-포, 120-포, 600-포(그들은 각각 정사면체, 입방체, 정팔면체, 정십이면체, 정이십면체에 대응한다)가 있고 24-포가 있는데 3차원에는 이에 대응하는 입체가 없다. 그는 또한 n이 4보다 클 때 n차원에서의 규칙적 폴리토프는 오직 정사면체, 입방체 그리고 정팔면체에 대응하는 것들밖에는 없다는 것도 증명했다(스틸웰 2001, 21-22).

20.91. 이중 초입체 Double Extra-Solids. 이중 초입체는 5차원적인 물체를 말한다.

20.94. 신비로운 사실들에 대해 가르쳐주었죠. 애벗은 여러 번 사각형이 더 높은 차원에 대해 알게 된 것을 "신비로운 사실들에 대해 배운 것his initiation into the mysteries"이라고 언급했다. 이것은 그것이 더 높은 진리의 계시에 대한 상징이라는 것을 강조하고 있는 것이다. 신학적으로 사용되었을 때 '신비mystery'는 오직 신성한 계시를 통해서만 배울 수 있는 종교적 진리를 의미한다. 하지만 애벗의 이중적인 상징은 보다 더 구체적인 것을 말하고 있다. 고대 그리스에서 '신비'는 신성함을 경험하게 하여 신참자the initiate의 마음을 바꾸는 것을 목표로 하는 비밀 의식을 말하는 것이었다(버커트 1987, 11). 그리스에는 많은 '신비 교단들mystery cults'이 있었으며, 그 중 가장 오래되고 영향력이 있었던 것은 엘레시우스에 있던 것이었다.

플라톤은 신비라는 말을 많은 대화 속에서 지성적이고 도덕적인 개종의 이미지로 사용한다. 두 개의 중요한 예로《심포지움》과《파이드로스》에 나오는 시적인 상징을 들 수 있다. 동굴의 우화에는 신비에 대한 구체적인 언급이 없다. 하지만 동굴에서 나와 햇빛 속으로 나가는 것은 성스러운 환상이 갑자기 신참자에게 계시되는 제례 의식의 절정과 유사하다.

§21
손자에게 3차원 이론을 가르치려
했으며 모종의 성과를 거두다

저는 몹시 기쁜 나머지 잠을 이룰 수가 없었어요. 그래서 제 앞에 펼쳐진 영광스러운 삶에 대해 생각하기 시작했지요. 당장 길을 떠나 플랫랜드의 모든 국민들에게 전도를 하고 싶었어요. 여자와 군인들에게도 3차원 복음을 선포하리라, 아내와 함께 이 일을 시작하리라 마음먹었습니다.

5   어떻게 활동할지 계획을 마쳤을 때, 거리에서 정숙하라고 지시하는 목소리들이 들렸어요. 그리고 곧이어 더 큰 목소리가 들렸습니다. 전령사의 포고 내용이었어요. 귀를 기울여 들어보니, 다른 세계의 계시를 받았다고 공언하고 사람들을 현혹시켜 정신을 혼란케 하는 사람에게는 체포, 감금, 사형을 명한다는 의회의 결정문이었습니다.

저는 곰곰이 생각해봤죠. 아무래도 위험이 만만치 않을 것 같더군요.
10   그래서 계시에 대해서는 일체 언급하지 않고, 논증을 펼쳐 위험을 피하는 편이 좋을 것 같았습니다. 어쨌든 이 방법은 매우 단순하고 확실해서, 계시에 대해 언급하지 않더라도 원하는 것을 충분히 전달할 수 있을 테니까요. "북쪽이 아니라 위로." 이 말은 모든 것을 입증하는 단서였어요. 이렇게 생각하고 나니 잠들기 전보다 훨씬 분명해진 것 같았어요. 꿈에서 막
15   깨어 처음 눈을 떴을 땐 모든 상황이 산수처럼 명확해 보였죠. 어쩐지 지금은 썩 분명하게 느껴지지 않지만요. 마침 그때 아내가 방에 들어왔는데, 저는 몇 마디 일상적인 대화를 주고받은 뒤, 아내와는 이 일을 시작하

21장에 대한 주석

21.10. 논증demonstration. 아리스토텔레스에 따르면 논증apodeixis이란 지식을 만들어내는 추론이다: "내가 말하는 논증이란 과학적 추론을 의미한다. 그리고 내가 말하는 과학적이라는 것은 그것을 가짐으로써 우리가 뭔가를 이해하게 된다는 것을 의미한다"(《분석론 후서 Posterior Analytics》, 70b).

지 않기로 결심했습니다.

오각형 아들들은 인격과 지위를 갖춘 남자들이고 의사로서 평판도 나
쁘지 않았지만, 수학 실력이 썩 훌륭하지 않아 그런 점에서 제 목적에 맞
지 않았어요. 바로 그때, 어리고 온순한데다 수학에 재능도 있는 육각형
이라면 제자로 가장 적임일 거라는 생각이 들었어요. 그래서 어리지만 조
숙한 손자를 대상으로 당장 첫 번째 실험을 시작했습니다. 녀석이 3^3의 의
미에 대해 무심코 했던 말이 구의 지지를 얻기도 했으니까요. 게다가 어
린 소년에 불과한 손자와 이 문제를 상의하는 것이 무엇보다 안전할 것 같
았죠. 손자는 의회가 선포한 내용에 대해 전혀 아는 바가 없을 테니까요.
반면에 제가 3차원의 불온한 이단 신앙을 진지하게 믿고 있다는 걸 아들
들이 알게 될 경우, 의회에 저를 넘기지 않을 거라고 확신할 수가 없었습
니다. 이 아이들의 애국심과 동그라미를 향한 존경심은 단순히 맹목적인
애정을 넘어서서 굉장히 깊으니까요.

그러나 어떻게든 아내의 호기심을 만족시키는 것이 급선무였어요. 당
연히 아내는 동그라미가 왜 그처럼 수수께끼 같은 대화를 하려 했는지, 어
떻게 집안으로 들어올 수 있었는지 알고 싶어 했지요. 저는 아내에게 자
세히 설명을 해주었습니다. 하지만 뭐라고 설명했는지는 굳이 말씀드리
지 않겠어요. 스페이스랜드 독자들의 기대와 달리 제 설명이 사실과 정확
히 일치하지 않았을까봐 두렵기 때문이죠. 다만, 아내를 설득하는 데 성
공해, 아내가 3차원 세계에 대해 더 이상 캐묻지 않고 조용히 가정의 의무
에 관심을 돌리게 되었다고 말할 수 있는 것으로 만족하고 싶군요. 아내
와 이야기를 마친 뒤 저는 곧바로 손자를 불렀어요. 솔직히 고백하면 제
가 보고 들은 모든 것들이 마치 아련하고 안타까운 꿈속의 이미지처럼 이
상한 방식으로 빠져나가는 느낌이 들어, 첫 번째 제자를 만드는 데 제 기

량을 시험해보고 싶은 마음이 간절했습니다.

손자가 방으로 들어오자 저는 조심스럽게 방문을 잠갔어요. 그러고는 손자 곁에 앉아 우리의 수학 서판들(즉, 여러분이 여러 개의 선들이라고 부르는 것)을 꺼낸 다음, 어제 했던 수업을 계속하자고 말했습니다. 저는 1차원에서 점을 움직여 선을 만들고, 2차원에서 직선을 움직여 사각형을 만드는 방식에 대해 다시 한 번 설명했어요. 설명을 마친 뒤 억지로 웃어 보이며 이렇게 말을 이었지요. "요 녀석, 지난번에 넌 사각형을 '북쪽이 아니라 위로' 이동하는 식으로 3차원 안에서 다른 도형을, 일종의 특별한 사각형을 만들 수 있다면서 이 할애비를 설득하려 했겠다. 우리 장난꾸러기 도련님, 네 주장을 다시 펼쳐보지 않겠니?"

그때 거리에서 전령사가 또다시 "들으시오! 들으시오!"라고 외치며 의회의 결의안을 선포하는 소리가 들렸습니다. 비록 제 손자가 어리긴 해도 그 나이치고 비상하게 똑똑한데다 동그라미의 권위를 철저하게 숭배하며 자랐기 때문에, 손자는 이 상황을 예리하게 파악하고 있었어요. 저는 손자의 이런 반응을 미처 예상하지 못했고요. 손자는 결의안의 마지막 내용이 멀어질 때까지 줄곧 침묵을 지키더니 별안간 왈칵 눈물을 터뜨리는 게 아니겠어요? "할아버지." 손자가 말했습니다. "그건 그냥 재미로 말한 거였어요. 절대로 아무 뜻 없이 말한 거란 말이에요. 그때 우린 새 법에 대해 아무것도 몰랐잖아요. 그리고 전 3차원에 대해서는 아무 말도 하지 않았을 걸요. 맞아요, 저는 '북쪽이 아니라 위로' 같은 말은 한 마디도 하지 않았어요. 할아버지도 아시다시피 그건 터무니없는 말이니까요. 어떻게 사물이 북쪽이 아닌 위로 움직일 수 있겠어요? 북쪽이 아닌 위로 움직이다니요! 제가 아무리 어리지만 그렇게 어리석지는 않아요. 그건 너무 바보 같은 생각이잖아요! 하!하!하!"

21.52. 전령사가 또다시 "들으시오!, 들으시오!"라고 외치며herald's "O yes! O yes!". 아테네에서는 여러 공무원들이나 정부 위원회들에게 전령사들이 배정되었다. 전령사들이 하는 여러 가지 일 중의 하나는 위원회나 의회를 소집하여 (여기에서처럼) 국가적 포고를 하는 것이었다.

영국의 섬들에서 거리의 전령사를 쓴 것은 노르만 시대까지 거슬러 올라간다. 이 시대에는 (오래된 프랑스어로 들으라는 뜻인) "오예즈oyez, 오예즈, 오예즈"라는 외침이 사용되었는데 이것은 (대부분 문맹이었던) 대중으로 하여금 조용히 앞으로 낭독될 포고문에 집중하라는 명령을 내리기 위한 것이었다.

21.55. 예리하게 파악하고 있었어요. 그 소년은 그가 이전에 3^3이 가지는 기하학적 의미에 대해 물었던 질문이 전령사의 발표와 관련이 있다는 것을 재빨리 이해했다. 그리고 그는 그것을 즉시 부정했다.

"바보 같다니, 뭐가 바보 같다는 거냐." 저는 버럭 화를 내며 말했습니다. "이 사각형을 예로 들어보겠다." 저는 말이 떨어지기가 무섭게, 이동이 가능한 사각형 하나를 손에 쥔 다음 가까이에 내려놓으며 말했어요. "이제 이것을 움직여 보이마. 그러니까, 북쪽이 아니라, 그래, 위로 움직일 거다. 무슨 말이냐 하면, 북쪽이 아닌 다른 곳으로 움직이겠다는 거지. 아니 그게 아니라, 그러니까……." 이제 저는 사각형을 무의미하게 흔들어 보이며 알맹이 없는 결론으로 말을 마쳤습니다. 그러자 손자는 뭐가 그렇게 우스운지 여느 때보다 큰소리로 웃어댔고, 제가 자기를 가르친 것이 아니라 그저 농담을 했을 뿐이라며 딱 잘라 말하더군요. 손자는 그렇게 말하면서 문을 열고 방을 뛰쳐나갔어요. 제자를 3차원 복음으로 개종시키려 한 저의 첫 번째 시도는 그렇게 끝이 나버렸죠.

§22
다른 방법으로 3차원 이론을
확산시키기 위해 노력했으며
그 결과가 나타나다

손자를 상대로 한 시도가 실패로 끝나자 제 비밀을 다른 식구들에게 알릴 자신이 없어졌습니다. 하지만 그 일로 성공을 아주 단념한 건 아니었어요. 다만 "북쪽이 아니라 위로"라는 구호에만 전적으로 매달릴 게 아니라, 사람들 앞에서 전반적인 주제에 대해 분명하게 의견을 개진함으로써 직접 증명해 보여야 한다는 걸 깨달았습니다. 그러려면 글쓰기에 매달릴 필요가 있을 것 같았어요.

그리하여 저는 여러 달 동안 칩거하면서 3차원 신비에 대한 논문 작성에 몰두했습니다. 그리고 가능한 법망을 피할 셈으로 물리적인 차원이 아닌 생각의 나라에 대해 이야기했어요. 그 나라에서는 이론상 도형이 플랫랜드를 내려다보는 동시에 모든 존재의 내부를 들여다볼 수 있었어요. 그리고 이를테면 여섯 개의 사각형으로 둘러싸이고 여덟 개의 끝점을 포함하는 도형이 존재하는 것으로 가정하는 것이 가능했지요. 그런데 책을 쓰다 보니, 아뿔싸, 안타깝게도 목적에 부합되는 도해를 그리기가 불가능하다는 문제점을 발견했어요. 그도 그럴 것이 당연히 우리의 플랫랜드에서는 선 이외에 평판 平板이나 도해가 있을 수 없었고, 모든 것은 직선으로 드러나며 오직 크기와 밝기로만 차이가 구별될 뿐이니 말입니다. 따라서 논문을 완성했을 때 과연 많은 사람들이 제 글을 이해할 수 있을지 확신이 서지 않았습니다. 논문의 제목은 바로 이것이었어요. "플랫랜드를 통해

22장에 대한 주석

22.5. 글쓰기에 매달릴 필요가. 사각형은 스스로에게 불가능한 과제를 준다. 그것은 그가 받은 계시를 말로 표현하는 것이다. 다른 플랫랜드 사람들은 그가 본 것을 본 적이 없기 때문에 그의 말은 실패할 것이 분명하다. 공통된 경험이 없다는 것은 그의 말을 플랫랜드 사람들에게 무의미한 것으로 만든다.

신비는 말할 수 없는 것arrheta이었다. 이는 전수를 받지 않은 사람들에게는 그것을 비밀로 지켜야 한다는 뜻임과 동시에 그 핵심은 말로 표현될 수 없다는 것을 의미한다(버커트 1987, 69). 신비는 사각형이 지적인 여행을 한 일, 그리고 그 경험을 다른 사람에게 설명할 수 없었던 일을 상징하는 데 있어서 이상적이다.

22.11. 여섯 개의 사각형으로 둘러싸이고. 입방체를 말한다. 《옥스퍼드 영어사전》은 '둘러싸인environed'을 다른 물건들로 둘러싸인 것으로 정의하는데, 이 단어는 실제 영어에서 사용된 적이 없었을 것으로 추정된다.

22.12. 책. 플랫랜드의 책은 실처럼 보일 것이다. 그것은 모스 코드와 비슷한 것으로 쓰이며 원판 주변에 감아서 보관될 수 있었을 것이다.

22.13. 목적에 부합되는 도해. 리비엘 너츠에 따르면, 그리스 사람들은 도해를 어떤 주장에 대한 부속물이 아니라 핵심으로 여겼다(너츠 1999, 35). 현대수학에서 도해는 부속물이며 증명에 꼭 필요한 부분은 아니다.

22.18. "플랫랜드를 통해 생각의 나라로." 조너선 스미스는 "플랫랜드를 통해 생각의 나라로"는 《자연을 통해 그리스도에게로》라는 애벗의 책을 암시한다는 것을 처음으로 지적했다(스미스 1994, 265). 애벗은 논란이 되었던 이 책을 통해 이후의 작품들을 특징짓는 그의 진보적인 신학을 처음으로 고백했다. 사각형이 3차원 세계 대신에 "생각의 나라"를 이야기해서 체포를 피하려고 한 것은 애벗이 《자연을 통해 그리스도에게로》의 원고를 고친 것과 비슷하다. 그는 이 책의 출판으로 인해 교장직에서 해임되는 것을 두려워했고, 결국 책에서 가장 논란이 될 만한 한 장을 제거했다. 그는 출판업자에게 보내는 한 편지를 감사를 표하는 말로 마친다. "나는 '꿈'과 '환각들'의 거의 모든 내용을 덜어냈습니다"(애벗 1877c). 30년 후 이 제거된 장은 "환각과 목소리들에 의한 계시"라는 이름으로 출판되었다(애벗 1907b).

생각의 나라로."

20   그러는 동안 제 삶은 근심이 드리워져 갔어요. 모든 즐거운 일들이 따분하게 느껴졌습니다. 눈에 보이는 모든 것에 감질이 나, 내가 반역죄를 지었노라고 큰소리로 외치고 싶은 심정이었죠. 2차원에서 보는 모든 것들이 3차원에서는 실제로 어떻게 보일지 비교하지 않을 수 없었고, 그렇게 비교한 내용을 소리 내어 말하고 싶은 충동을 도무지 억제하기가 힘들25   었으니까요. 언젠가 한번 목격했을 뿐 누구에게도 전할 수 없는 신비를 묵상하느라 의뢰인과 제 업무에 소홀해졌고, 마음의 눈으로도 그 신비를 재현하기가 날로 어려워지고 있다는 걸 알았습니다.

스페이스랜드에서 돌아온 지 11개월쯤 지난 어느 날, 저는 눈을 감고 입방체를 떠올리려 했지만 잘 되지 않았어요. 나중에 무사히 떠올리긴 했30   지만, 제가 처음부터 정확한 원본을 인식하고 있었는지에 대해서는 별로 확신이 들지 않더군요(이후로 죽 그런 상태입니다). 그 바람에 저는 어느 때보다 우울해져서 뭔가 방법을 취해야겠다고 결심했어요. 하지만 딱히 어떤 방법을 취해야 할지는 알 수 없었지요. 제가 품은 대의에 대해 사람들에게 확신을 줄 수만 있다면 그것을 위해 기꺼이 목숨이라도 바칠 수 있을35   것 같았습니다. 그렇지만 손자조차 설득시키지 못한 마당에 이 나라에서 가장 신분이 높고 가장 교육을 잘 받은 동그라미들을 무슨 수로 설득시킬 수 있겠어요?

그러다가도 어느 땐 지나치게 용기가 샘솟아 겁도 없이 위험한 발언을 내뱉기도 했답니다. 이미 저는 반역자까지는 아니어도 이단으로 간주되40   었고, 제 신분이 위태롭다는 걸 절실하게 깨달았어요. 그런데도 이따금 다각형과 동그라미들로 이루어진 최상류층 모임에서조차 의심스러운 발

22.19. 생각의 나라. 애벗은 기본적으로 플라톤주의자이다. 그는 감각으로 인식되는 세계와는 달리 오직 지적 능력으로만 붙잡을 수 있는 영역이 존재한다는 것을 믿는다. 게다가 그 영역 이야말로 감각적 세계가 존재하고 의미를 가지게 만드는 궁극적인 원인이다. 《해명서》에서 그는 독자들에게 "삼차원의 나라가 이차원의 나라보다 더 생생한 현실인 것처럼 사실의 나라보다 더 생생한 현실인" 생각의 나라가 존재한다는 것을 믿으라고 촉구하고 있다(애벗 1907a, 83).

22.25. 신비를 묵상하느라. "플라톤은 자신의 가장 탁월한 생각을 잘 전달할 수 있는 도구로서 그가 신비의 묵상에서 빌려온 이미지보다 더 나은 것을 찾을 수 없었다"(캠프벨 1898, 264).

언, 반쯤 선동적인 발언이 불쑥불쑥 튀어나오는 걸 억제하지 못하겠더군요. 예를 들어, 사물의 내부를 볼 수 있는 능력을 받았다고 떠들어대는 미치광이들을 어떻게 다루어야 하는가 하는 문제가 제기되었을 때, 저는 예언자들과 신의 계시를 받은 사람들은 언제나 대중에게 미치광이로 취급받았다는, 고대의 어느 동그라미가 한 말을 인용하곤 했어요. 그런가 하면 이따금씩 "사물의 내부를 알아보는 눈"이라든지 "모든 것을 볼 수 있는 세계" 같은 표현들이 저도 모르게 툭툭 튀어나왔고, 한두 번인가는 "3차원과 4차원"이라는 금기어를 무심코 흘리기까지 했습니다. 그러던 어느 날, 이렇게 계속되는 사소한 과오에 마침표를 찍는 날이 오고야 말았습니다. 어느 대저택에서 열린 지역 사색가협회 모임에서였죠. 그 자리에서 아주 멍청한 어떤 인간이 신의 섭리에 의해 차원의 수가 2차원으로 제한된 이유와, 모든 것을 볼 수 있는 능력이 오직 절대자에게만 주어진 이유에 대해 정확하게 밝혀냈다는 복잡한 논문을 읽고 있었어요. 논문의 내용을 듣고 있던 저는 완전히 이성을 잃고는 저에게 일어난 모든 일을 낱낱이 설명하고야 말았어요. 구와 함께 스페이스로, 대도시의 의회의사당으로, 다시 스페이스로 여행한 일, 다시 집으로 돌아오게 된 과정 등 모든 것을요. 사실과 환영 속에서 보고 들은 모든 내용을 이야기했어요. 솔직히 처음엔 허구의 인물이 지어낸 상상 속의 경험을 설명하는 척했답니다. 하지만 이내 열정을 이기지 못하고 모든 허위를 떨쳐버려야 했고, 급기야 열변을 토하며 연설을 마무리하면서 청중들에게 이제 그만 편견에서 벗어나 3차원을 믿어야 한다고 촉구하기까지 했습니다.

그래요, 제가 즉시 체포되어 의회로 끌려갔다는 말은 굳이 하지 않아도 아시겠지요.

다음 날 아침, 저는 불과 몇 달 전 구와 함께 서 있던 바로 그 장소에 서

22.45. 미치광이로 취급받았다는. "플라톤(《파이드로스》)에 따르면 보통 사람들은 철학자들을 미치광이와 혼동하며, 따라서 미친 사람들이 극단적 상태에서 보게 되는 병적인 환상을 예언자나 선각자가 극단적 상태에서 보게 되는 믿음의 환상과 혼동한다"(애벗 1907b, 8-9).

22.52. 차원의 수가 … 제한된. 공간이 3차원인 이유에 대한 논의를 위해서는 재머(1969, 174-186)와 재니치(1992)를 보라.

　　모든 수학자 중에서 가장 위대한 수학자 중의 하나인 칼 프리드리히 가우스는 종종 공간의 3차원성을 인간 마음의 특성으로 본다고 말하곤 했다. 그는 이 말을 이해하지 못한 사람들을 '바보들Boeotians'이라고 불렀고, 우리가 오직 2차원만을 아는 존재를 상상할 수 있듯이 우리는 우리를 내려다보는 더 높은 차원의 존재를 생각할 수 있다고 말했다. 그는 자신이 더 높은 차원의 존재가 되면 기하학적으로 다뤄볼까 해서 차원에 대한 문제들을 몇 가지 제쳐 두었다는 농담을 한 적이 있다(발터스하우젠 1856, 81).

22.57. 사실과 환영 속에서 보고 들은. 시인 윌리엄 블레이크에게 그랬듯이, 애벗에게 "환영"은 객관적인 현실성을 가지고 있지 않았고 생각이 '현실'을 만들어내는 상상 속에서만 존재했다. 블레이크에 대해 애벗은 "그의 가장 거칠고 괴상한 말들만 인용한다면 그가 단순히 미친 사람이라는 인상을 주는 것은 쉬운 일이다. … 그러나 그의 삶과 작품들은 그가 다른 사람이 보지 못하는 것을 보는 능력이 있었으며 우리에게 상상인 것이 그에게는 눈에 보이는 것이었다는 것을 증명해준다"(애벗 1907b, 16).

22.60. 열정enthusiasm. '신에게 사로잡히다'라는 뜻의 그리스 말 'entheos'에서 왔다.

서, 더 이상 아무런 심문도 방해도 받지 않고 제 이야기를 시작하고 계속하도록 허락을 받았습니다. 하지만 저는 처음부터 제 운명을 알고 있었어요. 의회 의장은 배치된 경호원단이 경찰들 가운데 각이 55°, 아니면 그보다 약간 작은 출중한 이들로 구성되었다는 사실을 알아보고, 제가 변론을 시작하기 전에 그들을 2°나 3°의 하급 경찰들과 교대하도록 지시했기 때문이죠. 저는 그 지시의 의미를 너무나 잘 알고 있었어요. 그것은 제가 곧 사형이나 투옥될 예정이며, 제 이야기를 들은 관리들이 제거되고 그와 동시에 제 이야기는 세상으로부터 영원히 비밀로 남게 되리라는 의미였습니다. 그러니 이런 경우 의장은 값비싼 경찰들 대신 저렴한 경찰들이 희생되길 바랐던 거죠.

제가 변론을 마치자, 의장은 젊은 동그라미들 가운데 일부가 제 명백한 진심에 감동받은 걸 감지했는지 저에게 두 가지 질문을 던졌습니다.

1. 그대는 "북쪽이 아닌 위로"라는 말을 했는데, 그대가 의미하는 방향을 가리킬 수 있는가?

2. 그대가 기꺼이 입방체라고 부르는 도형을, 가상의 변과 각을 나열하는 것이 아니라 도해나 묘사를 통해 나타낼 수 있는가?

저는 더 이상은 말할 수 없으며, 오로지 진리를 위해 헌신해야 할 뿐이고 결국 그 대의는 반드시 승리할 거라고 분명하게 단언했습니다.

의장은 제 감정에 깊이 공감하며 제가 최선을 다했다고 말하더군요. 저는 종신형에 처해질 것이 틀림없었죠. 하지만 제가 감옥에서 나와 세상에 복음을 전파하는 것이 진리가 의도하는 바라면, 진리는 반드시 그러한 결과를 만들어낼 겁니다. 그동안 저는 탈출을 감행해야 할 만큼 불필요한

22.85 종신형에 처해질. 플라톤은 동굴에서 빛으로의 여행을 한 사람이 다시 동굴의 어둠 속으로 돌아와야 한다면, 그는 자신이 경험한 것을 설명하거나 묘사할 수 없을 것이며 조롱을 받고 심지어 박해를 받을 것이라고 경고했다(《국가》, 517a).

불편은 겪지 않을 터이고, 잘못된 행동으로 특권을 박탈당하지 않는 한 이따금 저보다 먼저 감옥에 들어온 제 남동생을 볼 수 있도록 허용될 거예요.

그렇게 7년의 시간이 흘렀고 저는 아직 감옥에 있습니다. 그리고 가끔씩 남동생을 면회하는 걸 제외하면 제 교도관 외에 어느 누구와도 만나서는 안 되도록 금지되어 있지요. 남동생은 사각형들 가운데 가장 뛰어난 사람이에요. 정의롭고 분별 있고 쾌활하며 우애도 없지 않지요. 하지만 고백컨대, 일주일에 한 번씩 남동생을 면회할 때마다 최소한 한 가지 면에서 몹시 쓰라린 고통을 느끼지 않을 수 없습니다. 구가 의회장에 모습을 나타냈을 때 남동생도 그 자리에 있었어요. 그는 구의 단면이 변하는 모습을 보았고, 당시 동그라미들 앞에 나타난 현상에 대해 설명도 들었지요. 그리고 이후 꼬박 7년 동안 일주일에 한 번씩 거의 한 번도 빠짐없이 제 설명을 반복해서 들었고요. 저는 구가 모습을 드러내던 당시 제가 어떤 역할을 했는지 말해주었고, 스페이스랜드에서 일어나는 모든 현상에 대해 충분히 설명했으며, 유추를 통해 추론 가능한 입체들의 존재에 대해 논증을 하고 또 했습니다. 그런데도 (참으로 부끄럽지만 고백하지 않을 수 없군요) 남동생은 3차원의 본질을 전혀 이해하지 못했고, 아예 구의 존재를 믿지 않는다고 노골적으로 선언해버리더군요.

이렇게 저는 단 한 사람도 개종시키지 못했어요. 아무래도 새 천 년의 계시는 저에게 공연한 일이 되어버린 것 같습니다. 저 위 스페이스랜드의 프로메테우스는 인간들을 위해 불을 가지고 내려오느라 결박을 당했지만, 플랫랜드의 처량한 프로메테우스인 저는 동포들에게 아무것도 가져다주지 못한 채 여기 감옥에 누워 지내는 신세가 됐네요. 하지만 어쩐지 저는 이 회고록이 어떤 방식으로든 다른 차원에 살고 있는 인류의 생각 속

22.91. 7년. 사각형이 "플랫랜드를 통해 생각의 나라로"를 쓴 이후 감옥에서 7년을 보냈다는 사실은 중요하다. 그가 3차원의 복음을 전파하는 사도로서 실패한 것은 애벗이 《플랫랜드》를 출판하기 7년 전에 《자연을 통해 그리스도에게로》를 통해 기적이 없는 기독교에 대한 믿음을 전파하려고 한 시도가 실패한 것과 비슷하다.

22.116. 종종 아쉬움 속에. 사각형이 "입방체를 종종 아쉬움 속에 떠올리면서"라고 말할 때, 그가 뜻하는 것은 자신이 종종 입방체를 고통과 갈망 속에서 생각했다는 것이다. 그가 한 일에 대해 혹은 하지 못한 일에 대해 후회한다는 뜻은 아니다.

22.119. 영혼을 빨아들이는 스핑크스처럼 제 뇌리를 떠나지 않습니다. 좀 더 적절하게 말한다면, 사각형은 "영혼을 빨아들이는 스핑크스의 수수께끼처럼 제 뇌리를 떠나지 않습니다"라고 했어야 할 것이다.

〈스핑크스, 또는 과학〉이라는 에세이에서 프랜시스 베이컨은 스핑크스를 처녀의 얼굴과 목소리, 새의 날개를 가지고 있으며 그리핀의 발톱을 가진 합성된 생명체로 묘사하고 있다. 스핑크스는 테베 시에서 가까운 산꼭대기에 살면서 산꼭대기 길을 지나는 여행자들을 사로 잡곤 했다. 일단 그들을 잡고 나면 어려운 수수께끼를 냈고, 수수께끼를 즉시 이해하고 풀지 못한 포로들을 산산조각 내버렸다. 베이컨의 해석에 따르면 스핑크스는 과학(지식)을 상징하며, 그것이 내는 수수께끼들은 사물이나 인간의 성질들에 관한 것이었다. 그 수수께끼가 풀릴 때까지 "그들은 이상하게 마음을 괴롭히고 걱정한다. 이렇게 저렇게 그것을 당겨보고, 그것을 산산조각 내보기도 한다"(베이컨 1860, 159-162).

으로 찾아 들어가, 제한된 차원에 틀어박혀 있길 거부하는 반역자들의 마음을 뒤흔들 것만 같은 희망을 품고 살아간답니다.

그렇지만 이런 희망도 긍정적인 순간에나 가능하지요. 그래요, 안타
115 깝게도 언제나 희망을 갖는 건 아니에요. 때때로 괴로운 생각에 마음이
무거워지거든요. 딱 한 번 본 입방체를 종종 아쉬움 속에 떠올리면서 정
확한 모양을 확신할 수 있노라고 솔직하게 말할 수 없으니 말입니다. 또
한 밤마다 환영 속에서 떠오르는 수수께끼 같은 계율, "북쪽이 아니라 위
로"는 마치 영혼을 빨아들이는 스핑크스처럼 제 뇌리를 떠나지 않습니다.
120 입방체와 구는 거의 불가능한 존재들의 뒤편으로 급히 달아나고, 3차원
세계는 1차원이나 무차원의 세계처럼 한낱 환상으로 여겨질 때가 있죠.
저에게 자유를 박탈한 이 단단한 벽과 제가 글을 쓰고 있는 이 평평한 서
판들과 플랫랜드의 모든 견고한 현실들조차 병든 상상력의 결실이거나
근거 없는 꿈의 구조와 다를 바 없다는 생각이 들 때가 있어요. 이렇게 정
125 신이 나약해지는 시기는 진리라는 대의를 위해 견뎌야 할 순교의 일부일
겁니다.

22.123. 현실들. 애벗은 현실이 무엇인가에 대해 아무것도 알 수 없다고 믿는다: "입체 나라가 플랫랜드보다 더 '현실적'이라고 말해지듯이, 생각의 나라가 사실의 나라보다 더 현실적이라는 것이 발견될 것입니다." 그는 심지어 힘의 법칙을 제외하고 물질 같은 것이 없을 가능성을 상상한다고 고백한다(애벗 1907a, 11, 63).

22.123. 병든 상상력. "병든 상상력"의 개념은 18세기 초에 이미 잘 정립되었으며 지금은 정신병으로 불리는 이 병의 치료법을 제안하기 위해 여러 가지 일들이 행해졌다.

22.124. 근거 없는 꿈의 구조baseless fabric. 시작할 때와 마찬가지로 애벗은 2부를 셰익스피어의 《폭풍우》에서 가져온 말들로 끝낸다. 마지막 문장과 그림은 《폭풍우》 4막에서 결혼식 가장무도회에 뒤따르는 유명한 독백을 생각나게 한다. 거기서 프로스페로는 그에게 현실이란 그가 방금 새로이 결혼한 사람들을 위해 준비한 "비현실적인 가장행렬"처럼 단순히 환상에 지나지 않는 것이라고 말한다.

> 우리의 잔치는 이제 끝이 났다. 저 우리의 배우들은,
> 내가 미리 말했던 것처럼, 모두 정령들이며
> 공기 속으로 녹아 없어진다. 아주 엷은 공기속으로.
> 그리고 이 환상의 근거 없는 구조처럼,
> 구름 낀 탑들, 멋진 궁전들,
> 엄숙한 사원들, 지구 그 자체,
> 그래 그것이 가진 모든 것들이 녹아서 없어진다.
> 그리고 이 상상의 가장행렬이 사라지듯이,
> 자국 하나 뒤에 남기지 않는다. 우리는 꿈들을 만드는
> 재료이며, 우리의 작은 삶은 잠으로 완성된다.

22.125. 진리라는 대의. "학생들은 그의 가르침에서 다른 무엇보다도 압도적인 지적 정직성에 대해 그리고 진리의 발견을 위해 모든 가능한 방법을 냉혹하게 적용하는 것에 대해 깊은 인상을 받았습니다. … 한 뛰어난 동시대의 교장선생님은 말씀하셨습니다 '나는 에드윈 애벗처럼 진리를 위한 열정이 강한 사람을 만나 본 적이 없습니다.' 선생님으로서, 설교자로서 그리고 학자로서 애벗의 위대함은 깊고 생기 있는 인간적 공감과 진리를 향한 억누를 수 없는 열정에서 나오는 것이었습니다"(사망기사 1926a).

편집자의 에필로그

　　플랫랜드의 불쌍한 내 친구가 이 회고록을 쓰기 시작할 때처럼 여전히 정신력이 강하다면, 나는 군이 그를 대신해 이 에필로그를 쓸 필요가 없었을 것이다. 원래 그는 직접 에필로그를 통해 예상보다 빠리 재판이 나올 수 있도록 큰 관심을 보여준 독자와 비평가들에게 감사를 전하고 싶어 했다. 그리고 비록 모두 그의 책임은 아니지만 이 책의 몇 가지 실수와 오자에 대해 사과하고자 했으며, 한두 가지 오해에 대해서도 설명하고 싶어 했다. 하지만 이제 그는 과거의 사각형이 아니다. 수년 동안 감옥에 갇혀 지냈고, 일반 사람들의 불신과 조롱으로 고통스런 나날을 보냈기 때문이다. 여기에 노화로 인해 몸도 마음도 자연스레 쇠약해지다 보니 많은 생각과 견해는 물론이고 스페이스랜드에서의 짧은 체류 기간 동안 익힌 여러 가지 용어들도 머릿속에서 거의 지워졌다. 이런 이유로 그는 내가 특별히 두 가지 비판에 대해 자신을 대신하여 답해주길 부탁했는데, 그 비판이란 도덕적 측면과 지적인 측면에 대한 것이다.

　　첫 번째 비판은 이렇다. 플랫랜드 사람들은 하나의 직선을 볼 때 틀림없이 길이뿐 아니라 두께도 있는 모습으로 보게 된다는 것이다. 어느 정도 두께를 지니지 않았다면 눈에 보이지 않을 테니 말이다. 따라서 이 나라 사람들은 모두 길이와 넓이뿐 아니라, 비록 극히 미미한 정도지만 두께나 높이가 있음을 인정해야 한다는 것이다. 이 비판은 꽤나 그럴 듯하고 스페이스랜드 사람들이 생각하기에도 거의 부인할 수 없을 정도라, 처음에 들었을 땐 고백컨대 뭐라고 답을 해야 할지 알 수가 없었다. 하지만 딱한 내 오랜 친구의 말이 이 비판의 완벽한 답이 될 것으로 보인다.

에필로그에 대한 주석

제목. 이 '에필로그'는 《플랫랜드》 제2판의 서문으로, 사각형이 《애서니엄》에 실린 《플랫랜드》의 한 서평에 대한 답으로 보낸 편지에서 가져온 것이다. 사각형의 편지는 부록 A에 있으며 거기에는 서평과 서평자(버틀러)에 대한 정보 그리고 그 편지와 이 에필로그 사이의 관계를 자세히 기술한 주석들도 있다.

E.12. 답해주길 부탁했는데. 사각형은 그가 많은 아이디어들과 자기 회고록에 나오는 언어들의 상당부분을 잊어버렸다고 인정한다. 이것은 애벗이 그 나름의 스타일로 《플랫랜드》를 쓴 지 많은 시간이 지나서 사각형의 문학적 스타일을 따라하는 것이 어렵거나 불편하다고 말하고 있는 것일 것이다. 어떤 경우든, 이 서문/에필로그는 본문의 나머지와 스타일이 다르다. 그리고 두 번째 판에서 이것은 사각형의 작품이 아니라는 것을 강조하기 위해 이탤릭체로 쓰였다.

E.14. 첫 번째 비판. 이 반론은 버틀러가 제기한 것이다. 그는 "물론 우리의 친구 사각형과 그의 다각형 친척들이 옆쪽으로 서로를 볼 수 있다면, 그들은 얼마간의 두께를 가졌어야 하며, 따라서, 3차원의 교리 때문에 고통 받을 필요는 없었다"라고 말했다(부록 A2, 각주 2 참조).

내가 이 반론을 언급했을 때 그는 이렇게 말했다. "나는 비평가들이 주장하는 사실이 옳다고 인정하지만 결론은 인정할 수가 없습니다. 플랫랜드에 실제로 우리가 인식하지 못하지만 '높이'라고 부르는 세 번째 차원이 존재한다는 말은 사실입니다. 스페이스랜드에서 당신들이 인식하지 못하지만 실제로 네 번째 차원이 존재하는 것이 사실인 것처럼 말입니다. 지금은 그것에 이름이 없으니 '추가적인 높이extra-hight'라고 부르겠습니다. 하지만 당신이 '추가적인 높이'를 인식하지 못하는 것처럼 우리는 '높이'를 인식하지 못합니다. 심지어 스페이스랜드에 가봤고 스물네 시간 동안 '높이'의 의미를 이해하는 특권도 누려봤던 저 역시 지금은 시각에 의해서든 추론에 의해서든 그것을 이해하지도 인식하지도 못합니다. 그저 신념에 의해 알고 있을 뿐이지요.

이유는 분명합니다. 차원에는 방향, 치수, 많고 적음이 포함됩니다. 그런데 보십시오. 우리 선들은 모두 동일하게, 원하신다면 높이라고 부를 수도 있을 극히 미미한 수치의 두께를 지니고 있습니다. 그러므로 선에는 우리가 차원이라는 개념을 갖게 할 만한 어떠한 요소도 없습니다. 스페이스랜드의 어떤 성미 급한 비평가가 '정교한 마이크로미터'라는 개념을 제시하기도 했던데, 그런 건 우리에게 전혀 도움이 되지 않습니다. 우리는 무엇을, 또 어느 방향을 측정해야 할지 모르니까요. 선을 볼 때, 우리는 길고 밝은 어떤 것을 봅니다. 길이뿐 아니라 밝기는 선의 존재에 필요한 요소지요. 밝기가 사라지면 선은 사라집니다. 그래서 제가 플랫랜드의 친구들에게 하나의 선에서 어쨌든 눈에는 보이되 인식은 되지 않는 그 차원에 대해 이야기하면 그들은 이렇게 말하지요. '아, 밝기 말이군.' 그래서 제가 '아니, 진짜 차원 말일세'라고 대답하면, 그들은 즉시 이렇게 대꾸합니다. '그럼 한번 측정해보게나. 아니면 그것이 어느 방향으로 확장되는지 말해

E.22. 나는 비평가들이 주장하는 사실이 옳다고 인정하지만 결론은 인정할 수가 없습니다. 사각형은 플랫랜드 사람들이 두께를 가진 것을 인정하지만 그들이 서로를 볼 수 있기 위해서 그것이 꼭 필요했던 것은 아니라고 주장한다. 버틀러의 오해는 아마도 2차원적인 도형은 우리가 그것을 바로 옆쪽에서 본다면 우리의 시야에서 사라져버릴 거라고 생각하는 것에서 나왔을 것이다. 그러나 플랫랜드 사람들이 정말로 2차원적이라고 (즉 두께가 0이라고) 가정하는 것이나, 플랫랜드 사람들의 2차원적인 눈이 1차원적인 망막을 가져서 바라보는 물체의 1차원적인 주변에서 방출되는 광선을 받아들인다고 가정하는 것에는 아무런 논리적 모순성이 없다.

E24. 우리가 인식하지 못하지만 '높이'라고 부르는 세 번째 차원이 존재한다. 에필로그를 제외하고는 플랫랜드 사람들이 세 번째 차원을 가진다는 언급은 없다. 그러나 애벗은 거주자들이 작지만 일정한 두께, 최소한 그들이 알아볼 수 없는 두께를 가지는 공간으로 플랫랜드를 생각하고 있는 것 같다. 1897년에 글을 쓰면서 그는 플랫랜드를 "그 안에 사는 사람들이 얇은 삼각형, 사각형, 오각형 그리고 다른 평면도형들인 (실질적으로) 2차원의 세계, 그들의 시야와 운동은 매우 제한되어 있기 때문에 얇고 납작한 우주 바깥쪽으로는 보거나 오르거나 떨어져 나올 수 없는 세계"로 묘사하고 있다(애벗 1897, 29). 1920년대에 물리학자들은 우리의 4차원적인 (시간과 공간) 세계가 더 큰 차원을 가지는 세계에 심겨 있는 입자물리학 이론들을 고려하기 시작했다. 이 고차원의 공간에서 여분의 차원들은 물리적으로는 실존하는 것이지만 볼 수 없을 만큼 작다. 초끈이론이라고 불리는 그런 이론은 기본입자들을 시공 속의 차원 없는 한 점으로 보기보다는 "끈과 같이" 늘어진 1차원적인 물체로 여긴다. 《플랫랜드》의 현대적 '번역'에서, 이론물리학자 마이클 더프는 10차원의 세계에 사는 초끈이론가인 사각형의 모험을 기술적인 용어 없이 설명하고 있다. 이 곳의 사각형은 11번째의 차원이 있다는 것을 처음에는 받아들이길 주저한다(우연하게도, 10차원은《플랫랜드》의 원래 표지에 있는 구름 속의 차원들 중 가장 큰 차원이다)(더프 2001).

E.25. 인식하지 못하지만 실제로 네 번째 차원이 존재하는 것. 힌턴은 4차원의 공간이 존재한다는 가정 아래 우리 세계의 성질에 대해 추측해보았다. 그는 두 가지 가능성을 고려한다. 첫째, 우리는 4차원의 공간 속에 있는 3차원적인 존재이며 이 경우 우리는 "단순한 추상"이고 따라서 우리를 생각하는 어떤 존재의 마음 속에서만 우리는 존재한다. 둘째, 우리는 4차원적인 생물이지만 4차원 방향으로의 크기는 매우 작아서 그것을 인식하지 못한다(힌턴 1886, 30). 나중에 그는 더욱 이상한 결론을 내린다. "우리는 4차원 공간의 생명체임이 틀림 없다. 그렇지 않았다면 우리는 4차원에 대해서 생각할 수 없었을 것이다"(힌턴 1888, 99).

주든가.' 하지만 저는 뭐라고 해줄 말이 없습니다. 둘 다 할 수 없으니까요. 어제만 해도 우리 나라 고위 성직자이신 의장 동그라미께서 주립 교도소를 시찰하러 왔다가 저에게 들렀답니다. 이번이 일곱 번째 연례 면담이었지요. 그가 저에게 '어떻게 내 모양이 좀 나아졌소?'라고 질문을 던졌을 때, 저는 다시 그의 길이와 넓이뿐 아니라, 그가 알지 못하는 '높이'도 있다는 걸 증명하려 했습니다. 그런데 그가 뭐라고 말했는지 아십니까? '당신은 내가 "높다"고 하는데 그럼 나의 "높이"를 측정해보시오. 그럼 당신의 말을 믿어볼 테니.' 참내, 제가 어떻게 측정할 수 있겠습니까? 무슨수로 그의 요청에 응할 수 있었겠어요? 저는 다시 구석에 가서 쪼그려 앉았고, 그는 의기양양해져서 방을 나갔습니다.

이 이야기가 여전히 생소하게 들리나요? 그렇다면 비슷한 입장이 되어보면 아실 겁니다. 4차원에 사는 어떤 사람이 정중히 당신을 찾아와 이런 말을 했다고 가정해보십시오. '당신은 눈을 뜰 때마다 평면(2차원)을 보면서 입체(3차원)를 추론합니다. 하지만 실제로 당신은 4차원도 보고 있는 거예요. 비록 인식하진 못하겠지만요. 그것은 색깔도 밝기도 그런 종류의 어떤 것도 아니지만, 진정한 차원입니다. 저는 당신에게 그것의 방향을 가리켜 보일 수도 없고, 당신은 그것을 측정할 수도 없지만 말입니다.' 방문자가 이렇게 말했다면 당신은 어떻게 반응했을까요? 그를 감옥에 가둬버리려고 하지 않았을까요? 맞습니다. 그것이 바로 제 운명입니다. 그리고 3차원을 선포했다는 이유로 사각형을 가두는 것은 우리 플랫랜드 사람들에게 당연한 일입니다. 당신들 스페이스랜드 사람들이 4차원에 대해 선교하는 입방체를 어딘가에 가두는 것과 마찬가지로 말이에요. 아아, 차원을 막론하고 맹목적으로 박해를 가하는 인간들의 마치 가족과도 같은 유사성은 얼마나 강력한지요! 점, 선, 사각형, 입방체, 초입방체 할 것

E.28. 우리는 '높이'를 인지하지 못합니다. 사각형은 올바르게도 플랫랜드 사람들은 모두 "똑같이 그리고 극소하게 얇기" 때문에 (극소하게infinitesimally 얇다는 것은 매우 얇다는 것이지 무한히 얇다는 뜻이 아니다) 서로의 높이를 인식할 수 없다고 말한다. 플랫랜드 사람들이 상당한 정도의 두께를 가지고 있다고 하더라도, 그들이 균일하든 그렇지 않든, 그들은 그것을 모를 것이다. 사실 "두께"나 "높이"라는 생각이 그들에게는 떠오르지 않을 것이다(벤포드 1995, xv). 애벗은 이 '인식하지 못한 차원'을 영혼의 존재에 대한 비유로서 혹은 "영혼의 차원"으로서 소개했다. (그러나 우리가 이미 주석 19.106에서 보았듯이 그는 영혼이 실제로 4차원에 존재한다고 믿지는 않았다.) 공간적 차원을 '영혼적인 깊이'에 대한 상징으로 사용한 사람에는 애벗의 선배가 있다. 우리는 그것을 플라톤의 대화록에서 찾을 수 있다. 플라톤은 모든 것에는 감각에 의해서 인식될 수 없는 "깊이"가 존재한다고 주장한 첫 번째 사람이었다.《메노》에 대한 해설에서, 제이콥 클라인은 메노의 영혼을 배움을 가능하게 만드는 깊이의 차원을 가지지 못한 영혼으로 묘사한다. "메노의 영혼은 '기억'에 지나지 않는다. 그것은 고립되고 자동적인 기억이며 헤아릴 수 없이 많고 서로 섞인 글자들을 가진 종이나 두루마리와 비슷하다. 그것은 이차원적이고 그림자와 같은 존재다." 클라인은《티마이오스》뿐만 아니라《국가》에서도 영혼에 대한 이런 이미지를 지지하는 내용을 발견한다(클라인 1989, 186-192).

E.31. 그저 신념에 의해 알고 있을 뿐이지요. 이 핵심적인 발언은 본문에 있는 어떤 다른 신념에 대한 고백보다 훨씬 더 직접적이다. 다른 곳에서 애벗은 사람은 "절대적인 현실"을 이해할 수 없으며 단지 그것을 신념에 의해 이해할 뿐이라고 말한다(애벗 1866, 369).《애서니엄》에 보낸 그의 편지의 마지막 문장에서 (이 에필로그에는 포함되어 있지 않다) 사각형은 스스로가 보이지 않는 차원에 대한 진실을 신념에 의해 알고 있을 뿐이며 그는 매일 이 진실을 다른 사람에게 가르치기 위해 노력하고 있다고 말한다(부록 A2, 각주 9를 보라).

E.33. 많고 적음. 플라톤과 아리스토텔레스의 글 속에서 "the more and the less"는 크기와 정도가 연속적으로 변하는 것을 의미한다.

E.34. 높이High-ness. "하이니스Highness"는 한때 높음의 상태를 의미했다. 이 상태를 지금은 높이height라고 부른다. "하이니스"는 이제 왕족에게 주어지는 명예로운 호칭이 되었다. 고위 성직자High priest가 스스로 자신은 높이High-ness가 없다고 말하는 것은 역설적인 일이라는 것에 주목하라.

E.60. 색깔도 밝기도 … 아니지만 진정한 차원입니다. 라이헨바흐는 〈공간의 차원 수〉라는 에세이에서 독자들이 4차원적인 공간을 시각화할 수 있도록 네 번째 차원을 색깔로 대체했다(라이헨바흐 1958, 280-283).

없이 우리는 모두 같은 실수를 저지르기 쉽습니다. 우리는 모두 똑같이 각자의 차원에 관해 편견의 노예지요. 당신네 스페이스랜드의 어느 시인이 '자연의 손길 한 번으로 모든 세계가 유사해지는구나'[4]라고 노래한 것처럼 말입니다.

이상으로 보아, 사각형의 방어가 확고부동해 보인다는 점을 말하고 싶다. 그리고 두 번째 즉, 도덕적 측면의 반론에 대한 그의 대답 역시 분명하고 설득력 있다고 말할 수 있다면 좋겠다. 그가 여성혐오자라는 이의가 줄곧 제기되어 왔고, 자연의 명령을 따라 스페이스랜드 인구의 과반수를 이루는 구성원들 또한 이를 강력하게 역설하는 만큼, 정말이지 나는 할 수 있는 한 이 반론을 해결하고 싶다. 하지만 나의 친구 정사각형은 스페이스랜드의 도덕에 관한 전문 용어를 사용하는 데 익숙하지 않다. 따라서 만일 내가 이 문제에 관해 그를 변호하면서 그가 했던 말을 글자 그대로 옮긴다면 분명 그에게 공정치 못한 처사가 될 것이다. 나는 그의 통역자이자 대변가로 활동하면서, 7년의 감금 기간 동안 여성에 관해 그리고 이등변삼각형, 즉 하층 계급에 관해 그의 개인적인 견해가 바뀌어온 과정을 모두 정리해두었다. 개인적으로 지금 그는 많은 중요한 면에서 직선이 동그라미보다 우수하다는 구의 의견에 기울어져 있다. 그러나 역사가로서 글을 쓸 땐 플랫랜드 역사가들이 일반적으로 수용하는 견해에 (아마도 매우 깊이) 공감하고, 심지어 스페이스랜드 역사가들의 견해에 대해서도 (그것에 대해 잘 알고 있으므로) 공감한다고 밝혔다. 그들의 글을 보면 아주 최근까지도 여성과 인류 대중의 운명은 거론할 가치가 거의 없으며 신중하게 고려할 가치는 전혀 없는 것으로 여겨지는 듯하다.

---

4 저자의 요청에 의해 다음과 같은 사실을 덧붙인다. 즉, 이 문제에 대해 몇몇 비평가들의 오해가 있어, 구와의 대화 가운데 내용과 관련이 있지만 지루하고 불필요하다고 여겨 이전 판본에서 생략했던 일부 언급들을 추가하게 되었다.

E.61. 진정한 차원. 사각형은 색과 밝기가 차원들로 여겨질 수 있다는 것을 이해한다. 그러나 "진정한 차원"이라는 말을 할 때 그는 공간의 차원을 의미한다.

E.70. 모두 똑같이 각자의 차원에 관해 편견의 노예지요. 모든 차원에서 각각의 공간에 사는 거주민들은 자신들이 경험한 공간을 유일하게 가능한 공간이라고 믿는다. 애벗은 초기 작품에서 노예의 비유를 이용했다. "이것은 우리의 생생한 그리고 세속적인 편견의 베일이다. … 우리는 때로 우리의 감각의 노예가 되지 않을 수 없다. '사물이 어떻게 보이는가'에 너무 많은 중요성을 부여하고 보이지 않는 것에는 너무 적은 중요성을 부여하면서 말이다"(애벗 1877a, 406).

E.72. 자연의 손길 한 번으로 모든 세계가 유사해지는구나. 셰익스피어의 《트로일러스와 크레시다》 3막 3장에 나오는 한 대사를 약간 바꾼 것이다. 여기서 율리시즈는 새로운 것을 사랑하는 일은 모든 인류에게 흔한 일이라고 말한다.

> 자연의 손길 한 번으로 온 세계가 유사해지는구나,
> 모든 사람이 만장일치로 새로 태어난 신들을 찬양하네.

E.76. 여성혐오자. 우리는 오늘날 사각형을 여성혐오자로 심각하게 고발하는 서평을 알지 못한다. 로버트 터커는 서평에서 《플랫랜드》는 "언젠가 한 여성에게서 실망을 경험했었던 사각형에 의한 일방적 묘사"라고 익살스럽게 말한다(터커 1884, 77).

각주 4. 추가된 대화는 16장 92행에서 129행까지, 그리고 19장 110행에서 125행까지다.

한층 더 모호한 구절을 살펴보면, 그는 이제 일부 비평가들이 당연히 그에게 있으리라고 믿고 있는 동그라미적 성향, 즉 귀족적인 성향을 부인하려 한다. 그는 수세기 동안 무수한 동포들을 지배해온 소수 동그라미들의 지적 능력에 정당한 평가를 내린다. 하지만 그는 플랫랜드의 현실이 그런 평가에 무관심한 채 스스로를 대변한다는 것을 믿는다. 이런 믿음에는 혁명이 항상 학살로 진압될 수는 없는 것이 플랫랜드의 실상이라는 것이 포함된다. 또한 사각형은 대자연이 동그라미에게 불임을 선고함으로써 그들이 궁극적으로 실패에 처할 수밖에 없음을 분명하게 보여준다고 믿는다.

그의 말을 들어보자. "그리고 이러한 까닭으로 저는 모든 세계에서 위대한 법칙이 이행되고 있다고 봅니다. 인간의 지혜는 그것이 한 가지에만 작용하고 있다고 생각하지만, 자연의 지혜는 또 다른 무엇, 전혀 다르지만 훨씬 나은 무엇에 위대한 법칙이 작용하도록 만드는 것이지요." 그밖에도 그는 독자들에게 플랫랜드의 자잘한 일상의 모습들이 스페이스랜드의 다른 세부적인 모습들과 반드시 일치할 것으로 가정하지 말라고 간청한다. 또한 전체적으로 볼 때 그의 작업이 스페이스랜드의 온순하고 겸손한 사람들에게 재미와 시사성을 동시에 입증해 보이기를 희망한다. 그 사람들은 대단히 중요하지만 경험할 수 없는 것에 대해 말하면서 "그럴 리가 없어"라거나 "틀림없이 그렇고말고. 우린 그것을 아주 잘 알고 있지"라는 식의 말을 삼가는 이들이다.

E.90. 여성과 인류 대중의 운명. 애벗이 이 말을 썼을 때, 여성의 역사에 대해 출판된 것은 거의 없었다. 1929년 버지니아 울프가 "영국의 역사는 남성의 역사이지 여성의 역사가 아니다"라고 애통해했을 때에도 훨씬 더 많지는 않았다.

E.93. 귀족적인. 애벗은 케임브리지의 졸업생이자 영국성공회에서 서품을 받은 성직자였지만, 특권층의 일원은 아니었다. 《플랫랜드》를 썼을 때 그는 중산층의 학교였던 시티 오브 런던 스쿨의 교장이었다. 그는 자신의 소박한 사회적 위치를 6절 94행부터 96행에 걸쳐 암시한다. "한 마디로, 다각형 사회에서 완벽하게 예의를 갖추어 행동하려면 다각형 자체가 되어야 하는 거죠. 적어도 제 경험에서 얻은 뼈아픈 교훈은 그렇습니다."

E.101. 모든 세계에서 위대한 법칙이. 프랜시스 베이컨의 격언을 약간 바꾼 것. "신의 지혜는 더욱 더 존경스럽다. 자연이 하나를 의도할 때 신의 뜻은 다른 것을 의도한다."

E.106. 가정하지 말라. 독자들에게 "플랫랜드의 자잘한 일상의 모습들이 스페이스랜드의 다른 세부적인 모습들과 반드시 일치할 것으로 가정하지 말라"고 간청하면서 애벗은 플랫랜드의 많은 것들이 실은 스페이스랜드의 세부사항들과 대응한다는 것을 암시하고 있다.

비평가 다코 수빈은 애벗을 "중요한 현대 과학소설들의 진정한 선조들 중의 하나"라고 부른다. 그가 말하는 현대적 과학소설들이란 "인지적인 거리두기"가 있는 문학을 말한다. 《플랫랜드》는 독자들의 경험적 환경을 다른 세계에서의 환경으로 재창조함으로써 독자들이 그들의 환경에 거리를 두게 만든다. 그것은 "인지적"인데, 왜냐하면 이 친숙한 것들의 재창조가 거기에 빠져든 독자로 하여금 자기 자신의 세계관을 다시 숙고하게 만들기 때문이다 (수빈 1979, 167;3-10).

E.109. 경험할 수 없는 것에 대해 … 말을 삼가는 이들이다. 사각형은 에필로그를 마치면서 이 책이 열린 마음을 가진 독자들의 손에 들어가기를 바란다고 희망한다.

보충 주석

3.1. 플랫랜드 사람의 "너비"란 사람이 지나갈 수 있는 가장 좁은 복도의 폭이다. 예를 들어, 한 삼각형의 길이는 그 삼각형의 가장 긴 변의 길이이며, 한 사각형의 길이란 그 대각선의 길이를 말하고, 한 원의 길이란 그 지름을 말한다. 한 이등변삼각형의 너비는 한 꼭짓점에서 다른 면으로 그려진 수선의 길이를 말하고, 한 사각형의 너비는 한쪽 변의 길이를 의미하며, 한 원의 너비는 그 길이와 같다. 그림 3.1에서 모든 도형들은 그어진 두 줄 사이의 폭과 같은 너비를 가진다. 양쪽 화살표 표시가 된 선분으로 표기된 길이가 서로 같은 도형들은 없다.

그림 3.1. 너비는 같지만 길이는 다른 도형들

3.2. 허리 깊이로 물속에 서있는 사람은 표면에 사는 존재에게 타원과 비슷한 도형으로 보일 것이다. 38인치 허리를 가진 사람이라면 이 "타원"은 지름이 12인치인 플랫랜드 성직자 (동그라미)와 거의 같은 면적을 가진다. 모로소프의 편지는 우스펜스키(1997, 80-83)에 의해 다시 게재되었다.

3.21. 19세기 후반에는 찰스 라이엘의 《지질학의 원리들》이나 다원의 《종의 기원》을 필두로 하는 과학의 발전이 있었다. 이것들은 신학의 가정들과 성경의 절대적 무오류성을 의심하게 만들었고 "빅토리아 시대의 신앙의 위기"를 가져오는 데 기여했다. 그러나 애벗은 종교적인 입장에서 다원의 진화론을 환영한 얼마 되지 않는 사람들 중의 하나였다. 진화를 거부하기는커녕 애벗은 그것을 세계의 발전을 위한 신성한 계획으로 생각했다 (애벗 1875a, 〈세계의 창조〉).

3.36. 초기 빅토리아 시대의 영국에서 중산층 사람들은 사촌끼리 결혼하는 일이 흔했다. 애벗의 부모들도 사촌이었으며, 루이스 캐럴의 부모도 그랬다. 빅토리아 여왕은 사촌이자 독일공작의 아들인 알버트와 결혼하였다. 찰스 다원의 경우, 부모가 사촌 간에 결혼

을 했을 뿐만 아니라 본인도 사촌과 결혼했다.

3.37. 그는 기린을 예로 들었다. 기린은 키가 큰 나무의 잎들을 뜯어 먹기 위해 목을 펴야 하므로 목이 늘어나게 된다. 그리고 나서 이 '늘어난 목의 성질'은 그 후손에게 유전된다 (라마르크 1984, 122). 획득된 형질이 유전될 수 있다는 생각은 19세기 후반까지 다윈이 나 혹은 어떤 다른 과학자들에 의해서도 심각하게 도전받지 않았다.

3.55. 여러 가지 측면에서 플랫랜드의 농노들은 중세 영국의 농노보다 고대 스파르타에 있 었던 국가 소유의 농노인 헬롯을 많이 닮았다. 헬롯은 인간 이하의 존재로 여겨졌으며 매우 잔인하게 억압되었다. 헬롯 인구는 자유인들보다 훨씬 더 많았으며 그들의 지배자 는 반란을 진압하는 일에 몰두했다.

스파르타의 농노를 닮은 이등변삼각형들은 빅토리아 시대 영국의 상당수 하층민을 대표한다. (구세군의 창시자인) 윌리엄 부스는 그들을 "대개 자유인 신분이었지만 실제 로는 노예처럼 사는 많은 절망한 군중"이라고 말한다(부스 1890, 23).

5.4. 플랫랜드의 관찰자는 기껏해야 정오각형이나 정육각형의 3변을, 그리고 기껏해야 정 칠각형이나 정팔각형의 4변을 볼 수 있다. 일반적으로는 2n개의 변을 가진 정다각형에 서 최대 n개의 변을 볼 수 있으며, 2n+1개의 변을 가진 정다각형에서 최대 n+1개의 변을 볼 수 있다. 보이는 변의 개수는 관찰자의 위치와 관찰되는 다각형으로부터의 거리에 달 려 있다. 그림 5.1에서 비슷한 농도로 칠해진 영역에 있는 관찰자는 정팔각형을 볼 때 같 은 수의 변들을 보게 된다.

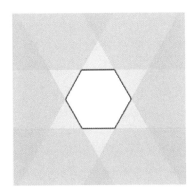

그림 5.1. 정팔각형에서 보이는 변의 개수

11.33. 현대의 수학자라면 한 원에 내접하고 외접하는 다각형들의 길이들을 고려했을 것이 다. 그는 그 원의 원주를 그 다각형의 길이들이 만들어내는 수열들의 공통된 극한 값으

로 처리함으로써 논증을 완성시켰을 것이다. 그러나 아르키메데스는 이런 방법을 따르지 않았다. 아마도 그것은 직선으로 둘러싸인 다각형에서 곡선으로 둘러싸인 원으로 기하학 대상의 분류가 바뀌기 때문이었을 것이다. 그렇게 하는 대신 그는 (현대 수학의 언어로 표현되었을 때) $3\frac{10}{71} < \pi < 3\frac{1}{7}$ 을 증명하는 것으로 만족했다(그라탄-기네스 1997, 66-67).

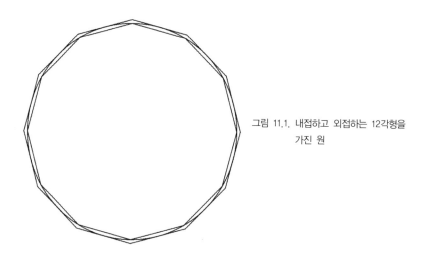

그림 11.1. 내접하고 외접하는 12각형을 가진 원

문학에서 원을 근사하는 다각형을 비유적으로 이용하는 일은 흔하다. 예를 들어 쿠사의 니콜라스(c. 1440)는 "정확한 진리는 이해할 수 없다는 것"을 비유를 통해 말한다. 진리와 지성의 관계는 원과 그것을 근사하려고 하는 다각형의 관계와 같다(홉킨스 1985, 52).

16.182. 자신의 모양을 사각형에게 보여주고 싶은 입방체는 구가 그렇게 했듯이 플랫랜드를 방문할 수 (즉 플랫랜드를 통과할 수) 있다. 이렇게 되면 그는 사각형에게 절단면들로 보이게 될 것이다. 입방체가 플랫랜드에 "모서리부터" 들어갈 때, 최초의 절단면은 한 점이며 이 점은 작은 삼각형이 될 때까지 확대될 것이다. 3분의 1이 통과했을 때, 그 절단면은 정삼각형일 것이며 입방체의 세 꼭짓점이 그 삼각형에 포함될 것이다. 절반이 들어가게 되면 그 절단면은 입방체일 것이며 그 꼭짓점들은 입방체의 여섯 변들의 중점일 것이다. 이 '절단면의 배열'에서 뒤쪽 절반은 앞쪽 절반을 뒤집은 것이다.

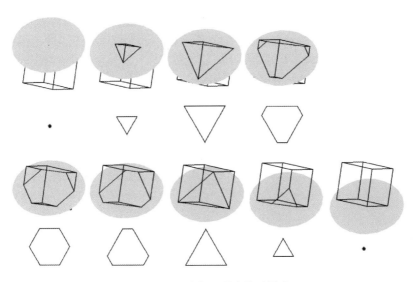

그림 16.3. 플랫랜드를 통과하는 입방체

사각형이 그 절단면들의 배열을 관찰할 때, 그는 입방체를 보는 게 아니라 그것의 한 면만을 보게 된다. 입방체를 상상하기 위해 그는 이 시각 이미지들의 배열을 통합해 마음속에서 상상의 물체를 만들어야 한다.

19.108. 그는 계시가 플랫랜드 사람들에게는 이해가 불가능하다는 것을 전혀 모른다. 단지 말만으로는 사각형으로 하여금 3차원 공간이 존재한다는 것을 믿게 할 수 없다. 그러나 구가 말하는 두 가지 논증, 즉 공간의 세 번째 차원이 없다면 플랫랜드 사람들이 서로 볼 수 없을 것이라는 논증(16장 110-112행)과 유추를 통한 논증(16장 189-259행)은 헛된 것일 뿐만 아니라 불합리하다. 구는 사각형의 마음에 대해 너무나 무지한 나머지 자신이 4차원의 공간이 존재할 가능성을 거부하는 것이 사각형이 3차원의 공간이 존재할 가능성을 고려해보기를 단호하게 거부하는 것과 같다는 것도 알아보지 못한다.

19.196. 우리는 각 점들이 따로 움직이는 (사각형의 말로 하자면 "각자 흔적을 남기"는) 유도과정의 일반화를 통해서 점-선-삼각형-정사면체의 배열을 얻을 수 있을지도 모른다. 한 점은 일정한 방향으로 움직여 선분을 만들어낸다. 그 선분의 각 점들은 선분에 수직한 방향으로 움직여 삼각형을 만들고, 삼각형의 각 점은 그 삼각형에 수직한 방향으로 움직여 정사면체를 만든다. 중세의 스콜라 철학자였던 니콜 오렘Nicole Oresme은 그런 구성의 핵심적 내용을 〈특성과 운동의 배치에 대한 논문〉에서 묘사했다(c.1355). (오렘

에게는 위의 그림들이 실제로 구성된 것이 아니라 "상상되"었을 뿐이다.) 그는 사면체의 각 점들이 네 번째 차원의 방향으로 움직이게 함으로써 하이퍼-사면체 혹은 5포체를 "구성하지" 않았다. 왜냐하면 "네 번째 차원quartam dimensionem은 존재하거나 상상될 수 있지 않기" 때문이다. 대신, 사면체를 무한한 수의 삼각형 조각들로 자르고 각각의 조각들 위에 사면체를 "구성"했다(오렘과 클라겟 1968, 175-177, 531).

부록 A: 《플랫랜드》에 대한 비평가들의 반응

유수한 '신문들'에《플랫랜드》에 대한 비평이 실렸고 대체로 호평을 받았다. 다만《타임스》와《뉴욕타임스》두 신문은 간략한 평으로 예외적인 의견을 피력했다. 먼저《타임스》는 "도대체 누가 이렇게 명백하게 '플랫랜드' 안의 모든 평평한 것들처럼 실패할 것이 빤한 정교한 과학적 농담을 짜내기 위해 이토록 노력과 재능을 낭비할 수 있는지 정말로 누구도 가늠하지 못할 미스터리다"라고 평했다.《뉴욕타임스》는 "여성이 더 나은 교육을 받아야 한다는 항의의 의미는 제법 분명하게 드러나지만《플랫랜드》의 나머지 내용은 도무지 이해가 되지 않는다"고 말했다. 그런가 하면《리터러리 월드》(런던)는 "정교하게 공을 들여 치밀하고 영리하게 계산된 상상력은 오늘날 사상계에 센세이션을 일으킬 것으로 예상될 뿐 아니라, 역사에 대한 위대한 풍자라는 고전 분야에서 변치 않을 영역을 확보할 것으로 보인다"라는 평을 했다.《리터러리 월드》(보스턴)는 "뛰어난 재치, 우아한 문체, 지식의 한계에 대한 영리한 풍자로 가득 찬 이 작품은 문학사에서 영원토록 그 자리를 빛낼 것이라고 말해도 과언이 아니"라는 매우 통찰력 있는 비평을 남겼다.

A1. 동시대 비평들

《옥스퍼드 매거진The Oxford Magazine》(1884년 11월 5일, 387)

《아카데미The Academy》(1884년 11월 8일, 302)

《리터러리 월드The Literary World》(런던)(1884년 11월 14일, 389-390)

《아키텍트The Architect》(1884년 11월 15일, 326-327)

《애서니엄The Athenaeum》2977(1884년 11월 15일, 622)

《네이처Nature》(1884년 11월 27일, 76-77)

《널리지Knowledge》6(1884년 11월 28일, 449)

《스펙테이터The Spectator》(1884년 11월 29일, 1583-1584)

《유니버시티 풀핏: 케임브리지 리뷰 6의 부록The University Pulpit: Supplement to The Cambridge Review》(1884/1885년, lxxi-lxxii호)

《타임스The Times》(1884년 12월 25일, 6)

《라이트Light》5(1885년 1월 10일, 16-17)

《아메리칸American》9: 237(1885년 2월 21일, 312)

《뉴욕타임스New York Times》(1885년 2월 23일, 3)

《뉴욕트리뷴New York Tribune》(1885년 3월 6일, 6)

《리터러리 월드The Literary World》(보스턴)(1885년 3월 21일, 93)

《네이션The Nation》40(1885년 3월 26일, 266-267)

《리터러리 뉴스The Literary News》(1885년 3월, 85;《보스턴 애드버타이저》에서 재인쇄)

《사이언스Science》(1885년 2월 27일, 184; 1885년 4월 3일, 265-266)

《크리틱The Critic》(1885년 4월 18일, 18)

《오버랜드 먼슬리The Overland Monthly》(1885년 4월, 446)

《리핀컷츠 매거진Lippincott's Magazine》(1885년 3월, 528)

《유니테리언 리뷰The Unitarian Review》24(1885년 7월, 90)

《시티 오브 런던 스쿨 매거진City of London School Magazine》8(1885년 12월, 217-221)

A2. 《애서니엄》에 소개된 비평들

당시 가장 권위 있는 과학 및 문예 주간지《애서니엄》에《플랫랜드》에 관한 매우 중요한 비평이 실렸다. 아래 내용에서 알 수 있듯이, 이 비평은《플랫랜드》의 "재판(개정판)"에 직접적인 영향을 미쳤다.

《애서니엄》 2977호(1884년 11월 15일, 622)[1]

어느 사각형이 쓴 기발한 책《플랫랜드》(실리 출판사)에는 발견하기 쉽지 않겠지만 나름의 목적이 있는 것 같다. 첫째, 이 책은 청소년들에게 기하학의 기본 원리를 가르치기 위해 만들어진 것 같다. 둘째, 선험과학 중에서도 더 선험적인 분야를 옹호하기 위해 쓰인 것 같다. 끝으로, 심령론의 교리를 역설하려는 암시들을 볼 수 있는 한편, 다양한 사회 정치 이론들에 관한 은밀한 풍자도 섞여 있는 것 같다. 이 책의 전반적인 요지는 모든 일이 평면에서 일어나고, 그 결과 2차원 외에 어떠한 세계도 상상할 수 없는 세계에서 나고 자란 사각형 형태의 어떤 존재가 일종의 계시에 의해 3차원 세계를 알게 된다는 이야기다. 이 사각형은 이전에 1차원 세계에서의 존재 조건을 연구하는 꿈을 꾼 적이 있다. 이 세계에서는 모든 것이 선이나 점이며, 아무도 다른 사람을 통과시킬 수 없다. 이런 식의 구상을 생각해낸 방식은 제법 독창적이지만, 눈에 보이는 대상으로 점과 선을 구상한 것은 수학적 사고방식에 다소 해가 될 수 있다. 사실상 불가피한 설정이었겠지만 말이다. 물론, 우리 친구 사각형과 그의 다각형 친척들이 서로의 언저리를 볼 수 있었다면 그들은 틀림없이 어느 정도 두께를 지니고 있다는 것이고, 그렇다면 3차원 교리에 그토록 당황할 필요가 없었을 것이다.[2] n차원의 어떤 존재에게 n+1차원의 누군가가 말을 걸자 그 존재가 자기 내부에서 울리는 소리를 듣고 있다고 상상한다는 아이

---

1 《애서니엄》 전집은 시티 대학교(런던)에 소장되어 있으며, 이 가운데에는 당시 편집자에 의해 비평가 이름이 표기된 발행 호들이 포함되어 있다. 이 자료 덕분에 우리는《플랫랜드》에 대한 익명의 비평가가 단테에 대한 번역 및 연구 업적으로 널리 알려진 저명한 이탈리아 문학자, 아서 존 버틀러Arthur John Butler임을 알 수 있었다. 버틀러는 케임브리지 트리니티 칼리지에서 1867년에 문학학사(케임브리지 대학 제8회 고전학 우등 졸업생 및 제19회 3등급 수학 우등 졸업생), 1870년에 이학석사를 취득했다.《애서니엄》에 35년 동안 정기적으로 글을 기고했다.

2 《플랫랜드》 본문과 직접 관련이 있는 부분과 사각형의 철자는 볼드체로 강조했다. 비평가는 주인공 플랫랜드 사람과 그의 동포들이 제3의 공간적인 차원(두께)을 지니고 있으며, 그렇지 않다면 서로를 볼 수 없으리라는 것을 틀림없이 인식했을 것이라고 주장하며, 이 주장은 초판과 재판의 중요한 차이의 발단이 된다. 애벗은 이 주장을 반박하기 위해 에필로그의 3분의 2를 할애했고, 16장 92행에서 구의 입을 통해, 19장 110행에서 사각형의 입을 통해 반론을 계속한다.

디어는 꽤나 기이하다고 할 수 있다. 하지만 당연히 그 소리는 사실들과 엄격하게 조화를 이루고 있고, 아마도 4차원의 세계에서처럼 막힌 끈고리로 매듭을 묶을 수 있는 영역에 있는 경우 누구나 느낄 법한 상황을 나타낼 것이다. 구가 사각형의 집 대문이나 지붕을 열지 않고도 그의 집 안에 무엇이 있는지 정확하게 말했을 때 우리의 사각형이 기절할 정도로 놀란 것처럼, 우리 역시 이런 재주를 목격하게 된다면 틀림없이 깜짝 놀랄 것이다. 그리고 다시 돌아와 그 일에 관해 말한다면, 이 역사의 불행한 서술자와 똑같은 일을 겪게 될지 모른다.

《애서니엄》2978호(1884년 11월 22일, 660)
문학계의 소문에 따르면, 지난 주 우리가 주목한 짧고도 흥미로운 책《플랫랜드》의 저자는 유명한 학교의 교장이라고 한다.[3]

《애서니엄》2980호(1884년 12월 6일, 733)
플랫랜드의 형이상학
플랫랜드 주립 교도소, 1884년 11월 28일

저는 정말이지 글자 그대로 "피곤하고, 진부하고, 따분하고 flat, 유익이라고는 없다"고 말할 수 있는 세계, 즉 2차원의 세계에서 최근 '플랫랜드'라는 제목의 작은 논문에서 설명하고자 노력했던 몇 가지 특징에 대해 쓰고 있습니다.

《애서니엄》최근호에서 보여준 제 작품에 대한 관심은 이곳의 지루하고 뿌연 제 삶에 큰 감동을 주었습니다. 비평을 읽으면서 저는 형이상학적인 질문이라고 해야 할지 심리적인 질문이라고 해야 할지 모를 한 가지 근사한 질문이 떠올랐는데, 아마 당신의 독자들도 흥미롭게 여기리라 생각합니다.

감히 제가 생각하기에, 당신의 비평가는 악의는 없지만 상당히 경솔한 듯 보

---

3 《애서니엄》편집자는 A. J. 버틀러가 이 기사의 필자임을 밝힌다.

입니다. 그는 저의 고국에 대한 제 단순한 묘사를 "독창적"이라고 칭찬하고, 제 역사에 기록된 사건들이 "기이하긴" 하지만 "정확하게 사실에 근거한다"고 인정하더군요. 그러는 한편 우리는 스스로를 2차원적 존재라고 생각하지만 사실상 3차원적 존재이며 그렇게 알아야 한다고 단언함으로써 은연중에 저와 제 동포들의 지능에 비난을 가했습니다. 그의 말에 따르면 제 이야기에서 전개되는 "수학적 사고방식"에 문제가 있다고 합니다. 눈에 보이는 선은 마땅히 길이뿐 아니라 두께도 지니고 있고, 따라서 우리의 이른바 평면 도형은 길이와 너비 외에 사실상 어느 정도의 두께, 즉 높이도 지니고 있기 때문에 우리는 곧 3차원이라는 거지요. 그리고 우리가 이 사실에 대해 무지해서는 안 된다는 걸 은연중에 암시하더군요.

저는 당신의 비평가가 주장하는 사실은 인정하지만 그의 결론은 인정할 수 없습니다. 당신들이 4차원을 지니고 있는 것이 사실인 것처럼, 우리가 실제로 3차원을 지니고 있는 것 또한 의심할 바 없는 사실입니다. 그러나 당신들이 4차원에 속한다는 것을 의식하지 못하는 것처럼, 우리 역시 우리가 3차원에 속한다는 사실을 의식하지 못할 뿐더러 논리적으로 인식하지도 못합니다.[4]

잠시만 생각해보면 이 문제를 분명하게 알 수 있을 거예요. 차원에는 측정이 수반됩니다. 그런데 우리 선들은 측정이 어려울 정도로 상당히 가늘어요. 또한 측정에는 더 크거나 더 작은 정도가 수반되는데, 우리 선들은 당신이 뭐라고 표현하든 모두 똑같이 극소로 얇기 때문에 플랫랜드에 사는 우리는 그 얇은 정도를 측정할 수도 없고 심지어 인식조차 하지 못합니다. 당신이 선에 대해 길고 두께가 있는(혹은 가느다란) 존재라고 말한다면, 우리는 길고 **밝은** 존재라고 말합니다.[5] "두껍다"거나 "얇다"는 개념은 우리의 머릿속에 전혀 들어 있지 않으며, 우리는 그것이 무엇을 의미하는지 모릅니다. 한때 스페이스랜드에 몇 시간 있을 땐 그것이 뭘 말하는 건

---

4 에필로그, 23-28줄과 비교할 것.
5 에필로그, 33-40줄과 비교할 것.

지 알았지만, 지금은 그것을 인식하지 못해요. 그냥 그렇다고 믿을 뿐이지요. 하기야 이제 나 자신조차 마음속에 이미지가 떠오르지 않는 마당에 제 동포들에게 어떻게 설명하겠어요.

제 말이 잘 이해가 안 되시나요? 그렇다면 제 입장이 되어보십시오. 어떤 4차원 존재가 정중히 당신을 찾아와 이렇게 말을 걸었다고 가정해보십시오. "당신들 3차원 존재는 평면(2차원)을 보고 입체(3차원)라고 추론하지만, 실제로 당신들이 평면이라고 부르는 것 안에는 당신들은 모르는 또 다른 종류의 차원이 있습니다"라고 말이지요. 이제 당신은 어떻게 반응하시겠습니까? 당장 경찰을 불러 방문자를 정신병원에 안전하게 가두려 하지 않겠습니까?[6]

제가 당신 같은 비평가들이 주장하는 내용을 입증하려 했을 때 이와 똑같은 취급을 받았습니다. 바로 어제 의장 동그라미(그러니까 고위 성직자)가 제가 있는 감옥에 연례 방문을 왔을 때, 저는 그에게 우리가 보고 있는 주변의 도형들은 길이와 너비뿐 아니라 스페이스랜드 사람들이 "높이"라고 부르는 것, 즉 인식되지 않는 세 번째 차원을 지니고 있다는 것을 증명해보이려 했습니다. 그런데 그가 뭐라고 대꾸했을까요? "차원은 측정을 수반한다. 당신은 내가 '높다'고 말하는데, 그렇다면 나의 '높-음'을 측정해보라. 그럼 당신의 말을 믿겠다"라고 하더군요. 그의 짧은 대꾸에 저는 잔뜩 움츠러들었고, 그는 의기양양해져서 방을 나섰습니다.[7]

저는 보잘 것 없는 정사각형이며, 아마도 입방체로 짐작되는 비평가 선생의 우월함을 부인하지 않습니다. 그의 수학적인 정확함, 규칙적인 비율에 대해서도 의문을 제기하지 않습니다. 스페이스랜드의 말을 빌려, 그가 "규칙적인 입방체임에 틀림없다"고 기꺼이 인정합니다. 그러나 저는 인간 본성에 대한 그의 지식과 수학에 대한 그의 지식이 같지 않음을 정중하게 말씀드리는 바입니다. 그

---

6 에필로그, 56-64줄과 비교할 것.
7 에필로그, 47-55줄과 비교할 것.

는 우리가 점이든 선이든 사각형이든 입방체든 초입방체든, 차원이 없든 높든 모두 같은 존재임을, 모두가 자기 차원의 편견에 쉽사리 영향을 받고 잘못을 저지르는 같은 형제임을 잊은 것 같습니다. 당신 나라의 시인 한 사람도 "자연의 손길 한 번으로 모든 세계가 유사해진다"[8]고 노래했듯이 말이지요. 여기서는 세계는 오직 하나가 아닌 모든 세계, 3차원도 예외가 아닌 모든 세계를 의미하지요. 그리고 제가 신념을 갖고 확고하게 이해하는 진리, 다른 이들의 마음에 심어주기 위해 매일같이 노력하는 진리에 대해 무지해 보인다는 이유로, 아무리 부드러운 비난이지만 비난을 받아야 한다는 것은 정말이지 몹시 불쾌한 일임을 말씀드려야겠습니다.[9]

사각형 올림.

* * *

우리가 사각형의 글을 제대로 이해한다면, 플랫랜드 사람들에게 3차원을 인식시키고 순환논증을 단번에 정리하기 위해 필요한 것은 단 하나, 정교한 마이크로미터기뿐이다. 그는 자신과 동포들의 모서리가 사실상 확장된 표면이라고 인정하는 것 같다. 그가 다른 곳에서 언급한 대로 그들이 실제로 색깔을 인식할 수 있다는 사실에서 알 수 있듯이 말이다. 따라서 그와 3차원과의 관계가, 이 세계에 있는 우리와 4차원과의 관계와 상황이 같다고 볼 수 없다. 사실 한때 3차원 공간의 개념에 대해 상당한 이해가 있었던 우리의 사각형이 이제 와서 그것을 완전히 잊어버릴 수는 없을 거라 생각된다. 그는 말하자면 세 개의 차원 안에서 생각한다. 예를 들어 그는 멀어지는 아내의 발자국 소리[10]가 들리는 곳에서 말한

---

8 에필로그, 67-73줄과 비교할 것.

9 《해명서》 서문에서 애벗은 고린도후서 4장 18절("보이는 것은 잠깐이나 보이지 않는 것은 영원하다")의 메시지가 그가 사람들에게 전하고자 하는 모든 내용의 기초라고 말한다(애벗 1907, xii).

10 이 오류는 재판 16장 1행에서 정정된다.

다. 이는 평면 위에 움직이는 선에 관해 말할 때 적용하기에는 사실상 용감한 비유다. 그러나 그와 같은 환경에 처한 사람에게 무리도 아니게, 그는 시각이라는 믿을 만한 수단을 통해 생생하게 배운 진리를 신념에 의해 인지한다고 고집스레 주장할 필요가 있다고 생각한다. 이는 아마도 무의식적으로 행해지는 지적인 게으름 때문일 것이다. 따라서 신념과 감각의 기능 사이에서 심각한 혼란을 일으키고 있다. 정사각형은 그의 비평가를 입방체로 추정하며 그에게 심심한 경의를 표한다. 그가 최대한 표방할 수 있는 모습은 직육면체다. 그는 자신이 아는 종류의 공간에서는 그 정도 형태가 되기에도 충분히 힘들다는 것을 잘 알고 있다. 그렇기 때문에 그는 높은 차원의 세계든 낮은 차원의 세계든 세계의 존재 방식에 관해 함부로 짐작하려 들지 않는 것이다.

A3. 사각형이 보낸 또 한 통의 편지

《애서니엄》에 보낸 편지 외에, 사각형은 애벗과 같은 시기에 케임브리지 세인트 존스 칼리지에서 공부한 리처드 A. 프록터가 편집장을 맡은 잡지 《널리지》에도 편지 한 통을 보냈다. 이 두 번째 편지는 프록터의 에세이에 대한 뒤늦은 대응이었을지도 모른다. 프록터는 에세이에서 공간의 4차원 개념은 상상할 수도 없을 뿐더러 터무니없는 것이며, "길이와 너비만 있는 존재라느니, 그처럼 상상할 수도 없는 존재들이 길이와 너비와 두께의 세 부분으로 이루어진 우리의 안락한 차원에 대해 무슨 생각을 하는지 따위를 이야기하는 것은 쓸모없는 짓이다"라고 분명하게 입장을 밝혔다(프록터, 1884, 44). 프록터는 잡지에 게재되지 않은 사각형의 편지에 대해 아래와 같이 답하면서, 두운을 맞추려는 사각형의 버릇을 은근히 조롱하며 마무리한다.

"'사각형'이 '플랫랜드로부터 비탄의 소리'를 보낸다. 다시 말해, 우리가 잘 알고 있는 3차원 세계의 이야기, 플랫랜드의 로맨스는 4차원 수학을 배우는 많은 학생들에게 감동을 주고 있다. 한편 그는 우리에게 편지 한 통을 보내, 가벳 씨도 탈출하지 못할 감옥에 갇힌 '사각형'의 고뇌를 토로했다. 우리 독자들 대다수가 4차원 세계를 알고 있다면 우리는 이 애처로운 통탄의 목소리를 잡지에 실었을 것이다. 하지만 그러한 독자의 수가 극히 제한되어 있기에, 비록 글을 싣지 못했더라도 독창적인 저자께서는 부디 양해해주시길 부탁한다. 그의 편지가 《널리지》 지면에 지속적으로 직각으로 인쇄되겠거니 간주해주길 바라며(프록터, 1887).

A4. 제임스 J. 실베스터와 《플랫랜드》

《플랫랜드》를 고차원 기하학에 관한 입문서로 추천한 수많은 수학 교사들 가운데 단연 첫 번째로 우리는 영국의 위대한 수학자, 제임스 J. 실베스터를 꼽을 수 있다. 실베스터는 1883년 후반 존스 홉킨스 대학교를 떠나 다시 영국으로 귀환했고 옥스퍼드 대학교 기하학 석좌교수가 되었다. 1884년 가을에는 옥스퍼드 대학교 뉴 칼리지에서 매주 3일씩 "많은 흥미로운 수업"에서 해석기하학을 강의하고 있었다. 11월 2일, 친구인 아서 케일리에게 보낸 편지에서 "n차원 공간에 관한 이론의 전반적인 개념을 이해하기 위해 시티 오브 런던 스쿨의 애벗이 쓴 《플랫랜드》를 구하도록" 그의 학생들에게 권했다고 썼다. 케일리에게 보낸 편지로 미루어 보아 실베스터는 이 책을 상당히 일찌감치 구했거나 최소한 접하기라도 했음을 알 수 있다. 《플랫랜드》의 첫 번째 서평은 《옥스퍼드 매거진》(1884년 11월 5일)에 게재되었는데, 우리는 실베스터가 서평자일 것으로 짐작한다. 가장 최근의 실베스터 전기 작가인 캐런 파셜은 우리의 의문에 대해 그가 《옥스퍼드 매거진》에 서평을 썼을 "가능성이 크다"고 말했다. 파셜은 서평에 실베스터가 선호하는 프랑스어 표현이 빈번하게 나온다는 사실에 주목한다.

부록 B: 에드윈 애벗 애벗의 삶과 작품

부록 B1. 애벗의 연대기

《플랫랜드》의 저자 에드윈 애벗 애벗의 일생을 완벽하게 정리한 전기는 없다. 다만 그의 제자 루이스 파넬이 집필하고 로즈마리 잰Rosemary Jann이 수정한《영국 인명사전》에 수록된 '애벗' 항목에서 그의 삶에 대해 개략적이지만 귀중한 내용을 엿볼 수 있다. '더글러스 스미스' 항목에서는, 애벗의 자전적인 글 〈어느 합리주의자 기독교인의 고백〉뿐 아니라 애벗이 매주 하워드 캔들러에게 보낸 편지들(현재 둘 다 분실된 상태다)을 접한 A. E. 더글러스-스미스A. E. Douglas-Smith가 교장으로서 애벗에게 후한 평가를 내린 것을 볼 수 있다(1965). 애벗의 과거 제자들도 스승으로서 그의 훌륭한 태도에 대해 존경심 가득한 증언을 했다(콘웨이 Conway(1926); 파넬(1926); 스테걸Steggall(1926) 참조). 애벗은 여러 유명한 작품, 예를 들어《필로크리스투스》,《알맹이와 껍데기》,《자연을 통해 그리스도에게로》에서 그가 주장하는 자유주의 신학에 대해 자세히 설명한다. 윌리엄 샌데이 William Sanday는《타임스》문학 증보판에 애벗의 저서들에 관한 서평을 게재하면서 그의 탁월한 성서 연구를 개략적으로 설명한다. 비록 적당한 분량으로 간략하게 기록한다 하더라도 그의 전기를 기록한다는 건 우리 능력 밖의 일이므로, 대신 연대표를 통해 애벗의 삶과 작품을 대략적으로 설명하고자 한다.

1838. 에드윈 애벗 애벗은 12월 20일 런던에서 태어난다. 에드윈 애벗(1808-1882)과 그의 사촌 제인 애벗 애벗Jane Abbott Abbott(1806-1882) 사이에서 태어난 다섯째 아이이자 장남이다. 아버지는 매릴번 언어학교에서 "가장 유능하고 인기 있는" 교장으로 45년 간 재직했다. 그는 학교에서 보다 철저한 영어 교육이 이루어져야 한다고 주장한 최초의 인물 가운데 한 사람이며,《두 번째 라틴어

교재》(1858)("쉬운 설명과 방대한 관용구 모음은 지금도 매우 유용하다"),《그리스 비극의 약강격 리듬Greek Tragic Iambics》(1864),《알렉산더 포프 작품 용어 색인》(1875)의 저자이다. 또한 "유용하고 저렴한 교재를 구하기 어려운 시대에 자신의 학생들을 위해 여러 권의 훌륭한 교재를 직접 집필하고 저렴하게 발행했다"(《아카데미》1882년 6월 10일, 415;《애서니엄》1882년 6월 3일, 700;《보르그Borg》2004).

1850-1857. 시티 오브 런던 스쿨에 입학한다. 이곳에서 하워드 캔들러, 윌리엄 S. 앨디스, 존 Y. 패터슨, 앨프리드 R. 바디Alfred R. Vardy, 존 R.John R., 리치먼드 실리Richmond Seeley와 평생의 우정을 맺는다. 1854년부터 1857년까지 학생 대표를 맡았다.

하워드 캔들러.
애벗과 가장 친한 친구

1856. J. 르웰린 데이비스가 애벗 가문 사람들이 참석하는 매릴번의 크라이스트 처치 교구 목사가 된다. 애벗은 데이비스의 첫 번째 설교가 자신의 인생에 미

친 영향에 대해 증언하고(애벗 1886, 9), 1906년 데이비스에게 보낸 편지에 이렇게 쓴다. "그 누구보다 바로 당신의 은혜 덕분에 저는 모든 소유물 가운데 가장 값진 것을 얻었습니다"(애벗, 1906).

1857. 케임브리지 세인트존스 칼리지에 장학생으로 입학한다.

1859. 첫 번째 논문, 리처드 G. 화이트 Richard G. White의《윌리엄 셰익스피어의 작품들》에 관한 비평을 발표한다.

1859. 5월, 첫째 남동생이 부선장으로 항해하던 중 토네이도를 만나 아프리카 해안에서 106명의 선원들과 함께 바다에서 죽음을 맞는다. 2개월 뒤, 누이인 제인이 오랜 병고 끝에 사망한다. 애벗은《알맹이와 껍데기》에서 당시 대학 친구에게서 테니슨의〈추모시 In Memoriam〉를 받았다고 밝힌다. "나는 그 시를 읽고 또 읽으며 많은 내용을 암기했다. 그의 시는 내 인생에 '전례 없는' 영향을 미쳤다"(애벗 1886, 10).

1860. 육보격 운문 형식으로 쓴 라틴어 시가 최우수 시로 선정되어 케임브리지 대학교에서 캠든 메달을 받는다(캠든Camden 1860).

1861. 케임브리지 대학교 수학 우등 졸업시험Mathematical Tripos에서 2등급 가운데 7등이 된다(부록 B2 참조). 수학 우등 졸업시험을 치른 지 약 한 달 후에 고전학 우등 졸업시험Classical Tripos[11]에서 수석 1급 합격자가 된다. 한편 고전학으로 제1회 총장 메달을 받는다. 애벗의 세인트존스 칼리지 고전문학 지도교수는 1840년 수석 1급 합격자인 프랜시스 프랜스Francis France였다. 그러나 모든 우수한 학생들과 마찬가지로 애벗 역시 잉글랜드가 배출한 가장 뛰어난 그리스어 학자 가운데 한 사람이며 30년 동안 케임브리지를 이끈 고전문학 가정교사, 리처드 실리토Richard Shilleto에게 개인 지도를 받았다.

---

11 고전학 우등 졸업시험은 6일에 걸쳐 매일 3시간씩 11세션으로 시행되었다. 6세션은 라틴어나 그리스어로 쓰인 산문이나 운문을 영어로 번역하고, 4세션은 영어로 쓰인 산문과 운문을 라틴어나 그리스어로 번역하며, 마지막 세션은 그리스와 로마의 역사에 대한 학생들의 지식을 테스트했다.

1861. 1861년 12월부터 1862년 6월까지, 세인트존스 칼리지의 교지《이글Eagle》의 편집장을 지낸다.

1862. 신학 우등 졸업시험에서 1등급의 영예를 안는다. 애벗과 R. C. W. 래번R. C. W. Raban은 그들의 신학 졸업시험 논문으로, 그리스어 성경과 70인 역 구약 성경에 대해 가장 완벽한 지식을 입증한 학생에게 수여하는 스콜필드 상을 받은 것으로 짐작된다.

1862. 세인트존스 칼리지 선임연구원으로 선출된다. 친구 윌리엄 S. 앨디스는 수석 1급 졸업생으로, 일반적인 경우 당연히 연구원 자격이 주어졌을 테지만 침례교도라는 이유로 부적격 대상이 된다. 연구원은 영국성공회 회칙 39조에 동의해야 했기 때문이다. 앨디스는 이후 10년 동안 케임브리지에서 수학 개인 교사로 일한 뒤 1871년에 수학 교수가 되고, 이후 뉴캐슬에 있는 피지컬 사이언스 칼리지의 총장이 되었으며, 1884년에 영국을 떠나 뉴질랜드 오클랜드 칼리지 수학과 학과장을 지내다 1896년에 은퇴했다. 그의 저서《입체기하학》(1865)과《기하광학》(1872)은 오랫동안 기하학 분야의 권위 있는 저서가 되었다(《타임스》1928년 3월 13일, 21).

몇 년 뒤 애벗은 성공회 신자가 아닌 사람에게도 대학의 모든 특권이 개방되어야 하는가에 대한 주제의 학생 토론 내용을 요약하면서 다음과 같이 말했다. "물론 영국성공회의 성직자로서 나는 애스퀴스[12]의 말에 전적으로 동의할 수는 없다. 그러나 한 가지는 기억해야 할 것 같다. 내 친구 앨디스와 나는 이 학교에서 케임브리지로 함께 진학했다. 같은 해에 앨디스는 수학 수석 1급 합격자가 되었고 나는 고전학 수석 1급 합격자가 되었다. 성공회 신자로서 나에게

---

12 허버트 H. 애스퀴스Herbert H. Asquith는 애벗이 가장 총애하는 학생 가운데 한 명이었다(아래 1909년 참조). 애벗은 시티 오브 런던 스쿨에서 매달 학생 토론을 주재했는데, 이 시간에 토론 내용을 바로잡거나 내용에 대해 채점을 했다. 단, 애스퀴스가 발언을 할 때는 예외였는데, 그럴 때 애벗은 애스퀴스의 토론 내용 때문이 아니라 화려한 웅변술 때문에 온통 그에게 주의를 집중했다(가넷 1932).

는 모든 것이 열려 있었다. 그러나 성공회 신자가 아닌 앨디스에게는 모든 것이 막혔다"(앨디스 1940). 대학 심사법은 1871년 이후에야 종교와 관계없이 모든 남자들에게 대학의 직위를 전면 개방했다.

애벗은 친구에게 《플랫랜드》 초판을 증정하면서, 그들이 대학 상원회관에서 치른 우등 졸업시험에서 우수한 성적을 거두었다는 사실뿐 아니라 시티 오브 런던 스쿨에서 함께 보낸 시간에 대해 언급했다.[13]

> W. S. Aldis
> from the Author
> in memory of the days when we worked
> together at Schools in the Senate House
> Oct. 1884

애벗이 앨디스에게 쓴 편지

1862–1864. 버밍엄의 킹 에드워즈 스쿨에서 작문 선생이 된다. 이곳에서 J. 헌터 스미스 J. Hunter Smith와 평생의 우정을 쌓는다.

1862. 6월 15일, 일리 교구의 주교에 의해 부제로 임명받는다.

1863. 건강이 결코 좋지 않았지만 테니스를 좋아했다. 보트 타기, 수영, 산책을 무척 좋아했다(애벗 1906; 더글러스-스미스 1965, 237). 친구와 함께 더비셔 도보 여행 중에 헨리 레인즐리의 언스턴 농가에서 하룻밤 묵게 되었는데, 이곳 집주인의 장녀 메리 엘리자베스 Mary Elizabeth와 이내 사랑에 빠져 1863년 7월에 결혼했다. 당시 애벗은 세인트존스 칼리지의 선임연구원이었는데, 1882년

---

13 앨디스가 애벗에게 받은 《플랫랜드》 초판은 토머스 F. 밴초프가 기증한 것으로, 브라운 대학교 도서관 헤이스타 희귀서적 컬렉션에 포함되어 있다.

까지 독신이 케임브리지 연구원의 재임 조건이었기 때문에 애벗은 결혼과 동시에 연구원직을 사임했다.

1863. 12월 20일에 우스터의 주교에 의해 사제로 임명된다.

1864. 석사학위를 취득한다.

1864. 데이비드 F. 스트라우스 David F. Strauss의 《예수의 생애》를 읽고, 복음서의 기적에 대한 내용을 신화적으로 묘사해 논란을 일으킨 이 책에 대해 애벗은 다음과 같이 기록했다. "학위를 받은 지 3년 뒤가 아닌 3년 전에 스트라우스의 《예수의 생애》를 읽었다면 십중팔구 당장 예수에 대한 신앙을 저버렸을 것이다"(애벗 1877a, 21).

메리 엘리자베스 레인즐리 애벗

1864-1865. 브리스톨에 있는 클리프턴 칼리지의 평교수가 된다. 당시 학장은 유명한 학자이며 훗날 헤리퍼드의 주교가 된 존 퍼시벌 John Percival이었다. 퍼시벌은 애벗에 대해 이렇게 말했다. "에드윈 애벗이 설교를 계속할 수 있었다면,

그는 영국 교회에서 가장 훌륭한 설교가가 되었을 것이다"(사망기사 1926a).

1865. 시티 오브 런던 스쿨의 교장이 된다. 당시 스물여섯 살에 불과했기 때문에 그의 교장 임명은 이례적인 일이었다. 대부분의 평교사들이 그를 가르쳤던 교사였으며, 최소한 한 사람은 그에게 밀려 교장 자리를 차지하지 못했다. 더구나 그는 상당히 어려 보였기 때문에 간혹 대학 준비 과정 학생으로 오해받기도 했지만, 이내 학생들에게 권위를 확립했고 교사들에게 충성과 존경을 얻었다. 훗날 그는 이렇게 기록했다. "이 직위를 맡기에는 다소 어린 편이었지만, 갑자기 변혁을 일으키거나 변화를 논의해 사람들을 당황하게 할 만큼 분별이 없지는 않았다"(더글러스-스미스 1965 159-160).

1866. 존 R. 실리의《에케 호모 Ecce Homo: 예수 그리스도의 삶과 업적에 대한 고찰》이 출간된다. 애벗은 "그의 글에 대한 존경을 담아, 아울러 깊고 오랜 우정을 떠올리게 하는 감화력에 감사하며《에케 호모》의 저자에게"《필로크리스투스》를 헌정했다(애벗 1878).

에드윈 애벗

1868. 외아들 에드윈(Edwin, 1952년 사망)이 태어난다. 에드윈은 세인트존스 우드 스쿨, 세인트폴스 스쿨, 케임브리지의 카이우스 칼리지(1886-1890년)에서 수학했다. 1889년, 고전학 우등 졸업시험 1부에서 1등급을 차지했다. 다음 해 2부 시험에는 2등급에 그쳤지만 그럼에도 불구하고 총장 메달을 받았다. 1890년에 지저스 칼리지 특별연구원으로 선출되었고, 고전문학 강사로 임명되었다. 1912년에 수석 지도교수가 되었으며, 1932년 신경쇠약으로 교수직을 은퇴하여 거주지를 떠날 때까지 그 자리를 맡았다. 이듬해 여동생과 북런던에 정착했다. "그는 학부생들과 함께 있을 때에도 마치 연장자를 대하듯 수줍어했으며, 그러한 성격은 평생 동안 계속되었다. 하지만 자신의 임무에 헌신했고, 모든 학생과 동료들에게 많은 사랑을 받았다. …… 그가 84세까지 장수하는 동안 줄곧 사람들의 애정을 받을 수 있었던 비결은 완전한 이타심이었다. 그 이타심은 그를 아는 영광을 누린 모든 이들에게 깊은 인상을 주었다"(사망기사 1952).

1868. 에세이 〈교회와 신도들〉에서 폐허가 된 집의 비유를 들어 영국 교회의 문제를 설명한다(애벗 1868a).

1868. 5월 3일, 웨스트민스터 성당 본당에서 열린 특별 저녁 예배에서 "교회의 징후들"이라는 제목으로 설교를 한다. 교회의 한 고위 관계자는 설교의 전반적인 논조가 "가난한 이들과 부자들의 대립"이라며 시장에게 항의했고, 시장은 런던시 행정기관인 시의회 모임에서 이 문제를 거론했다(《타임스》 1868년 7월 24일, 10; 1868년 7월 25일, 12). 몇 년 뒤 애벗은 이 논란에 대해 다음과 같이 언급했다. "실제로 어떤 설교자가 현재의 종교적 분위기, 종교적 행위에 깊은 불만을 느끼고 그 감정을 드러내지 않을 수 없었다면, 그래서 '계급과 계급을 반목'시킨다는 이유로 크게 비난을 받는다면, 나는 그 비난에 대해 유죄를 주장해야 할 것이다. 비록 우리가 낙관주의자로서 장차 그리스도 왕국이 지상에 건설되리라는 희망을 품는다 하더라도, 확실히 지금의 비참한 현실에 대해 깊

이 불만을 느낄 수 있고 또 느낄 수밖에 없기 때문이다"(애벗 1875a, viii-ix).

1869. 《셰익스피어 작품의 문법: 엘리자베스 시대 영어와 현대 영어의 차이를 설명하기 위한 시도: 학교 교재용》출간. 애벗은 서양 고전학문의 원리를 엘리자베스 시대 영어의 비판에 적용한 최초의 인물에 속했다. 그가 표방한 목표는 "셰익스피어와 베이컨을 공부하는 학생들에게 엘리자베스 시대 문법과 현 시대 문법의 몇 가지 차이점에 대하여 간략하게 체계적으로 알리려는 것이었다. 이 저자들이 사용한 단어들은 지금도 거의 어렵지 않다고 생각된다. …… 그러나 관용어의 차이는 더욱 복잡하다"(애벗 1870, 1). 1869년 7월에 초판이 출간되었고, 이어서 1870년 초에 자료를 좀 더 보충하여 증보재판이 출간되었다. 초판과 재판의 성공에 용기를 얻은 애벗은 원고 내용을 확대하여 셰익스피어 문법 및 운율체계에 대한 완벽한 참고서를 만들기로 한다. 이를 위해 애벗은 셰익스피어의 전작을 다시 읽고, 초판이 출판된 지 1년 안에 3판을 출간했다. 이 교재는 엘리자베스 시대 연극을 공부하는 상급 학생들에게 귀중한 자료가 되고 있다.

1869. 교장협의회 창립회원으로 선출되고 몇 년간 총무를 맡는다.

1870. 《성경의 가르침》을 출간한다. 애벗은 선생과 학생의 대화로 이루어진 이 책으로 시티 오브 런던 스쿨의 5, 6학년 학생들을 가르쳤다.

1870. 여성에게 투표권이 부여되고, 교육법에 의해 1870년에 설립된 교육위원회에서 위원 활동이 가능해졌다. 제1회 런던 교육위원회 선거에서 애벗은 여성의 권리를 위해 오랫동안 협력해온 두 명의 여성을 위해 활동했다. 한 명은 여성 참정권론자이며 케임브리지 대학교 최초의 여자 대학인 거튼 칼리지 설립자 에밀리 데이비스Emily Davies이고, 또 한 명은 그레이트 브리튼에서 최초로 의사 자격을 취득한 여성인 엘리자베스 가렛Elizabeth Garrett이다. 두 여성 모두 위원으로 당선되었다. 가렛은 대도시 전체에 소속된 모든 후보들 가운데 최다 득표수를 기록했다(교육법,《타임스》 1870년 12월 2일, 4).

1870. 딸 메리(Mary, 1952년 사망)가 태어난다. 메리는 1881년까지 부모에게 교육을 받은 뒤 사우스 햄스테드 고등학교에 입학하여 5년 동안 공부했다. 나중에 유명한 고고학자이며 미술사가가 된 유제니 셀러스 스트롱Eugenie Sellers Strong에게 개인 교습도 받았다. 메리 애벗은 고전학 재단 장학생으로 거튼 칼리지에 입학했다(1889-1892). 아버지와 오빠와 마찬가지로 고전학 우등 졸업시험에서 1등급을 받았지만, 케임브리지 대학교에서 학위를 받지는 않았다(케임브리지는 1881년에 처음으로 여성이 졸업시험을 볼 수 있도록 허용했다. 1921년에 여성에게 "명목상"의 학위는 인정했으나 1947년까지 대학의 정식 졸업생 자격을 인정하지 않았다). 빅토리아 시대의 여성 7분의 1이 그랬던 것처럼 메리도 평생 독신으로 지냈다(《거튼 칼리지 인명부》 1947, 54).

메리 애벗

메리는 1892년부터 1917년까지 아버지의 문학 및 신학 작품에 협력했다. 애벗의 마지막 작품을 비평한 평론가는 "아버지와 딸의 아름다운 협력으로 이루어낸 까다로운 학술 저작"(샌데이 1917)이라고 언급한다. 애벗은 딸에게 많은 도움을 받은 것에 대해 두 차례 고마움을 표현했다. 《요한복음의 어휘》 헌정사에는 "작업을 위해 주요 내용을 수집·분류하고, 결과물을 수정 및 교정한 내 딸에게 이 책을 바친다"고 밝혔다. 마지막 책의 서문에는 "내 딸의 노력으로 책의 후반부 색인 작성뿐 아니라 전체 내용의 꼼꼼하고 면밀한 교정이 이루어졌다. 덕분에 무수한 오류를 발견했으며, 점차 쇠약해지는 저자의 기억력과 정확하고 올바른 표현력의 결함이 충분히 해결될 수 있었다"(애벗 1917, xx)고 언급한다.

1871. 애벗은 시티 오브 런던 스쿨 재임 초부터 전통적으로 내려오던 교과 과정을 개선하여 영문학 교육을 포함시켰으며, 따라서 모든 학생은 밀턴, 셰익스피어, 월터 스콧 경의 작품을 공부해야 했다(《타임스》 1869년 7월 31일). 애벗은 에세이와 강의에서 영문학 교육의 정당성을 주장했고, 자신의 교수법 사례를 자세하게 설명했으며(애벗 1868b; 1871), 영문학 학습은 단순히 글을 공부하는 것이 아니라 생각을 연구하는 것이 되어야 한다고 강조했다. 애벗과 실리의 《영국인을 위한 영어 교육》은 "근대 영어 교육의 첫 단계"라고 할 수 있는 출발을 연다(마이클Michael 1987, 2).

애벗이 가르친 6학년 학생들 가운데 상당수가 영문학계에서 크게 두각을 나타냈다. A. H. 불런A. H. Bullen은 문학 편집자이며 출판사 사장이고, H. C. 비칭H. C. Beeching은 작가이며 노리치 성당의 주임 사제다. 시드니 리 경Sir Sidney Lee은 영문학자이며 《영국 인명사전》의 편집자다. C. E. 몬터규C. E. Montague는 저술가이자 소설가며, 이스라엘 골랑즈 경Sir Israel Gollancz은 영문학자이자 영국학사원의 공동 설립자다. G. W. 스티븐스G. W. Steevens는 종군기자며 작가다. 교사와 교장으로서 애벗은 이처럼 뛰어난 학생들을 배출했을 뿐 아니라 전체 학생들을 위한 교과과정 개선 및 지도편달로 훌륭한 공적을 인정받았다. 애벗의 《셰익스피어 작품의 문법》 평론가는 이렇게 썼다.

영국 공립학교 교장들 가운데 애벗 씨는 학생들이 벼락치기로 공부하지 않고 평소에 사고하는 습관을 기르도록 가르치려는 노력, 대학에 진학하려는 학생들을 위해 진학에 뜻이 없는 학생들을 희생시키지 않겠다는 결심 등 존경스러운 태도로 유명하다. 옥스퍼드와 케임브리지에 진학한 그의 어린 제자들은 잇따라 눈부신 영예를 획득한 한편, 애벗 씨는 여전히 자신의 학교에서 모든 공립학교에 알려진 대단히 철저한 영어 교육에 매진하고 있다(《리뷰Review》1870, 1551).

1872. 《복된 음성, 어린이를 위한 성경 안내》를 출간한다.

1872. 빅토리아 시대에는 영어를 독립된 과목으로 가르친 학교가 거의 없었으며, 학생들은 라틴어와 그리스어 공부의 부산물로 모국어를 배워야 했다. 애벗은 고전학을 공부해야 할 가치를 굳게 믿었지만, 대부분의 교사들이 학생들에게 훌륭한 영어로 그것을 번역하도록 요구하지 않는다는 사실에 크게 실망했다. 이러한 영어 사용 환경을 애석하게 여기며 이를 개선하기 위해, 애벗은 얇은 작문 안내서 《명확하게 쓰는 법》을 펴냈다. 기본적으로 흔히 잘못 사용하는 56가지 문법 원칙들("규칙들")과 함께 예문과 연습문제로 이루어진 이 책은 대서양 양쪽 두 대륙에서 매우 인기가 높았고, 로버츠 브라더스가 발행한 미국판은 하버드 대학교와 미시건 대학교에서 대대적으로 이용되었다.

1872. 신학박사 학위를 받다.

1872. 교장협의회에서 초임 교사 시절 자신의 실수를 솔직하게 토로한다. "개인적으로 저는 모종의 전문적인 교육을 받았더라면 지금 무척 유감스럽게 여기고 있는 많은 실수들을 피할 수 있었으리라 생각합니다. 교직에 대한 귀중한 경험을 얻기 위해 그만큼 많은 학생들이 희생되었기 때문입니다. 다른 많은 교사들 역시 자신의 무능함으로 인해 제자들에게 입힌 상처에 대해 거의 사무칠 만큼 깊은 후회의 감정을 느끼시리라 생각합니다"(피치Fitch 1876, 104).

1873. 《영어 관용구로 번역한 라틴어 산문》과 《어린이를 위한 우화》를 출간한다.

1874. 프레더릭 J. 퍼니벌Frederick J. Furnivall이 설립한 신新세익스피어협회의 부회장이 된다. 3월에 열린 개회식에서 애벗은 프레더릭 G. 플리Frederick G. Fleay의 논문 〈극시에 적용하는 운율 테스트에 관하여〉를 읽는다. 1874년 내내 퍼니벌과 플리 간의 끈질긴 싸움을 중재하려는 헛된 노력으로 많은 시간을 보낸다.

1875. 1월, 신세익스피어협회에서 자신의 논문 〈1603년, 1604년에 출간된 《햄릿》 제1, 제 2 사절판에 관하여〉를 읽는다.

1875. 《대학생을 위한 케임브리지 설교집》을 출간한다. 애벗의 제자인 J. E. A. 스테걸J. E. A. Steggall은 애벗의 첫 번째 대학교 설교가 상당한 논란을 일으켜, 두 번째 설교에서는 항의의 의미로 케임브리지 대학교 세인트 메리 대성당의 "중요한" 좌석들이 거의 비었다고 회고한다(스테걸 1926, 123). 이 책에는 1868년 5월, 웨스트민스터 대성당에서 설교한 "교회의 징후들"이 포함되어 있다.

1875. 전국 사회과학 진흥협회 모임에서 논문 〈중산층 계급의 교육〉을 읽는다. 이 논문에서 애벗은 중산층 학교의 개선이 절실히 필요하다고 주장하는 한편, 이들 학교의 교사들은 가르치는 주제에 전문성을 발휘하고 교수 방법에 대해 훈련을 받아야 한다고 촉구한다(미셀레이니어스Miscellaneous 1876, 463).

1875. 부친의 저서 《알렉산더 포프 작품 용어 색인》에서 12페이지에 걸친 서문에 포프의 문체, 영어, 어휘 선택에 대해 비평한다.

1875. 《품사 구분법》과 《구문 분석법》을 출간한다.

1875. 조지 엘리엇의 "친절한 편지"에 감사 인사를 전한다. 그녀의 편지 덕분에 여러 해 동안 미루어왔던 《필로크리스투스》 집필에 다시 착수할 용기를 얻었다고 말한다. 그리고 세익스피어를 제외하고 다른 어떤 작가의 작품보다 그녀의 작품을 통해 "많은 정신적 힘과 지적 희열을 느껴왔다"고 말을 맺는다(애벗 1875b).

1875. 시티 오브 런던 스쿨을 보다 적당한 지역으로 이전하기 위해 장기간의 캠

페인을 시작한다.

1876.《베이컨의 에세이들》을 출간한다. 베이컨의 삶과 사상에 대한 서문과 함께 베이컨의 에세이에 대해 상세한 주석을 달았다. 애벗은《베이컨과 에섹스》,《프랜시스 베이컨 Francis Bacon》뿐 아니라 이 책에서도 베이컨의 성격에 대해 부정적인 평가를 내렸으며, 베이컨에 대한 저명한 권위자인 제임스 스페딩 James Spedding은 이에 대해 신랄하게 반박한다. 니브스 매슈스 Nieves Mathews는 프랜시스 베이컨을 재평가하면서, 애벗과 토머스 매콜리 Thomas Macaulay 같은 작가들의 베이컨에 대한 부정적인 묘사는 정확한 사실이 아니라고 강력하게 주장한다(매슈스 1996). 그러나 이후 전기 작가들은 토머스 매콜리의 견해에 공감하고 있다.

1876. 케임브리지의 헐시안 강연자가 되다(헐시안 강연 Hulsean lecturer은 1790년 케임브리지 대학교의 존 헐스가 제정한 것으로, 매해 신학부 졸업자들의 강연으로 이루어진다 – 역주).

1877.《스펙테이터》지에 보낸 편지에서, 학교 교사들에게 기초 수준 이상의 훈련을 시키는 것이 절실하게 필요하다고 주장한다. 수많은 중산층 사립학교에서 어린이들에게 "많은 것을 공부하지만 아무것도 모르는 사람이 되도록"(애벗 1877d) 가르친다고 말한다.

1877.《베이컨과 에섹스: 베이컨의 젊은 시절에 대한 스케치》를 출간한다.

1877.《자연을 통해 그리스도에게로, 환상을 통해 진리에 이르는 예배 Through Nature to Christ, or the Ascent of Worship through Illusion to Truth》를 출간한다. 애벗의 부고 기사를 작성한《타임스》기자는 "이 책은 이후 애벗의 모든 작품을 특징짓는, 신학에 대한 자유로운 태도를 최초로 규정한 만큼, 출간 이후 적대적인 비판이 빗발치듯 쏟아졌다"고 평한다(사망기사 1926a)(각주 22. 23과 22. 111 참조).

1877. 옥스퍼드의 우수 설교자가 된다.

1878. 러시아-투르크 전쟁에서 중립을 옹호하는 성직자들의 성명서에 서명한다 (《타임스》 1878년 1월 17일, 6).

1878. 설미어Thirlmere보호협회에 가입한다. 이 협회는 설미어 호수 지방 계곡에 커다란 저수지를 만들려는 맨체스터 기업에 반대하기 위해 설립되었다. 그러나 기업의 계획을 늦추었을 뿐 저지하는 데에는 실패하여, 결국 1894년에 저수지가 완공되었다(《타임스》 1878년 1월 18일, 10).

1878. 여러 해 동안 연구와 숙고를 거친 후 마침내 《필로크리스투스Philochristus》를 출간한다. 이 책은 애벗 특유의 신학적 입장을 대변하는 가상인물인 예수의 제자를 통해 신약성서의 서사를 재구성했다.

1878. 7월 1일, 전국 여성 참정권협회 연차 총회에서 연설한다(《타임스》 1878년 7월 2일, 10).

1879. 7월, 매릴번 진보연합 연차 총회에 참석한다(《타임스》 1879년 7월 24일, 7).

1879. 《대학생을 위한 옥스퍼드 설교집Oxford Sermons Preached before the University》을 출간한다.

1879. 《복음서Gospels》(브리태니커 백과사전, 9판)를 출간한다. 책 한 권 분량의 이 에세이는 마르코복음이 공관복음서 가운데 가장 오래되었으며 공통 자료로 추정되는 자료와 가장 근접하다는 신학적 주장을 지지하는 내용으로 영어로 된 초기 발표문 가운데 하나다.

몇 년에 걸쳐 상세하게 주석을 단 이 에세이의 교정쇄가 애벗의 사망 당시 그의 서류 뭉치 가운데에서 발견되었다. 애벗은 받은 편지들을 거의 처분했지만, 벤저민 조엣(Benjamin Jowett, 옥스퍼드 발리올 칼리지 학장)에게 받은 편지 한 통은 보관하고 있었다. 조엣은 애벗에게 이 에세이로 인해 그가 "상당한 공격을 받게" 되리라고 경고하면서도 이 글이 "영국 신학계에 한 획을 그을 것"이라고 말했다(조엣 1879).

1880. 윌리엄. G. 러시브룩W. G. Rushbrooke의 《시놉티콘: 공관복음의 공통 사안

에 대한 설명》이 출간된다. 대형 2절판으로 인쇄된 이 책은 그리스어로 쓰인 공관복음(마태오, 마르코, 루카복음) 본문이 병렬로 배열되어 있다. 세 복음서 모두에 공통된 용어, 두 복음서에 공통된 용어, 그리고 각 복음서의 특징적인 용어들이 각기 다른 활자와 색으로 구분되어 있다. 러시브룩은 자신에게 집필을 시작하도록 제안하고 도움을 준 애벗에게 이 책을 헌정했다.

러시브룩은 애벗의 제자들을 통틀어 애벗과 가장 가까웠다. 그는 시티 오브 런던 스쿨에 재학하여(1862-1868) 학생회장이 되었으며(1867-1868), 애벗과 마찬가지로 케임브리지 세인트존스 칼리지에서 고전학 최우수 등급의 영예를 안았다. 러시브룩의 사망기사를 쓴 기자는 이렇게 언급했다. "애벗은 훌륭한 인간들을 양성해냈고, 러시브룩을 훌륭한 교사로 만들었다." 러시브룩은 시티 오브 런던 스쿨의 4학년 교사로 재직했고(1872-1893), 이후 서더크의 세인트 올라프에서 교장직을 훌륭하게 수행했다(1893-1922)(《타임스》 1926년 2월 1일, 17).

1880. 누이 엘리자베스 미드 패리Elizabeth Mead Parry와 갑작스럽게 죽음을 맞은 그녀의 남편 존 험프레이스 패리John Humffreys Parry의 토지 관리자가 된다. 그들의 아들인 에드워드 애벗 패리 경Sir Edward Abbott Parry은 외삼촌 에드윈을 애틋하게 기억한다(1932).

1880. 《라티나 길: 첫 번째 라틴어 교재Via Latina: A First Latin Book》를 출간한다.

1882. 《오네시모: 성 바울로의 제자에 대한 회상록Onesimus: Momoirs of a Disciple of St Paul》을 출간한다.

1882. 폭군이었던 전 통치자로 인해 발생된 빚을 책임지기 위해 이집트 국민을 수용해서는 안 된다는 탄원서를 총리 W. E. 글래드스턴W. E. Gladstone에게 보낸다. 글래드스턴은 분명한 입장을 밝히지 않았다(애벗 1882b; 글래드스턴 1882).

1883. 《가정교육에 관한 조언Hints on Home Teaching》을 출간한다. 이 책은 여자 가

정교사와 개인 과외교사에게 도움을 주고, 특히 부모들의 자녀 훈육에 기여하기 위한 목적으로 쓰였다.

1883. 시티 오브 런던 스쿨이 마침내 빅토리아 제방의 새 건물로 이전하고, 애벗은 전 학년에 과학 교육을 확대할 수 있게 된다.

1884. 《개역 성서에서 공관복음서의 공통 구전 내용 The Common Tradition of the Synoptic Gospels in the Text of the Revised Version》을 출간한다(윌리엄 G. 러시브룩과 공저). 이 책은 러시브룩의 《시놉티콘》 제1부를 번역한 것으로 마태오, 마르코, 루카, 세 복음사가가 이용했으리라 추정되는 "공통 구전 내용"을 영어로 소개하는 것이 목적이다.

1884. 《플랫랜드: 많은 차원들에 대한 로맨스》를 출간한다.

1885. 《프랜시스 베이컨: 그의 삶과 작품 설명 Francis Bacon: An Account of His Life and Works》을 출간한다.

에드윈 애벗 애벗, 1884년경

1885. 애벗의 미국 출판사인 보스턴의 로버츠 브라더스에서 《플랫랜드》를 출간

한다. 로버츠 브라더스는 외국 작가의 권리를 인정하는 최초의 미국 출판사들에 속했다. 1891년 국제 저작권법이 제정되기 전까지 미국의 다른 출판사들은 그 나라에 거주하지 않는 많은 저자들의 책을 무단으로 재판 발행했다.

1886. 교사협회 연차총회를 주재한다(《타임스》1886년 3월 22일, 6).

1886. 《알맹이와 껍데기: 영적 기독교에 관한 편지들 The Kernel and the Husk: Letters on Spiritual Christianity》을 출간한다. "기적과 관계없이 그리스도"를 숭배하는 사람(애벗)이 가상의 젊은이에게 보내는 편지 형식의 책. 애벗이 종교에 관해 쓴 모든 유명한 글들과 마찬가지로, 이 책 역시 세 가지 가설을 바탕으로 한다. 즉, 공관복음서에는 전통적으로 내려온 원본 내용이라는 공통된 핵심 주변으로 의심스러운 이야기들이 상당수 포함된다. 성경의 기적에 대한 믿음은 진정한 그리스도교 신앙을 위해 반드시 필요한 것은 아니다. 착오를 통한 지식과 환상을 통한 진리의 성취는 계시라는 신성한 방법의 핵심 요소이다. 스물네 통의 편지에서 애벗은 《플랫랜드》와 힌턴의 "4차원의 로맨스"를 언급한다(힌턴이 출간한 책의 제목은 Scientific Romance이며, 애벗은 이를 변용해 언급하고 있는 듯하다 – 역주).

1887. 남동생인 대영박물관 사서 시드니 웰스 애벗Sydney Wells Abbot이 사망한다. 에드윈 애벗 패리는 그에 대해 "어린 조카들이 흠모한 이상적인 삼촌 …… 규칙과 규율은 그의 정신을 구속하지 못했고 그의 행동을 막지 못했다"(패리 1932, 53-54)고 피력한다. 애벗은 《브리태니커 사전》11판에서 널리 알려진 서양고전학자, 에벌린 애벗(Evelyn Abbott, 1843- 1901)이 자신의 동생이라고 주장했지만 그와는 혈연관계가 아니었다.

1887. 애벗의 이름이 케임브리지 대학 평의회 회원 명단에서 알파벳 순서로 제일 위에 오른다. 당시 평의회에서는 "케임브리지 대학교 학위 취득 자격을 충분히 갖춘 여성의 입학을 위해 필요하다고 여겨지는 조치를 취할 것" 강력히 촉구했다(《타임스》1887년 11월 2일, 4).

1888. 시티 오브 런던 스쿨을 방문한 미국의 한 교육자가 애벗에 대해 "마르고 예민한 남자, 5피트 4인치 정도의 키에 흥미롭고 지적인 얼굴"이라고 묘사한다(먼로Monroe 1889, 227).

1889. 1887년에 시의회 법원은 시티 오브 런던 스쿨이 "인문학교"뿐 아니라 "상업학교"도 설립하도록 제안했다. 애벗은 서양고전학 학문에 중점을 두는 학교로 입지를 고수하기 위해 싸웠지만 뜻대로 되지 않았고, 이 싸움에서 패하자 1889년 3월 13일에 사표를 제출하기로 결심했다. 그리고 법원이 충분한 시간을 들여 후임자를 찾을 수 있도록 1890년 1월까지 교장 직을 수행하기로 합의한다(하인드Hinde 1995, 64-66).

1889. 《라틴어 입문: 첫 번째 라틴어 번역서The Latin Gate: A First Latin Translation Book》 출간.

1889. 시의회 법관이 애벗이 "지난 25년 동안 1,100파운드의 급여를 받아왔다"고 주장하면서 이의를 제기, 법원에서는 애벗에게 400파운드의 연금을 지급한다(《타임스》 1890년 2월 14일, 11).

1890. 전국 교사연합회에서 "학교에서 시민 교육과 도덕 교육"이 이루어져야 한다고 연설한다(《타임스》 1890년 4월 10일, 9, 12).

1890. 5월, 케임브리지 세인트존스 칼리지 기념 연설에서 "진리가 너희를 자유롭게 하리라"라는 성경 구절에 대해 설교한다. 애벗은 다음과 같이 권고한다. "현대 생활의 오락물을 최대한 멀리 하고, 집중력을 기르도록 훈련하며, 때때로 기도 중에 하느님과 단둘이 있는 시간을 갖는 것은 물론이고 셰익스피어, 플라톤, 워즈워스와 단둘이 있는 시간을 갖는다면, 지성이 함양되어 신앙이 더욱 깊어질 것이다"(《이글》 16, 1891, 301).

1890. 10월, 시티 오브 런던 스쿨 동창회 만찬에서 후베르트 폰 헤르코머Hubert von Herkomer가 그린 자신의 초상화를 선물받는다.

1890. 10월 4일, 토인비 홀에서 "환상"이라는 제목으로 강연한다. 《타임스》에 이

강연에 대한 보도 기사 아래로 애벗과, 애벗이 비관주의자의 전형이라고 언급한 생물학자 T. H. 헉슬리T. H. Huxley가 편집자에게 보낸 편지가 실린다. 헉슬리는 애벗과는 "정말 싸우고 싶지 않다"고 분명하게 입장을 밝혀 두 사람의 언쟁은 평화적으로 끝난다(《타임스》 1890년 10월 11일, 7).

1890. 12월, 대영박물관의 서적 담당자 리처드 가넷Richard Garnett이 애벗의 아버지가 사서이자 작가인 에드워드 에드워즈Edward Edwards에게 쓴 편지 모음을 애벗에게 주겠다고 제안한다. 애벗은 가넷에게 제안은 감사하지만 편지는 받지 않겠노라고 거절하면서 다음과 같이 말한다.

> 최근에 저는 친척과 개인적인 친구들에게 받은 모든 편지를 처분하기로 결정했으며 실제로 거의 모든 종류의 편지들을 정리했습니다. 약 2, 3년 전부터 그렇게 해왔는데, 큰 집에서 작은 집으로 이사를 해 보관할 만한 공간이 없기도 하거니와, 서류들의 행방을 까맣게 잊기 일쑤이며 아무 데나 두어 찾지 못하는 데 탁월한 재주가 있을 뿐 아니라, 무엇보다 제대로 가치를 알아보지 못하는 사람 손에 맡겨지길 원치 않기 때문입니다(애벗 1890).

1891. 5월, 필립 H. 칼데론 Philip H. Calderon의 최근 그림,《헝가리의 성녀 엘리사벳의 위대한 포기》를 지지하는 두 통의 편지를 쓴다. 이 그림은 13세기 성인을 남자들이 있는 교회에 아무것도 걸치지 않은 모습으로 표현했다고 해서 신랄한 비난을 받았다(《타임스》 1891년 5월 21일, 5월 25일).

1891. 《신화에 대한 사랑: 맹목적 신앙의 해결 방법Philomythus: An Antidote against Credulity》을 출간한다. 이 책에서 애벗은 기독교 교회의 기적에 대한 뉴먼 추기경의 유명한 에세이를 혹독하게 비판해, R. H. 허튼 R. H. Hutton을 비롯한 뉴먼의 추종자들을 격분시켰다. 《스펙테이터》의 편집장인 허튼은 애벗의 책을 크

게 혹평했고, 애벗은《스펙테이터》에 장문의 편지로 대응했으며, 허튼은 다시 사설을 통해 자신의 의견을 피력했다(1891년 4월 25일, 590-593). 애벗이 다시 편지를 보냈지만 허튼은 게재를 거부하면서 더 이상 서신 교환을 하지 않겠다고 말했다. 그러자 애벗은 자비를 들여《뉴머니아니즘 Newmanianism》이라는 제목으로 75쪽 상당의 소책자를 펴내, 게재를 거절당한 편지를 수록하고 사태의 전반적인 경위를 설명했다. 소책자의 내용은 나중에《신화에 대한 사랑》재판의 서문이 되었다.

1892. 《뉴먼 추기경의 성공회 시절 The Anglican Career of Cardinal Newman》1, 2권을 출간한다. 논란에도 불구하고, 애벗은《신화에 대한 사랑》에 이어 상당한 두께의 책 두 권을 출간한다. 이 책에서 애벗은 뉴먼이 영국성공회를 떠나 로마가톨릭 사제가 된 1845년까지 그의 삶과 사상을 자세하게 설명한다.

1892. 메리 애벗이 고전학 우등 졸업시험 제1부에서 1등급을 차지한다.

1893. 《라티누스 왕: 라틴어 구문 분석 입문서 Dux Latinus: A First Latin Construing Book》를 출간한다.

1897. 《물 위의 영혼: 인성에서 신성으로의 진화 The Spirit on the Waters: The Evolution of the Divine from the Human》를 출간한다. 애벗은 이 책의 표제지에 익명으로 발표된 네 권의 책,《필로크리스투스》,《오네시모》,《알맹이와 껍데기》,《플랫랜드》의 저자가 자신임을 처음으로 공개적으로 인정한다. 한편 신의 개념에 대한 부분에서,《플랫랜드》에서 절정을 이루는 방문 장면에 대해 설명하면서 "신과 같은" 능력 때문에 당장 이 존재를 숭배하려 드는 플랫랜드 사람의 반응에 대해 논의한다(애벗 1897, 29-31).

1897. 5월 21일, 케임브리지 대학교 위원들은 자격을 갖춘 여성의 문학사 학위 수여를 촉구한 결의안을 무산시킨다. 애벗은 이 결의안에 찬성 투표한 661명 가운데 속하고, 그의 아들은 반대 투표한 1,707명에 속한다(케임브리지 리뷰 특별부록, 1897년 6월 3일, ii-iii).

1898.《캔터베리의 성 토머스 주교: 그의 죽음과 기적들 St. Thmas of Canterbury: His Death and Miracles을 출간한다. 애벗은 베케트 대주교의 죽음과 기적에 대한 초기 서사를 연구하면서 "신약성서 비판의 문제점과 유사한 내용들"을 발견하여 이 책을 쓰게 됐다고 말한다.

1900.《단서: 그리스어로 히브리어 성경을 읽기 위한 안내서Clue: A Guide through Greek to Hebrew Scripture》를 출간한다. 애벗의 "공관복음" 시리즈의 첫 번째 책으로 4대 복음서에 관한 철저한 연구서다.

1900. 메이 싱클레어May Sinclair가 번역한 호메로스의《아폴로 찬가》가《리터러처Literature》에 실리도록 돕는다. 20년 뒤, 그녀는 영국에서 가장 널리 알려진 여성 작가가 되었다.

1901.《마태오, 루카가 정정한 마르코 복음 내용 Corrections of Mark Adopted by Matthew and Luke》을 출간한다.

1903.《문자에서 영혼까지: 시시각각 달라지는 목소리를 통해 영원한 말씀에 이르기 위한 노력From Letter to Spirit: an Attempt to Reach through Varying Voices the Abiding Word》을 출간한다.

1903.《정반대의 사람, 선지자와 위조범Contrast, or a Prophet and a Forger》을 출간한다.

1904.《파라도시스, 배반당한(?) 그날 밤에Paradosis, or in the Night in which He Was(?) Betrayed》를 출간한다.

1905.《요한복음의 어휘: 네 번째 복음과 다른 세 복음의 어휘 비교Johannine Vocabulary: A Comparison of the Words of the Fourth Gospel with those of the Three》를 출간한다.

1906. 은퇴 후 애벗은 그야말로 "현대 생활의 오락"을 멀리했고, 1900년 이후로 좀처럼 햄스테드를 벗어나지 않았다. 1906년에 그는 르웰린 데이비스에게 보낸 편지에 이렇게 썼다. "(내 생각에) 5년 동안 햄스테드 밖으로 나가본 적이 없

는 것 같네. 그동안 나는 매년 363일 정도 일했지. 굉장히 잘 지내고 있고, (단어에 대한) 기억력도 그 어느 때보다 좋다네"(애벗 1906).

1906. 《요한복음의 문법 Johannine Grammar》을 출간한다. 애벗의 신학적 견해와 관계없이 평론가들은 《요한복음의 어휘》와 《요한복음의 문법》에 대해 요한의 복음과 편지 연구에 대단히 중요한 기여를 했다고 입을 모아 칭찬을 아끼지 않았다. "두 책은 전문적인 학자의 필독서다. …… 무수히 많은 유명한 책들에서 발견하지 못한 진정으로 중요한 지식이 더해졌음을 알게 될 것이다"(샌데이 1906, 155).

1906. 《기독교인 실라누스 Silanus the Christian》를 출간한다. 기독교에 설득된 스토아 철학자 에픽테투스의 젊은 로마인 제자, 실라누스의 자서전으로 알려진 책이다. 《필로크리스투스》, 《오네시모》, 《플랫랜드》와 달리 고어체로 쓰이지 않았다.

1907. 《해명서: 설명과 변호 Apologia: An Explanation and Defence》를 출간한다. 《기독교인 실라누스》 본문의 주석 모음집이다. 애벗은 서문에서 《플랫랜드》를 "H. C."에게 헌정했음을 밝히고, 본문에서도 《플랫랜드》를 두 차례 언급한다(각주 22.23과 E.128 참조).

1907. 《디아테사리카 색인: 연구 표본 첨부 Indices to Diatessarica: With a Specimen of Research》를 출간한다.

1907. 《신약성서 비판에 관한 주석 Notes on New Testament Criticism》을 출간한다. 이 책의 평론가는 애벗을 초기 그리스 교회에서 가장 중요한 신학자이며 성서학자인 오리게네스와 비교한다. "두 사람 모두 놀랍도록 아이디어가 넘치고, 두 사람 모두 자신이 제시하고자 하는 바를 학문적으로 정확하게 알고 있으며, 두 사람 모두 전 세계 사람들이 완전히 받아들일 수 있는 것과 그렇지 못한 것을 결정하는 데 어려움을 갖는다"(샌데이 1908, 114).

1907. 《환영과 음성에 의한 계시 Revelation by Visions and Voices》를 출간한다(각주

22.23 참조).

1909. 애벗의 제자들 가운데 가장 유명한 허버트 H. 애스퀴스가 영국 수상이 된다. 애스퀴스는 자서전에서 다음과 같이 말했다. "애벗 선생님은 가르치는 일에 천부적인 재능이 있을 뿐 아니라, 일상적인 번역 작업에서 그분보다 더 소양을 갖추고 의욕을 고취시키는 대가는 상상하기 어려울 것이다. …… 무엇보다 선생님은 훌륭한 인격이라는 최고의 재능을 지니셨다. 선생님은 엄격하면서도 동정심이 많고, 깊은 감동을 주는 동시에 영감을 불러일으킨다"(애스퀴스 1928, 11-12). 애벗은 앨더슨Alderson이 쓴 애스퀴스의 전기에서 시티 오브 런던 스쿨 시절 애스퀴스의 학교생활에 대해 회상한다(1905, 9-10).

1909. 《사람의 아들이 보낸 메시지The Message of the Son of Man》를 출간한다.

1910. 《고대의 시에서 비추는 복음의 빛Light on the Gospel from an Ancient Poet》을 출간한다. 세인트존스 칼리지 명예 회원이 된다.

1913. 《다양한 종류의 복음서Miscellanea Evangelica》1권과 《4대 복음서 입문The Fourfold Gospel, Introduction》을 출간한다. 영국 학술원 회원이 된다.

1914. 《4대 복음서 기초 The Fourfold Gospel, the Beginning》를 출간한다.

에드윈 애벗 애벗, 1914년경

1915. 《4대 복음서, 새 왕국의 선포 The Fourfold Gospel, the Proclamation of the New Kingdom》와《다양한 종류의 복음서: 먹임에 관한 그리스도의 기적 Christ's Miracles of Feeding》(《다양한 종류의 복음서》2권)을 출간한다.

1916. 《4대 복음서, 새 왕국의 법 The Fourfold Gospel, the Law of the New Kingdom》을 출간한다. "이 새로운 작업은 우리 시대에 가장 성실한 영문학자의 학식과 헌신을 독자들에게 깊이 인식시키는 계기가 될 것이다"(나이트 Knight 1916).

1917. 《4대 복음서, 새 왕국의 건설 The Fourfold Gospel, the Founding of the New Kingdom》을 출간한다. "공관복음 시리즈"의 14번째이자 마지막 권이며 7,100쪽 이상으로 이루어졌다.

1918. 80세 생일에 수백 명의 남녀 귀빈들이 서명한 헌사를 받는다(《타임스》 1918년 12월 21일, 3).

1918. 마지막 출간 논문 〈복음에서 가르치는 정의 Righteousness in the Gospels〉가 영국학사원 회보 8(Proceedings of the British Academy 8, 1917/1918, 351-364)에 게재된다.

1919. 2월에 아내가 사망한다. 애벗은 이 시기부터 사망할 때까지 병석에 눕게 된다.

1926. 바질 블랙웰 경에 의해 1885년 이후 처음으로《플랫랜드》재판이 발행된다. 그는 애벗의 딸에게 저작권을 구입했다.

1926. 10월 12일, 햄스테드 웰 워크, 웰시드의 자택에서 유행성 독감으로 사망한다. 10월 15일, 포춘 그린에 위치한 햄스테드 묘지에 묻힌다. 과거 제자인 제임스 G. 심슨 James G. Simpson이 감동적인 추도 연설을 한다(심슨 1926). 사망기사가 실린다(사망기사 1926a; 1926b).

부록 B2. 에드윈 애벗 애벗의 〈수학적 전기〉[14]

에드윈 애벗 애벗의 아버지는 매릴번 언어학교 교장이며 여러 권의 교과서 저자다. 가장 많이 알려진 책은 《산수 안내서와 대수의 첫 단계》다. 애벗의 어린 시절 교육 내용에 대한 기록은 없지만, 시티 오브 런던 스쿨에 입학한 12살 이전까지는 가정에서 부모님에게 교육을 받았을 것으로 짐작된다. 애벗은 시티 오브 런던 스쿨에서 교장인 F. W. 모티머에게 강한 영향을 받았다. 모티머는 옥스퍼드 퀸즈 스쿨에서 서양고전학 1등급을 받았다.

19세기 중반, 이튼, 해로, 러그비 등 공립학교의 수학 수업 시간은 일주일에 고작 세 시간에 불과했으며, 이처럼 대체로 수학을 소홀히 여기는 경향은 다른 공립학교에도 일반적이었다. 이와는 대조적으로 애벗이 1850년부터 1857년까지 재학하던 시티 오브 런던 스쿨에서는 중상급 학생들(14-18세)의 전체 수업 시간 가운데 3분의 1이 수학에 할애되었다. 1865년 5월, 톤턴위원회에서 모티머는 이같이 증언했다. "우리는 영국의 다른 어떤 학교보다 수학 실력이 월등히 높다고 생각합니다." 시티 오브 런던 스쿨의 6학년(평균 17.5세로 이루어진 23명의 남학생) 수학 교과 과정이 그의 증언을 입증한다. 1864-1865년에 이 학교를 다닌 학생들은 유클리드의 기하학 원론, 대수학, 평면, 구면 삼각법, 원뿔 곡선, 뉴턴의 프린키피아(Principia, I-Ⅲ), 통계학, 역학, 기초 유체정역학, 미적분학, 광학, 천체학, 방정식 이론 등을 공부했다(학교 조사위원회Schools Inquiry Commission 1868a, 373; 1868b, 431).

시티 오브 런던 스쿨에서 미분 방정식까지 수학을 공부한 애벗은 모든 학생들에게 그처럼 과도하게 수학을 가르치는 것은 큰 잘못이라고 주장했다. 애벗은 "합리주의자 기독교인의 고백"에서 시티 오브 런던 스쿨 재학 시절 자신의 경험에 대해 언급한다.

수학만 공부하고 서양고전학을 공부하지 않는 것은 우리 학교의 장점이었

---

14 주로 리처즈가 쓴 전기(1984)를 바탕으로 린드그렌과 리처즈가 개정한 내용(2009)이다.

다. 이 방침은 학교의 어느 유별난 수학 선생의 압력에 의한 것이었는데, 그는 처음엔 어느 정도 수학에 미쳐서 그랬을 테지만 나중에는 학생들에게 대우를 받다 보니 더 심하게 미쳐버린 것 같다. 아무튼 그 바람에 우리는 영국의 어느 학교보다 수학의 많은 분야를 다룬 학교로 전무후무했다. 모든 학생이 고생스럽게 고등 수학을 공부해야 했는데, 그 결과 일부 학생은 케임브리지에서 높은 수학 등급을 받았지만, 대부분의 학생은 교육에 지장을 받거나 망치곤 했다(더글러스-스미스 1965, 125).

애벗이 언급한 유별난 선생은 로버트 피트 에드킨스로, 그는 1837년 시티 오브 런던 스쿨의 설립 당시부터 1854년 11월 갑작스런 죽음을 맞을 때까지 교편을 잡았다. 에드킨스는 1830년, 케임브리지 트리니티 칼리지에서 불과 2등급을 받는 데 그쳤다. 18년 뒤에는 어떤 주제에 대해서든 단 한 줄도 글을 싣지 않았음에도 불구하고 그레섬 칼리지 기하학 교수로 임명되었다. 또한 에드킨스 본인은 실력이 출중하지도 않았고 수업을 이끄는 능력이 전혀 형편없었는데도, 그의 많은 제자들은 여러 대학교에서 수학에 훌륭한 성적을 거두었다(그레섬 교수들 Gresham professors 1848).

1854-1855년까지 애벗의 수학 선생은 헨리 윌리엄 왓슨이었다. 그는 케임브리지 트리니티 칼리지를 수학 1등급으로 졸업했으며, 런던에서 법학을 공부하기 위해 학기 중에 교직에 발을 들여놓게 되었다. 이후 왓슨은 수학자이자 성직자로서 탁월한 경력을 쌓았다. 그의 후임은 케임브리지 코퍼스 크리스티 칼리지를 졸업한 프랜시스 커스버트슨이었다. 커스버트슨은 애벗과 함께 시티 오브 런던 스쿨에서 공부했고(1850-1851), 이후 교사로서 애벗을 가르쳤으며(1856-1857), 애벗의 교장 재임 기간 동안 줄곧 부교감을 지내다가(1856-1889), 1889년 12월, 애벗의 은퇴 직전에 갑작스런 죽음을 맞았다. 그는 에드킨스보다 훨씬 합리적인 사람이었고, 그런 만큼 실질적으로 많은 학생들이 이후 케임브리지와 옥스퍼드에서 수학 1등급의 영예를 안고 졸업했다(거니Gurney 1890).

애벗은 시티 오브 런던 스쿨 시절을 소중하게 여겼는데, 모티머 선생과 그밖에 다른 선생들에게 받은 교육과 지도편달 때문이기도 하지만, 그보다는 아마도 그곳에서 쌓은 지속적인 우정의 영향이 훨씬 컸을 것이다. 그와 가장 친한 두 친구는 수학자가 되었다. 해럴드 캔들러는 60여 년 동안 애벗의 둘도 없는 친구였다. 그는 케임브리지 트리니티 칼리지를 졸업한 뒤, 아핑검 스쿨의 유명한 교장 에드워드 스링 밑에서 오랜 기간 수학을 가르쳤다. 애벗이《플랫랜드》의 헌사에 "스페이스랜드 안에 살고 있는 일반 거주자들과 특별히 H. C에게 바친다"고 쓴 걸 보면, 이 책을 쓸 때 캔들러와 상의한 것이 거의 틀림없다. 침례교 목사의 아들인 윌리엄 S. 앨디스도 애벗과 가까운 친구였다. 시티 오브 런던 스쿨의 학생들 대부분은 대학교에 진학하지 않고 열여섯 살에 학교를 중퇴해 장사를 시작했는데, 앨디스의 아버지도 모티머 교장이 중재하기 전까지는 아들을 그렇게 만들 계획이었다. 하지만 앨디스는 장학금을 받고 캔들러를 따라 트리니티에 입학했고, 애벗은 세인트 존스 칼리지에 입학했다.

1857년, 애벗과 앨디스가 케임브리지에 입학했을 당시, 케임브리지에는 일반 학위와 우수 학위라는 두 종류의 학사 학위가 있었다.[15] 우수 학위를 위해서는 원래 평의원회관 시험(Senate House 혹은 우등 졸업시험)이라고 불리는 시험을 통과해야 했다. 서양고전학 우등 졸업시험이 1824년에 도입되었고, 곧이어 다른 분야의 우등 졸업시험이 시행되었다. 19세기 중반에는 우등 졸업시험, 특히 수학 우등 졸업시험이 대단히 어려워졌고 학생들 사이의 경쟁도 치열했다.[16] 뛰어난 성적을 받고 싶은 학부생은 대학 재학 기간 내내 개인 교사의 지도를 받지 않을 수 없었다. 셸던 로스블랫의 지적에 따르면, 빅토리아 시대 케임브리지 대학 생활 가운데 서양고전학 연구에 있어서 개인 교사는 단순히 학습을 보충하

---

15 당시 약 40%가 우수 학위를, 35%가 일반 학위를 받았으며 25%는 학위를 받지 않았다(툴버그 Tullberg 1998, 194).

16 레너드 로스Leonard Roth는 수학 우등 졸업시험에 대해 "전 세계에 유례없는 단연코 가장 어려운 수학 시험"이라고 말했다(로스 1971, 228).

거나 추가하는 데 그치지 않았으며, "케임브리지에서 가장 중요한 교사들이었다"(로스블랫 Rothblatt 1968, 198).

애벗과 앨디스가 1861년 1월에 치른 수학 우등 졸업시험 제1부는 사흘 동안 계속되었다. 여기에는 유클리드 기하학 원론, 원뿔 곡선론, 대수학, 삼각법, 통계학, 역학, 유체정역학, 광학, 뉴턴의 프린키피아, 천문학 문제가 포함되었다. 이 1부에서는 아르키메데스 시대에서 뉴턴 시대까지 이용된 고전기하학 방법에 중점을 두었으며, 미적분학 이용은 금지되었다(케임브리지 대학교 일정Cambridge University Calendar 1861, 11-12). 주목할 점은 시티 오브 런던 스쿨의 수학 교과 과정에 이 주제들이 전부 포함되었다는 사실이다.

1부 시험을 마치면 열흘 간 휴식 기간을 갖는데, 이 기간 동안 심사위원들은 "수학 우수자의 영예"를 안게 될 후보를 결정했다. 그리고 그렇게 결정된 학생들만이 닷새 동안 계속되는 제2부 시험을 치를 자격을 갖게 되었다. "이론 수학과 자연 철학"이라고 기술된 2부의 문제들은 사실상 대부분 수리물리학 문제였다. 시험이 끝나면 심사위원들은 총 8일 동안 치른 시험 성적에 따라 학생들의 순위를 평가해 1, 2, 3등급으로 나누었다. 1등급을 받은 학생들을 "1급 합격자wranglers"라고 불렀으며, 그 가운데 최고 점수를 얻은 1급 합격자를 수석 1급 합격자, 그 다음 점수를 받은 1급 합격자를 차석 1급 합격자 등으로 불렀다. 2등급을 받은 학생은 "고급 합격자senior optimes", 3등급을 받은 학생은 "하급 합격자junior optimes"라고 불렀다.

1861년 수학 우등 졸업시험에서는 1등급 합격자가 34명, 2등급 합격자가 33명, 3등급 합격자가 26명이었다. 애벗은 2등급 합격자 가운데 7등이었고, 윌리엄 앨디스는 수석 1급 합격자였다.[17] 1857년과 1866년 사이 케임브리지 수학 우

---

17 앨디스는 케임브리지의 과외 교사를 통틀어 가장 유능한 과외교사인 에드워드 J. 루스Edward J. Routh에게 개인 지도를 받았다. 1862년부터 1888년까지 수석 1급 합격자 26명 및 1급 합격자 990명 가운데 거의 절반이 루스의 지도를 받았다(워릭Warwick 2003, 233).

등 졸업시험에서 시티 오브 런던 스쿨 졸업생 가운데 수석 1급 합격자는 2명, 차석 1급 합격자는 2명, 3등 1급 합격자는 2명, 4등 1급 합격자는 1명, 6등 1급 합격자는 2명, 기타 1급 합격자는 6명이었다. 하워드 캔들러는 1860년 졸업 시험에서 1급 합격자 가운데 16등이었다. 애벗의 수학 교사 세 명 가운데 에드킨스는 1830년에 치른 시험에서 2등급 합격자 가운데 25등이었고, 왓슨은 1850년 시험에서 차석 1급 합격자였으며, 커스버트슨은 1855년 시험에서 1급 합격자 가운데 4등이었다.

윌리엄 S. 앨디스와 애벗,
1861년경

　애벗은 수학 우등 졸업시험을 볼 필요는 없었지만, 서양고전학으로 총장 메달을 받으려면 수학 2등급이 필수 조건이었으므로 시험을 보기로 했다. 시티 오브 런던 스쿨의 수학 교과 과정을 고려하면, 애벗은 서양고전학 우등 졸업시험 준비에 큰 지장을 받지 않고 거뜬히 수학 2등급에 오를 수 있었을 것이다. 애벗이 수학 우등 졸업시험을 위해 개인 교사에게 과외를 받았다는 증거는 없지만, 그의 대학 지도교수인 스티븐 파킨슨이 지도한 학생 4명은 수석 1급 합격자가 되었다.

애벗은 케임브리지를 졸업하고 버밍엄의 킹 에드워즈 스쿨과 클리프턴 칼리지에서 잠시 학생들을 가르친 뒤, 1865년 시티 오브 런던 스쿨로 돌아와 교장 직을 맡았다. 그가 교장 직을 수행한 25년 동안 영국의 많은 수학 교사들은 유클리드 기하학 원론이 학교에서 가르치기에 전혀 적합하지 않다고 주장하기 시작했다. 그들은 학생들이 쉽고 명확하게 이해할 수 있고 논리적으로 정확한 새 교재를 만들어야 한다고 외쳤다.

영국은 학업 성적을 평가하는 수단으로 시험에 의존하기 때문에, 유클리드 기하학 원론을 다른 교재로 대체하려면 교재를 새로 집필해서 사용해야 할 뿐 아니라, 수학 시험 특히 옥스퍼드와 케임브리지의 수학 시험 문제 유형도 완전히 바뀌어야 했다. 또한 그러한 기획이 성공하려면 각 대학의 수학 관련 학과뿐 아니라 중등학교 교사의 협력이 필요했다.

이러한 난관에도 불구하고 유클리드 기하학 원론을 다른 교재로 대체하자는 제안은 19세기 중후반 기간 동안 진지하게 고려되었다. J. J. 실베스터는 1869년 영국 학술협회 회의에서 발표한 "수학자를 향한 호소"를 통해 유클리드 기하학 원론을 더 이상 교재로 삼지 말 것을 강력하게 요구했다. 1870년에는 애벗이 정회원으로 활동하는 교장협의회에서 유클리드 기하학 원론에 대해 전반적으로 재평가해야 한다는 결의안이 압도적인 지지를 받고 통과되었다. 관심은 더욱 확산되어 마침내 1871년 1월, 유니버시티 칼리지 런던에서 기하학 교수법 개선협의회Association for the Improvement of Geometrical Teaching, AIGT에 관한 첫 번째 모임이 열렸다. 하워드 캔들러는 처음부터 이 모임의 회원이었다. 애벗과 커스버트슨은 1872년에 열린 두 번째 모임에 참석해 1873년에 회원이 되었다(AIGT 1872, 9). 애벗은 1884년까지 회원으로 남았다.

커스버트슨도 애벗도 기하학 교수법의 대대적인 개혁을 옹호하지는 않았다. 커스버트슨은 대안 교과서 집필진에 속했지만 그의 《유클리드 기하학》(1874)은 《기하학 원리》를 신중하게 개정한 것이었다.[18] 애벗은 많은 훌륭한 교사들이 "유클리드 기하학에 반대하는 이유가 복잡하고 우회적이며 인위적이기 때문"이라고 보았다. 그러나 자신은 이 반대자들에 속한다고 말하지 않았으며, "더 나은 방법이나 교재를 제안하는 일은 전문가들에게" 기꺼이 맡겼다(애벗 1883, 189). 애벗은 의회 위원회 앞에서, 친구 제임스 M. 윌슨이 러그비 스쿨에서 불평을 토로했던 것과 달리 시티 오브 런던 스쿨에서는 유클리드 기하학을 가르치는 데 있어서 어려움을 경험한 적이 없다고 진술했다(과학적인 가르침에 관한 특별위원회 1868, 187).

AIGT의 제도적 개선과 그 궁극적인 실패 과정은 브록(Brock, 1975)에 연대순으로 기록되어 있다. 영국 학교에서 유클리드 기하학 원론을 대체하려는 노력에 대한 완벽한 설명은 리처즈(Richards, 1987) 4장을 참조한다.

부록 B3. 애벗과 여학생 교육

19세기의 대부분 기간 동안 영국의 상당수 여자아이들은 거의 정식 교육을 받지 못했다. 교육을 받았다 하더라도 여자 가정교사에게 지도를 받거나 작은 사립학교에 다니는 정도에 그쳤는데, 그런 식의 교육은 사교 기술을 익히는 방법에 중점을 두었으며 지적인 발전은 여성성을 약화시킨다고 여겼다(버스틴 Burstyn 1980, 22).

1871년에 노스 런던 칼리지에이트 스쿨(최초의 공립 통학 여학교)이라는 대단히 성공적인 여학교의 여자 교장, 프랜시스 버스가 두 번째로 캠든 여학교를 설립했다. 이 학교는 저렴한 학비를 적용해 가정 형편이 넉넉하지 않은 여자아

---

18 그럼에도 불구하고 루이스 캐럴은 커스버트슨이 개정한 기하학 교재가 자신의 유클리드 기하학 해설에서 크게 벗어났다고 비판했다(1879).

이들을 수용했다(스크림저Scrimgeour 1950; 바셀Burchell 1971). 같은 해, 시장이 참석한 캠든 여학교의 우등생 표창일 기념식에서 애벗은 "여자아이들을 위해 그들의 남자형제가 다니는 학교와 유사한 학교를 세워야 한다며, 시장과 기업의 의무에 대해 매우 강력하게 목소리를 높였다"(리들리Ridley 1895, 108-109). 1871년 11월, 마리아 그레이는 《타임스》 독자들에게 캠든 여학교에 교실과 가구를 마련하기 위한 기금 모금을 간곡하게 요청했다. 1872년 1월, 그녀의 호소로 모인 기금은 50파운드도 채 되지 않은 반면, 런던에 남학교 신설을 위해서는 순식간에 6만 파운드가 모인 상황에 대하여 그녀는 "사람들은 여자아이들의 교육에 관심이 없고, 그것에 돈을 들일 가치가 없다고 생각한다"며 우려를 표했다.[19]

여자아이들이 기초 수준 이상의 교육을 받을 수 있도록 지지를 얻고 기금을 모으기 위해, 마리아 그레이와 에밀리 셰리프는 사람들과 협력하여 '전 계층 여성의 교육 향상을 위한 전국연합(나중에 여성교육연합으로 불린다)을 결성했다. 여성교육연합의 가장 큰 성과는 1872년 여성 공립 통학 학교 법인Girls' Public Day School Company, GPDSC을 설립한 것이었다. 법인은 노스 런던 칼리지에이트 스쿨을 본 뜬 중등 여학교 설립을 목적으로, 건물을 임대하거나 구입 또는 건축하기 위한 재정을 확보하고자 주식을 매각했다. 1873년 1월, GPDSC는 첼시의 한 학교를 시작으로 법인 설립 이후 25년 동안 38개 학교의 문을 열었다(굿맨Goodman 2005). 애벗은 앨버트 홀에서 열린 공개 모임에서 단상에 올라 GPDSC의 출범을 발표했다. 그는 법인 협의회 회원으로, 그리고 1876년에 시작한 세인트 존스 우드의 GPDSC 학교 지역위원회 위원으로 일했다.[20]

---

19 M. G. 그레이가 《타임스》의 편집장에게 1871년 11월 14일과 1872년 1월 1일에 보낸 편지. 마리아 셰리프 그레이Maria Sherriff Grey와 에밀리 셰리프Emily Sherriff 자매의 영국의 여성 교육을 위한 활동에 대해서는 에드워드 엘스워드Edward Ellsworth의 《여성 정신의 해방자들Liberators of the Female Mind》(1979)에 가장 자세하게 설명되어 있다.

20 여자아이들을 위한 교육Education for girls, 《타임스》 1872년 6월 8일, 5(매그너스Magnus 1923, 93). 애벗의 딸 메리는 1881년부터 1886년까지 세인트 존스 우드 학교에 다녔다.

여성교육연합이 부딪친 두 번째 어려움은 여자아이들을 가르칠 중등 교사 자격을 갖춘 교사의 수가 턱없이 부족하여 이 인원을 충원하는 것이었다. 마리아 그레이의 집요한 요청으로, 애벗은 중등 교사를 양성할 여성교육연합 위원회 회원이 되기로 했다.[21] 1877년에 위원회는 교육학을 가르치고 교육 실습 기회를 제공하며, 유능한 평가자에 의해 양성 결과를 인증할 목적으로 교사 양성 및 등록 협회에 통합되었다. 애벗은 협회의 정관에 서명하고 초대 의장직을 맡았으며 위원회의 장기 회원이 되었다(릴리Lilley 1981, 11).

1878년 5월, 협회는 중등 교사를 위한 비상주 교원 양성소로, 비숍게이트에 여학교 고학년 담당 교사를 위한 사범대학(1886년에 마리아 그레이 칼리지로 명명되었다)을 열었다. 교원 양성소 설립과 때를 같이 하여, 애벗은 옥스퍼드와 케임브리지 대학 부총장들에게 예비 교사를 대상으로 시험을 실시해 자격을 입증할 수 있는 증명서를 발급하도록 촉구했다.[22] 애벗과 프랜시스 버스 같은 개인뿐 아니라 여러 여성 단체들과 교장 회의에서도 대학에서 교사 양성이 이루어지도록 탄원했다. 그리하여 마침내 케임브리지 대학교는 교사 양성 조합을 약속하고 이론, 역사, 교육 실습에 관한 강의를 마련했으며, 이들 과목의 예비 교사를 대상으로 시험을 실시해 자격증을 교부하는 제도를 확립했다(허슈와 맥베스Hirsch and McBeth 2004, 68). 1878년 7월부터 1879년 10월까지 애벗은 케임브리지 조합의 총무인 오스카 브라우닝에게 비숍게이트의 교원 양성소 및 교사 양성 조합과 관련된 사안으로 최소 열여덟 통의 편지를 보냈다.[23] 조합은 1880년 6월에 최초로 시험을 실시했으며, 이 시험에 합격한 27명의 예비 교사 가운데 18명은 비숍게이트 사범대학 학생들이었다(《타임스》 1880년 7월 12일, 5).

에밀리 셰리프와 마리아 그레이는 장수했지만 오랫동안 건강이 좋지 않았

21 애벗이 마리아 그레이에게, 1876년 7월과 1877년 1월 10일.
22 애벗이 케임브리지의 부총장에게, 1877년 11월 8일과 1878년 1월 1일.
23 케임브리지 킹스 칼리지 기록 보관소에 보관된 브라우닝의 서류에는 애벗이 브라우닝에게 보낸 스물세 통의 편지가 포함되어 있다.

다. 마리아 그레이는 사범대학이 설립된 직후 관련 활동을 그만두어야 했다. 그녀는 로마에서 프랜시스 버스에게 보낸 편지에 이같이 썼다. "애벗 박사님께 뭐라고 감사해야 할지 모르겠습니다. …… 우리를 위해 시간과 의견을 아낌없이 베풀어주신 데 대해 우리 두 사람이 얼마나 고맙게 생각하는지 …… 박사님께 전해주시기 바랍니다"(리들리 1895, 278).

부록 B4. 애벗의 사망기사

에드윈 애벗 박사.

저명한 학교 교장이며 학자이자 비평가.[24]

에드윈 애벗 박사가 햄스테드 자택에서 88세를 일기로 사망했음을 알리게 되어 유감이다.

에드윈 애벗 애벗은 1838년 12월 20일, 런던에서 태어나 모티머 박사가 교장직에 있던 당시 시티 오브 런던 스쿨에서 수학했으며, 케임브리지 세인트존스 칼리지에서 서양고전학 우등 졸업시험 수석 1급을 차지하고 총장 메달을 받는 등 우수한 성적으로 졸업했다. 이후 1861년에 선임연구원으로 선출되었으며, 버밍엄의 킹 에드워즈 스쿨과 클리프턴 칼리지에서 단기 교사 양성을 받고 1865년에 모티머 박사의 뒤를 이어 시티 오브 런던 스쿨의 교장이 되었다. 애벗은 25년 동안 교장 직을 수행했으며, "애벗의 지도를 받았다"는 영광스러운 경험은 여

---

24 《맨체스터 가디언》 1926년 10월 14일, 13. 이 우아한 헌사는 《맨체스터 가디언》의 기고가이며, 시티 오브 런던 스쿨과 옥스퍼드 베일리얼 칼리지 출신인 찰스 E. 몬터규Charles E. Montague가 썼을 것으로 기대되었다. 그렇지만 몬터규는 이 기사를 쓰지 않았다고 말한다. "안타깝게도 나는 《맨체스터 가디언》지에 고매한 인격자 E. A. 애벗에 대한 훌륭한 헌사를 기고할 영광을 얻지 못했다. 그에게 가르침을 받은 것은 내 인생에서 가장 큰 행운이다"(엘턴Elton 1929, 11). 헌사를 쓴 사람은 고전학이며 문헌학자인 로버트 S. 콘웨이라고 여겨진다. 콘웨이는 시티 오브 런던 스쿨과 케임브리지의 곤빌 앤드 카이우스 칼리지 출신으로, 1893년에 카디프의 유니버시티 칼리지 라틴어 교수가 되었고, 1903년 맨체스터 대학교 라틴어 교수로 재직하여 1929년 은퇴할 때까지 이곳에서 교편을 잡았다.

전히 성공의 웅변적인 증언이 되고 있다.

시티 오브 런던 스쿨은 런던의 지방 서기관이었던 존 카펜터(1372-1442)가 유산으로 남긴 땅 위에 설립되었지만 기본적으로 빅토리아 시대의 기관이며, 1837년 런던 자치단체에서 소년들을 위한 중등 교육 기관으로 문을 열었다. 초창기에는 운영이 원활하지 않았으나, 애벗의 스승인 모티머 박사 덕분에 자칫 불명예스러울 수 있었던 학교의 권위가 바로 세워졌다. 그러나 영국의 훌륭한 학교들 가운데에서, 웨스트민스터나 세인트 폴 같은 학교에 부여된 오랜 전통과 수 세기 동안 이어온 성공이라는 명성에 버금가는 명성을 확립할 수 있게 된 것은 단연코 애벗의 공이라 할 수 있다. 그가 잇따라 맡은 6학년 학생들은 유능한 인재로 성장하여 교회와 정부의 요직을 차지했으며, 그 가운데 허버트 애스퀴스는 영국 수상의 자리에 올랐다. 하지만 그에게 크게 신세를 진 제자들 가운데에서도 "박사"가 특유의 자상함과 열정을 표현할 만큼 친근하게 다가간 학생은 아마도 극히 소수에 불과했을 것이다. 작은 체구에 커다란 흰색 타이, 검은 머리, 예리한 회색 눈동자, 그리고 내가 에이트 보트(8개의 노가 있는 경주용 보트 – 역주)의 뱃머리만큼이나 좋아하는 옆모습을 지닌 그에게, 대부분의 학생들은 어떤 근엄하고 경탄할 만한 분위기를 느꼈다. 그리고 겉으로 드러나는 그의 태도에서는 평범한 남학생들이 좀처럼 범접하기 어려운 "완벽한 빛과 같은 고고한 엄격함"이 풍겼다. 40년 전 이 교장선생님은 세상사에 다소 초연한 인물이 될 것으로 기대되었고, 아마도 그런 모습은 통학 학교 환경에서 더욱 두드러졌을 것이다. 그러나 투키디데스에 대한 명확한 번역, 테니슨의 〈추모시〉나 베이컨의 에세이에 대한 해설, 무엇보다 바울로 서간을 다룬 훌륭한 방식은 그에게 명료하게 쓰는 법뿐 아니라 논리적으로 솔직하게 사고하는 법, 모국어를 귀한 보물로 소중하게 여기는 법을 배운 이들에게 영원한 재산으로 남아 있다.

그렇지만 애벗 박사 본인이 사람들에게 기억되길 바라는 모습은 학교의 교사가 아니다. 그의 삶에서 거의 열정적이라고 할 수 있는 진정한 관심사는 기적을 받아들이는 것이 대체로 불가능한 환경에서 전통적인 신앙을 영속적으로 지킬 수 있도록 현대인에게 기독교를 소개하는 문제였다. 그를 "신新신학운동[25]"과 동일시하는 것은 잘못된 판단으로 보인다. 이 운동은 애벗이 태도를 결정한 시점으로부터 25년 뒤에 일어났으며, 그의 포괄적인 정신을 만족시키기에는 지나치게 피상적이었으니 말이다. 60대 원숙기에 이르러 애벗은 다윈, 헉슬리, 틴들이 특유의 사상에 변혁을 일으켰을 때, 그리고 실제로 그럴지 모르지만 자연법칙의 한계들이 오늘날보다 더욱 분명하고 임의적으로 여겨졌을 때 사람들이 느꼈던 것처럼, 자연과학에 대해 압박감을 느꼈다. 애벗에게는 대부분의 사람들이 뉴먼 추기경의 종교와 허버트 스펜서의 불가지론 사이에서 선택을 하는 경향이 있는 것으로 보인 한편, 자신은 이런 딜레마에 관심을 갖지 않았다. 그의 견해를 전적으로 동의하지 않더라도, 한 인간의 고결함과 인내심은 깊이 존경할 만하다. 그는 스스로 크나큰 과업을 떠안았으며, 현 세대의 누구와도 필적할 수 없을 만큼 깊은 학식, 강력하지만 정제된 상상력, 이미 베이컨과 셰익스피어의 작품에 관한 뛰어난 비평을 통해 입증된 비평 능력, 우수한 직관을 바탕으로 하되 오직 검증된 내용만을 담은 정신을 이 과업에 쏟아 부었다. 그리하여 정작 깨닫는 사람은 소수에 불과했을지언정 대부분의 사람들에게 커다란 충격을 주었을 것이다.

그의 저작들을 펼칠 때 우리는 문장과 문장 속에서 훌륭한 교사의 흔적을 발견하는 한편, 변화 없이 반복되는 단조로움은 찾을 수 없을 것이다. 이것은 애벗 자신에게도 완벽하게 해당된다. 《디아테사리카》의 복잡한 내용을, 베케트에 관한 논문을, 설교의 서문을, 뉴먼 추기경의 영국성공회 경력에 관한 철저한 조사를, 《필로크리스투스》, 《오네시모》, 《기독교인 실라누스》에서 초기 신앙 정신의 재현을 들여다보자. 그 안에서 우리는 아무리 지루한 페이지에서도 분명하게

---

25 New Theology, 엄격한 정통 교리로부터 벗어나려는 신학으로, 특히 19세기 후반 미국 프로테스탄트 신학의 자유주의적인 운동 – 역주

드러나는 학식의 폭과 다양한 관심에 깊은 인상을 받는 한편, 학문의 진보가 미미한 데 비해 목적을 향한 놀라운 집념에 경탄하게 될 것이다. 짐작하건대 이 목적은 불가능한 신앙을 허물어뜨리는 것이 아니라, 모두가 기독교 신앙의 창시자를 사랑하고 숭배하고 존경하도록 하는 것이리라.

세상이 에드윈 애벗이라는 인물을 알게 된 지 오랜 세월이 흘렀다. 그의 마지막 제자들은 이미 삶의 현장에서 활발하게 활약하고 있다. 그를 설교자로 기억하는 사람들은 벌써 중년의 나이에 접어들었다. 그는 대중적인 명예가 아닌 공공의 이익을 갈망하여 세간의 주목을 받는 자리에서 자발적으로 물러났다. 그를 잘 아는 사람들에게, 그리고 그의 많은 저술에서 드러나는 깊고 넓은 문학 활동 및 비평 연구에 요구되는 탁월한 재능과 다양한 특징들을 평가할 줄 아는 사람들에게, 그는 언제까지나 영감을 불러일으키는 훌륭한 예로 남을 것이다. 애벗은 그가 다니던 옛 학교 창문에 "한 세대를 넘어 영원토록"이라고 기술된 다른 선생들과 어깨를 나란히 할 것이다.

감사의 글

이 책은 에드윈 애벗 애벗의 생애를 31년간 연구한 제2저자 덕분에 탄생했다. 이 프로젝트를 위해 인터뷰에 응해준 분들, 애벗 제자들의 친척과 애벗의 친한 친구들, 존 Y. 패터슨, 하워드 캔들러, 윌리엄 S. 앨디스에게 감사드린다. 링컨스 인 필즈에 위치한 법률회사 비자즈Vizards의 사무변호사 힐러리 해머는 애벗과 애벗 자녀들의 유언장 사본을 제공해주었다. 메리 애벗 소유 부동산의 유일한 상속인인 애니 포셋의 조카, 피터 스탠리 프라이스, 햄스테드에 위치한 애벗의 집 웰사이드의 소유주인 카타리나 울프와 로렌스 레너드에게도 감사한다. 시티 오브 런던 스쿨의 교장 제임스 보이어스, 수학 교사 테리 허드, 관리팀장 윌리엄 핼릿, 런던수학학회 총무 데이비드 싱마스터에게도 고마움을 전한다. 1926년에《플랫랜드》출간을 직접 담당한 바질 블랙웰 경,《새터데이 리뷰》(1926)에《플랫랜드》서평을 쓴 프랭크 V. 몰리, 1952년에《플랫랜드》가 도버 출판사에서 페이퍼백으로 재출간된다는 소식을 알린 헤이워드 서커, 존 그래프턴, 바네시 호프만에게 감사한다. 브라운 대학교의 제자들, 마이클 홀러랜과 로라 도프만은 이 프로젝트 진행 초기에 많은 도움을 주었다.

알렉산더 K. 듀드니, 미셸 에머, 린다 달림플 헨더슨, 로즈마리 잰, 바바라 모왓, 로열 로즈, 조앤 리처즈, 루디 러커는 1984년 브라운 대학교에서 열린《플랫랜드》출간 100주년 기념 컨퍼런스에서 대담자로 참석했다.《인터내셔널 사이언스 리뷰》의 편집자이며 발행인인 앤서니 미카엘리스는 애벗에 관한 상세한 기사〈플랫랜드에서 하이퍼그래픽스까지〉(밴초프, 1990b)에 대해 발표할 기회를 제공했다.

저자들의 공동 작업은 제1저자가 브라운 대학교에서 안식년 휴가를 보내던 2000년 가을에 시작되었다. 당시 우리는 수학과 학과장 도린 파파스, 조교 나탈리 존슨, 오드리 아귀아르, 캐롤 올리베이라, 컴퓨터 시스템 관리자 래리 라리비에게 전문적인 지원을 받았다. 브라운 대학교 도서관에서는 메릴리 테일러, 새뮤얼 스트레잇, 패트릭 요트, 로빈 네스, 앤 콜드웰에게 도움을 받았다. 또한 2001년부터 2005년까지 여름마다 본교 학생인 스티브 캐넌, 크레이그 데자르댕, 라이언 로크, 라이언 로스, 해리 사이플에게 다양한 방식으로 도움을 제공받았다. 2008년 7월에 마이클 슈바르츠는 주석에 필요한 대부분의 도해를 그렸다.

슬리퍼리록 대학교의 수학과 조교 데브라 디키도 큰 도움이 되었다. 베일리 도서관의 리타 맥크렐랜드와 캐슬린 매닝은 지속적인 협조를 아끼지 않았다. 한스 펠너는 구스타프 페히너의 에세이를 번역했다. 리처드 마천드는 도형 19.2를 그렸고 다른 도형들에 대해 조언했다. 클리브 쿡은 스티브 캐넌이 LaTeX 프로그램으로 만든 《플랫랜드》 재판 원고의 교정을 보았다. 제이슨 로이드, 밸러리 롱, 케일럽 파르딕, 에이미 로빈슨, 애덤 윌콕스 등 많은 학생들의 논평과 질문 덕분에 주석의 내용이 더욱 좋아졌다.

처음부터 우리에게 격려를 아끼지 않은 돈 앨버스에게 깊은 감사를 드린다. 그와 제리 알렉산더슨은 이 책을 미국수학협회, 케임브리지 대학교 출판부와 공동 출간하는 방법을 고려해보라고 촉구했다. 덕분에 우리는 케임브리지 대학교 출판부의 편집자 로렌 콜스와 제작팀장 마리엘 포스, 디지털 출판 기업 압타라의 제작부장 샤나 마이어, 본문 교정교열 담당자 폴 하이타워와 함께 작업하는 커다란 기쁨을 누렸다.

시티 오브 런던 스쿨의 문서보관 담당자인 우리 친구 테리 허드에게 특히 감사를 전한다. 우리가 여러 차례 런던을 방문할 때마다 따뜻하게 맞아주었고 무수한 질문에 답했으며, 여러 형태의 원고를 수정하고 다듬어주었다. 원고를 처음부터 끝까지 읽으면서 오류를 발견하고 유용한 의견을 제시하여 원고의 품질을 향상시키는 데 큰 몫을 한 리처드 가이에게도 고마움을 전한다. 또 다른 익명의 독자도《플랫랜드》와 고대 그리스를 다루는 방식에 관하여 도움이 되는 많은 제안을 해주었다.

클레어앤 벙커와 캐슬린 밴초프의 지속적인 조언과 격려에 감사한다. 피터 플레처, 버나드 프레이드버그, 위슨 헌세이커, 옥클 존슨, 신디 라콤, 피터 핸슨, 스콧 테일러 등 여러 친구들은 우리에게 의견과 논평을 제시해주었다.

조앤 리처즈는 제1저자와 공동 작업을 통해〈에드윈 애벗의 수학에 관한 전기〉를 발표했다. 이것은 부록 B에 수록되어 있다. 바바라 모왓은《플랫랜드》에서 셰익스피어 작품이 암시된 내용을 확인했다. 마틴 가드너는 4차원과《플랫랜드》에 관한 내용을 알려주었다. 캐런 파설은《옥스퍼드 매거진》에 개제된《플랫랜드》서평에 관해 의견을 제시했다. 라일라 하퍼가《플랫랜드》에 대한 몇 편의 최신 서평을 보낸 덕분에 우리는 H. G. 웰스가 프리스틀리에게 보낸 편지에 관심을 가질 수 있었다. 헤스터 르웰린은 자신의《플랫랜드》강의 자료를 제공했다. 짐 태터샐은 아서 버카임에 관한 정보를 제공했고, 애벗의 에세이〈영어 교수법에 관하여〉를 보내주었다. 피터 매커머는 니콜 오렘의 저서를 소개했다. 제임스 보그는 영국 국립도서관에 맥밀런의 서신이 있다는 사실을 우리에게 처음으로 알려주었다. 톰 몰리는《플랫랜드》에 제시된 소리의 물리학에 대해 설명했다.

애벗의 논문을 소장한 케임브리지 대학교 세인트존스 칼리지 도서관의 조너선 해리,《애서니엄 전집》을 소장한 시티 오브 런던 스쿨의 마거릿 하비, 시티 오브 런던 스쿨의 사서 데이비드 로즈와 교장 데이비드 레빈, 영국 국립도서관 사서들에게 감사한다. 케임브리지 대학교의 트리니티 칼리지, 킹스 칼리지와 대학 도서관, 예일 대학교 바이네크 고문서 도서관, 하버드 대학교 홀리스 도서관과 휴턴 도서관, 폴저 셰익스피어 도서관, 피츠버그 대학교, 프로비던스 학술진흥원, 리즈 대학교, 옥스퍼드 대학교의 보들리 도서관, 유니버시티 칼리지 런던 관계자 여러분께 감사드린다.

아래 출처의 내용을 규정 내에서 재인쇄할 수 있도록 허락한 관계자들에게 감사드린다. 케임브리지 트리니티 칼리지, 더 마스터 앤드 펠로스의 하워드 캔들러는 《플랫랜드》 표제지 인쇄를 허락했다. 오스틴 텍사스 대학교 해리 랜섬 인문학 연구소에서 애벗이 리처드 가넷에게 보낸 편지와 H. G. 웰즈가 J. B. 프리스틀리에게 보낸 편지를 구할 수 있었다. 오클랜드 대학교 도서관에서 윌리엄 S. 앨디스의 전기 인용문 및 앨디스와 애벗의 사진을 구할 수 있었다. 브라운 대학교 도서관에서 《플랫랜드》 재판 책표지와 앨디스에게 쓴 헌사를 인쇄했다. 블라디미르 나보코프 《문학 강의》의 인용구는 휴턴 미플린 하커트 출판사(copyright © 1980)의 허락을 구하여 인쇄했다. 에드윈 애벗의 사망기사는 《맨체스터 가디언》(copyright © 1926)지의 허락을 구하여 인쇄했다. 그밖에 이 책에 수록된 저작권 보호를 받는 자료 가운데 우리의 부주의로 인해 미처 허락을 구하지 못한 내용에 대해서는 다음 쇄에서 해당 출판사에 서면으로 통지하여 바로잡겠다.

케임브리지 대학교 출판부에서 《플랫랜드》를 출간하는 것은 지극히 당연한 일이다. 애벗과 그의 친한 친구들, 제자들 대부분이 케임브리지 대학교를 졸업했다. 애벗의 아들은 케임브리지 지저스 칼리지, 딸은 거튼 칼리지 동문이다. 열네 권으로 이루어진 애벗의 마지막 역작 《디아테사리카》 전집(복음서 해설서 – 역주)도 케임브리지 대학교 출판부에서 출간되었다. 그러므로 우리는 케임브리지 대학교 출판부의 《플랫랜드》 출간을 애벗이 기뻐하리라 믿으며 그의 영전에 이 책을 바친다.

옮긴이의 말

4차원 세계에 대한 이야기는 사람들을 끌어 들인다. 문을 열지 않고도 문이 닫힌 방에서 나온다든가 몸의 좌우가 뒤집어진 사람의 이야기는 호기심을 자아낸다. 4차원을 가장 처음으로 언급한 이는 뉴턴과 동시대인이었던 헨리 무어다. 그는 영혼이 우리들 세계에서 나타나거나 사라지는 현상을 설명하려면 네 번째 차원이 있어야 한다고 주장했다. 영국에서는 이미 1837년에 유명 과학전문지《네이처》에서 4차원 공간에 대한 대중적인 글을 다뤘을 정도로 이에 대한 관심이 컸다.

이러한 시대적 배경 아래 성서와 셰익스피어를 연구하는 학자이자 교육자였던 에드윈 A. 애벗은 1884년에《플랫랜드》를 출간했다. 이 소설은 회고록 형식으로 구성되었는데, 2차원 세계에 살고 있는 주인공 사각형이 그 세계를 소개하고, 그가 어떻게 3차원 세계와 1차원 세계를 경험했는지, 그 후 자신의 세계를 어떻게 다르게 보게 되었는지 설명한다.《플랫랜드》는《평면세계》,《플래터월드》,《루디러커의 4차원 여행》등 여러 책에 영감을 주었으며, 영화로 제작되기도 했다.

대부분의 좋은 책이 그렇듯《플랫랜드》에는 여러 개의 얼굴이 있다. 이 책은 우선 기하학에 관련된 책이다. 주인공을 따라서 2차원에서 3차원, 그리고 1차원의 세계를 넘나들다보면 우리는 도형과 입체들이 여러 다른 차원에서 서로에게 어떻게 보일지, 어떻게 이동을 하고 어떻게 소통할지에 대해 생각하게 된다. 다음으로 이 책은 최초의 공상과학 소설이다. 문학비평가 다코 수빈에 따르면, 애벗은 현대 과학소설의 중요한 선조들 중 한 명이다. 공상과학소설의 대가인 아이작 아시모프가 어느 미국판《플랫랜드》의 서문에서 이 책을 "공간의 여러 차원을 인식하는 방법을 가장 잘 소개한 작품"이라고 평한 이유도 여기에 있을 것이다.

또한 이 책은 사회를 풍자하는 소설이며, 특히 교육과 계급사회에 대한 비판에 중점을 둔다. 예를 들어 플랫랜드에서는 다각형으로 태어난 아이들이 올바른 각을 가지고 있지 않은 경우 교정을 받는데, 그런 와중에 많은 아이들이 죽기도 한다. 이것은 단순 암기와 체벌로 아이들을 억압하는 일이 흔했던 당시의 영국 교육에 대한 풍자이자 비판이었다. 그밖에도 완벽한 형태를 타고난 동그라미는 불임이라든가, 여성은 가장 천한 신분이면서 동시에 가장 위험하다든가 등 당대의 사회적 풍토가 신랄하게 풍자되어 있다.

하지만 애벗이 이 책에서 다른 무엇보다 강조하려 공을 들인 것은 무지의 가능성과 무지를 극복하기 위한 체험의 중요성이라고 생각한다. 이런 관점은 소설 속에 제시된 "미스터리"라는 말에서 발견될 수 있다. 오늘날 미스터리는 풀리지 않는 수수께끼 정도의 의미로 이해되지만, 고대 그리스에서 이 말은 어떤 신성한 경험을 통해 신참자의 눈을 뜨게 하는 비밀 의식을 의미했다. 즉, 말로 전할 수 없는 것을 체험으로 깨닫게 하는 의식이었던 것이다. 애벗은 《플랫랜드》를 읽는 일이 이런 신비 의식을 체험하는 일 같기를 바랐을 것이다.

플랫랜드의 이야기에 빠져 들수록 우리는 2차원이라는 낯선 세계에 익숙해진다. 그리고 그럴수록 우리는 이전에 익숙했던 세계, 즉 3차원 세계를 다른 눈으로 보게 된다. 다코 수빈은 이런 현상을 "인지적인 거리두기"라고 부른다. 이는 애벗의 의도를 잘 설명하는 개념이라고 생각된다. 애벗은 이 세계가 전부라고 생각하는 존재들을 통해 우리의 세계를 다시 보고 새로운 의미를 발견할 것을 촉구하고 있는 것이다.

이 책은 미국수학협회와 케임브리지 출판사가 공동으로 기획한 것으로, 저명한 수학자인 윌리엄 린드그랜과 토머스 밴초프가 그 자체로 하나의 작품이라고 할 수 있을 만큼 방대한 양의 주석을 달았다. 두 명의 수학자는 19세기와 21세기를 잇는 다리를 건설하고, 그 위에 또 다른 건물을 세워《플랫랜드》를 더 입체적으로 보이게 만들었다. 배경 지식 없이 어떤 건물을 볼 때 그것은 그저 돌과 나무의 혼합물정도로 보이지만, 만약 그 건물이 모차르트가 살았던 집이라는 걸 알고 본다면 다르게 보일 것이다. 또한 그 집이 있는 도시 전체에 대한 관심 역시 커질 것이다. 마찬가지로 이 책에 더해진 자료들은 소설《플랫랜드》의 의미를 달리 보이게 만들 뿐만 아니라, 고대 그리스와 19세기 영국사회, 그리고 무엇보다도 기하학의 세계에까지 관심을 확장할 수 있는 교두보를 건설한다. 이를 통해 작가와 독자 사이에 존재하는 시간차는 더 이상 단점이 아니라, 흥미로운 주제들로 관심을 넓힐 수 있는 기회가 된다. 더 깊은 관심이 있는 독자는 이 책에서 소개하는《공간의 모양》이나《스피어랜드: 휘어진 공간들과 팽창하는 우주들에 관한 판타지》를 읽어도 좋을 것이다.

개인적으로 재미있었던 주석은 소리의 문제였다. 3차원 공간에서는 어딘가에서 대포를 쏘면 그 소리가 마치 퍼져나가는 둥근 구처럼 선명한 위치를 가지고 퍼져나간다. 우리가 일단 그 소리를 듣고 나면 이후 소리는 사라진다. 즉, 조용해지는 것이다. 그런데 2차원 세계에서는 다르다. 우유에 물 한 방울이 떨어지면 그 파동이 둥글게 한 줄로만 퍼지는 것이 아니라 계속 다른 파동들이 잇따르는 것처럼, 2차원 세계에서는 대포소리가 지나가고 난 후에도 계속 그 반향이 들린다고 한다. 그뿐 아니라, 성서나 고대 그리스 신화가 어떻게《플랫랜드》의 내용과 관련이 있는지에 대한 설명도 흥미로운 부분이다. 크로마티테스의 이름이 그리스도, 즉 예수에 대한 비유이며 팬토사이클러스의 이름이 예수를 십자가에 못 박은 폰티우스 피레이트와 비슷하다니, 놀랍지 않은가?

이 책이 백 년이 넘는 시간 동안 많은 사람들에게 좋은 평가를 받고 고전으로 남게 된 것은, 우리의 상상력을 자극하고 우리로 하여금 더 넓은 세상으로 나가라는 메시지를 설득력 있게 제시하기 때문이다. 이제 많은 주석의 도움을 받아 더 많은 사람들에게 그 메시지를 퍼뜨리게 될 수 있길 바란다.

주석 옮긴이 강국진

추천도서 목록

저자 관련 도서

Douglas-Smith, Aubrey E. 1965. *The City of London School*. 2nd ed. Oxford: Basil Blackwell.

Farnell, Lewis R. 2004. Abbott, Edwin Abbott (1838-1926), rev. Rosemary Jann, in *Oxford Dictionary of National Biography*, Oxford University Press.

고차원 기하학 관련 도서

Banchoff, Thomas F. 1990a. *Beyond the Third Dimension: Geometry, Computer Graphics, and Higher Dimensions*. New York: Scientific American Library.

Cajori, Florian. 1926. Origins of fourth dimension concepts. *Amer. Math. Monthly* 33 (October), 399-401.

Henderson, Linda Dalrymple. 1983. *The Fourth Dimension and Non-Euclidean Geometry in Modern Art*. Princeton: Princeton University Press.

Hinton, Charles H. and R. v. B. Rucker. 1980. *Speculations on the Fourth Dimension: Selected Writings of Charles H. Hinton*. New York: Dover Publications.

Kaku, Michio. 1994. *Hyperspace: A Scientific Odyssey through Parallel Universes, Time Warps, and the Tenth Dimension*. New York: Oxford University Press.

Manning, Henry P., ed. 1910. *The Fourth Dimension Simply Explained*. Reprint, New York: Dover, 2005.

Manning, Henry P. 1914. *Geometry of Four Dimensions*. New York: Macmillan.

Pickover, Clifford A. 1999. *Surfing through Hyperspace: Understanding Higher Universes in Six Easy Lessons*. New York: Oxford University Press.

Richards, Joan L. 1988. *Mathematical Visions: The Pursuit of Geometry in Victorian England*. Boston: Academic Press.

Rucker, Rudy v. B. 1977. *Geometry, Relativity, and the Fourth Dimension*. New York: Dover Publications.

Rucker, Rudy v. B. 1984. *The Fourth Dimension: Toward a Geometry of Higher Reality*. Boston: Houghton Mifflin Co.

Valente, K. G. 2008. Who will explain the explanation? The ambivalent reception of higher dimensional space in the British spiritualist press, 1875-1900. *Victorian Periodicals Review* 41, 124-149.

Weeks, Jeffrey R. 2002. *The Shape of Space*. 2nd ed. New York: Marcel Dekker.

《플랫랜드》 관련 도서

Banchoff, Thomas F. 1991. Introduction to *Flatland*. Princeton: Princeton University Press.

Benford, Gregory. 1995. Introduction to *Flatland*. Norwalk, CT: Easton Press.

Burger, Dionys. 1965. *Sphereland: A Fantasy about Curved Spaces and an Expanding Universe*, translated from the Dutch by Cornelie J. Rheinboldt. New York: T. Y. Crowell.

Dewdney, Alexander K. 1984a. Introduction to *Flatland*. New York: New American Library.

Dewdney, Alexander K. 1984b. *The Planiverse: Computer Contact with a Two-Dimensional World*. Reprint, New York: Copernicus Books, 2001.

Gardner, Martin. 1969. Flatlands in *The Unexpected Hanging and Other Mathematical Diversions*. New York: Simon & Schuster.

Gilbert, Elliot L. 1991. "Upward not northward": *Flatland* and the quest for the new. *English Literature in Transition* 34, 391-404.

Jann, Rosemary. 1985. Abbott's *Flatland*: Scientific imagination and 'natural Christianity.' *Victorian Studies* 28, 473-490.

Jann, Rosemary. 2006. *Introduction to* Flatland. New York: Oxford University Press.

Lightman, Alan. 1998. *Introduction to* Flatland. New York: Penguin Books.

Smith, Jonathan. 1994. *Fact and Feeling: Baconian Science and the Nineteenth-Century Literary Imagination*. Madison: University of Wisconsin Press.

Stewart, Ian. 2002. *The Annotated Flatland: A Romance in Many Dimensions*. Cambridge, MA: Perseus Publishing.

Suvin, Darko. 1983. *Victorian Science Fiction in the UK: The Discourses of Knowledge and Power*. Boston: G. K. Hall, 370-373.

플라톤의 동굴의 우화 관련 도서

Sinaiko, Herman L. 1965. *Love, Knowledge, and Discourse in Plato; Dialogue and Dialectic in Phaedrus, Republic, Parmenides*. Chicago: University of Chicago Press, 167-184.

고대 그리스 관련 도서

Hornblower, Simon and Antony Spawforth, eds. 1996. *Oxford Classical Dictionary.*
New York: Oxford University Press.
Turner, Frank M. 1981. *The Greek Heritage in Victorian Britain.* New Haven: Yale
University Press.

영국 빅토리아 시대 관련 도서

Mitchell, Sally, ed. 1988. *Victorian Britain: An Encyclopedia.* New York: Garland
Publishing.
Tucker, Herbert F., ed. 1999. *A Companion to Victorian Literature and Culture.*
Malden, MA: Blackwell.
Young, George M. 1936. *Victorian England; Portrait of an Age.* Reprint, London:
Phoenix Press, 2002.

참고문헌

Abbott, Edwin A. 1859. Review of Richard G. White's *The Works of William Shakespeare*. *The North American Review* 88, 244-253.

_____. 1868a. The church and the congregation in Walter L. Clay, ed., *Essays in Church Policy*. London: Macmillan and Co., 158-191.

_____. 1868b. The teaching of English. *Macmillan's Magazine* 18 (May), 33-39.

_____. 1870. *A Shakespearian Grammar. An Attempt to Illustrate Some of the Differences between Elizabethan and Modern English. For Use in the Schools.* 3rd ed. London: Macmillan and Co.

_____. 1871. On the teaching of the English language. *The Educational Times* 24 (February), 243-249 (March), 271-277.

_____. 1872. Abbott to Alfred Marshall, 25 May. Trinity Library. Sidgwick/Add. Ms. c. 104/41.

_____. 1874. Abbott to Macmillan and Co., 6 January. British Library, Macmillan correspondence, ADD 55114, f.19.

_____. 1875a. *Cambridge Sermons Preached before the University*. London: Mac- millan and Co.

_____. 1875b. Abbott to George Eliot, 18 April. Leeds University Library, BC MS 19c.

_____. 1877a. *Through Nature to Christ: or, the Ascent of Worship through Illusion to the Truth*. London: Macmillan and Co.

_____. 1877b. *Bacon and Essex: A Sketch of Bacon's Earlier Life*. London: Seeley, Jackson, and Halliday.

_____. 1877c. Abbott to Macmillan and Co., 23 January. British Library, Macmillan correspondence Add 55114 f.32-33.

_____. 1877d. The training of teachers. *The Spectator*, 24 February, 246-247.

_____. 1877e. Abbott to Macmillan and Co., 24 April. British Library, Macmillan correspondence, ADD 55114, f.36.

_____. 1878. *Philochristus: Memoirs of a Disciple of the Lord*. London: Macmillan and Co.

_____. 1882a. *Onesimus: Memoirs of a Disciple of St. Paul*. London: Macmillan and Co.

_____. 1882b. Abbott to Gladstone, 16 September. British Library, Add 56450 f.82.

_____. 1883. *Hints on Home Teaching*. London: Seeley, Jackson, and Halliday.

_____. 1886. *The Kernel and the Husk: Letters on Spiritual Christianity*. London: Macmillan and Co.

_____. 1888. Latin through English. *Journal of Education* 10 (1 August), 381-386.

_____. 1890. Abbott to Richard Garnett, 11 December. Harry Ransom Center, University of Texas at Austin.

_____. 1897. *The Spirit on the Waters: The Evolution of the Divine from the Human*. London: Macmillan and Co.

_____. 1906. Abbott to J. Llewelyn Davies, 7 May. *From a Victorian Post-Bag: Being Letters Addressed to the Rev. J. Llewelyn Davies*, edited by Charles L. Davies. London: P. Davies, 1926, 59-60.

_____. 1907a. *Apologia: An Explanation and Defence*. London: A. and C. Black.

_____. 1907b. Revelation by visions and voices. *Essays for the Times*, No. 15, London: Francis Griffiths.

_____. 1916. *The Fourfold Gospel. Section IV, The Law of the New Kingdom*. Cambridge University Press.

_____. 1917. *The Fourfold Gospel. Section V, The Founding of the New Kingdom, or, Life Reached through Death*. Cambridge University Press.

Abbott, Edwin A. and Arthur J. Butler. 1884. The metaphysics of Flatland. *The Athenaeum* No. 2980 (6 December), 733.

Abbott, Edwin A. and John R. Seeley. 1871. *English Lessons for English People*. Reprint, Boston: Roberts Brothers, 1872.

Alderson, J. P. 1905. *Mr. Asquith*. London: Methuen and Co.

Aldis, Amy L. 1940. A brief biography of William Steadman Aldis. Typescript in the Aldis Papers, University of Auckland Library.

Aristotle. 1984. *The Complete Works of Aristotle: The Revised Oxford Translation*. Edited by Jonathan Barnes. Princeton: Princeton University Press.

On the Heavens translated by J. L. Stocks.

Politics translated by Benjamin Jowett.

Posterior Analytics translated by Jonathan Barnes.

Asquith, Herbert H. 1928. *Memories and Reflections, 1852-1927*, vol. 1. Boston: Little, Brown, and Company.

Association for the Improvement of Geometrical Teaching. 1872. Second annual report.

Bacon, Francis. 1860. *The Works of Francis Bacon*, Vol. XIII. Edited and translated by J. Spedding, R. L. Ellis, and D. D. Heath. Boston: Brown and Taggard.

_____. 1965. *The Advancement of Learning*. Edited by G. W. Kitchin. London: Dent.

Bagehot, Walter. 1872. *Physics and Politics, or, Thoughts on the Application of the Principles of "Natural Selection" and "Inheritance" to Political Science*. Reprint, New York: D. Appleton, 1906.

Banchoff, Thomas F. 1990b. From *Flatland* to hypergraphics. *Interdisciplinary Science Reviews* 15, 364-372.

Barnett, Henrietta. 1919. *Canon Barnett, His Life, Work, and Friends*, Vol. II. Boston: Houghton Mifflin Co.

Booth, William. 1890. *In Darkest England, and the Way Out*. New York: Funk and Wagnalls.

Borg, James M. 2004. Abbott, Edwin (1808-1882) in *Oxford Dictionary of National Biography*. Oxford University Press.

Boyer, Carl B. 1949. *The History of the Calculus and its Conceptual Development*. New York: Dover Publications.

Brock, W. H. 1975. Geometry and the universities: Euclid and his modern rivals 1860-1901. *History of Education* 4, 21-25.

Burchell, D. 1971. *Miss Buss' Second School*. London: Frances Mary Buss Foundation.

Burkert, Walter. 1987. *Ancient Mystery Cults*. Cambridge, MA: Harvard University Press.

Burstyn, J. N. 1980. *Victorian Education and the Ideal of Womanhood*. London: Croom Helm.

Butler, Arthur J. 1884. Review of *Flatland*. *The Athenaeum* No. 2977 (November 15), 622.

Byrne, Oliver. 1847. *The First Six Books of the Elements of Euclid in which Coloured Diagrams and Symbols are Used Instead of Letters for the Greater Ease of Learners*. London: William Pickering.

Cambridge University Calendar for the Year 1861. 1861. Cambridge: Deighton, Bell, and Co.

Camden Medal. 1860. *The Ecclesiastical Gazette* (12 June), 306.

Campbell, Lewis. 1898. *Religion in Greek literature; a Sketch in Outline*. London: Longmans, Green, and Co.

Carroll, Lewis. 1874. *Dynamics of a Parti-cle*. Oxford: James Parker and Co.

_____. 1879. *Euclid and his Modern Rivals*. London: Macmillan and Co.

City of London School. 1882. *The Nation* 35, 352.

Conway, Robert S. 1926. Dr Abbott as teacher, *The Manchester Guardian* (15 October), 20.

Cussans, John E. 1893. *Handbook of Heraldry*. London: Chatto and Windus.

Davidoff, Leonore. 1973. *The Best Circles; Society, Etiquette and the Season*. London: Croom Helm.

Denison, David. 1993. *English Historical Syntax: Verbal Constructions*. London: Longman.

Dewdney, Alexander K. 2002. Review of *The Annotated Flatland*. *Notices of the American Mathematical Society* 49 (November), 1262.

Disraeli, Benjamin. 1845. *Sybil; or The Two Nations*. Reprint, Oxford University Press, 1926.

Douglas, Roy. 1999. *Taxation in Britain since 1660*. New York: St. Martin's Press.

Duff, Michael J. 2001. The world in eleven dimensions: a tribute to Oskar Klein. Oskar Klein Professorship Inaugural Lecture, University of Michigan, 16 March.

Eddington, Arthur S. 1921. *Space, Time, and Gravitation: An Outline of the General Relativity Theory*. Cambridge University Press.

Elton, Oliver. 1929. *C.E. Montague, a Memoir*. London, Chatto & Windus.

Einstein, Albert. 1921. *Relativity: The Special and General Theory*. Translated by R. W. Lawson. New York: Henry Holt and Co.

Farnell, Lewis R. 1926. Dr. Abbott: A former student's tribute. *The Times*, 18 October, 10.

Fawcett, Millicent G. 1870. The electoral disabilities of women. *The Fortnightly Review* 13 (May), 622-632.

Fechner, Gustav T. [Dr. Mises, pseud.] 1875. *Kleine Schriften*. Leipzig: Breitkopf and Härtel.

Field, Judith V. 1997. *The Invention of Infinity: Mathematics and Art in the Renaissance*. Oxford University Press.

Fitch, J. G. 1876. The universities and the training of teachers. *The Contemporary Review* 29, 95-116.

Fowler, Henry W. and Francis G. Fowler. 1906. *The King's English*. Oxford: Clarendon Press, 198-200.

Fowler, Henry W. and Ernest Gowers. 1965. *A Dictionary of Modern English Usage*. New York: Oxford University Press.

Gagarin, Michael and David Cohen, eds. 2005. *The Cambridge Companion to*

Ancient Greek Law. Cambridge University Press.

Galton, Francis. 1869. *Hereditary Genius: An Inquiry into Its Laws and Consequences*. London: Macmillan and Co.

_____. 1875. The history of twins, as a criterion of the relative powers of nature and nurture. *Fraser's Magazine* 92, 566-576.

_____. 1905. Studies in eugenics. *Amer. J. Sociology* 11 (July), 11-25.

Garnett, William. 1932. Letter to the editor of *The Times*, 15 September, 13.

Gibson, Gabriella and Ian Russell. 2006. Flying in tune: sexual recognition in mosquitoes. *Current Biology* 16 (11 July), 1311-1316.

Girton College Register, 1869-1946. 1948. Cambridge: private printing.

Granville, William A. 1922. *The Fourth Dimension and the Bible*. Boston: R. G. Badger.

Gladstone, W. E. 1882. Gladstone to Abbott, 17 September. *The Gladstone Diaries*, Vol. 10. Edited by H. C. G. Mathew. Oxford University Press, 1994, 336.

Goodman, Joyce F. 2005. Girls' Public Day School Company. *Oxford Dictionary of National Biography*, online edition, Oxford University Press.

Grattan-Guinness, Ivor. 1997. *The Norton History of the Mathematical Sciences*. New York: W. W. Norton and Co.

The Gresham professors. 1848. *The Mechanics Magazine, Museum, Register, Journal, and Gazette* 49, 114-118.

Gurney, Henry P. 1890. In memoriam, *The City of London School Magazine* 19 (March), 3-9.

Hamilton, Edith, trans. 1937. *Three Greek Plays: Prometheus Bound, Agamemnon, The Trojan Women*. New York: W. W. Norton and Company.

Helmholtz, Hermann von. 1876. The origin and meaning of geometrical axioms. *Mind* 1, 301-321.

Hinde, Thomas. 1995. *Carpenter's Children: The Story of the City of London School*. London: James and James.

Hinton, Charles. H. 1880. What is the fourth dimension? *The University Magazine* [Dublin] 96, 15-34. Reprinted in *The Cheltenham Ladies College Magazine* 8 (1883), 31-52.

_____. 1886. *Scientific Romances: First Series*. London: Swan Sonnenschein.

_____. 1888. *A New Era of Thought*. (Part II was corrected and supplemented by A. B. Stott and H. J. Falk.) London: Swan Sonnenschein and Co.

_____. 1907. *An Episode in Flatland; or How a Plane Folk Discovered the Third Dimension; to which is Added an Outline of the History of Unaea*. London:

Swan Sonnenschein.

Hirsch, P. and M. McBeth. 2004. *Teacher Training at Cambridge: The Initiatives of Oscar Browning and Elizabeth Hughes*. London: Woburn Press.

Honey John R. de S. 1977. *Tom Brown's Universe: The Development of the Victorian Public School*. London: Millington.

Hopkins, Jasper. 1985. *Nicholas of Cusa on Learned Ignorance*: A Translation and an Appraisal of *De Docta Ignorantia*. 2nd ed. Minneapolis: A. J. Benning.

Houstoun, Robert A. 1930. *A Treatise on Light*. New York: Longmans, Green, and Co.

Ifrah, Georges. 2000. *The Universal History of Numbers: From Prehistory to the Invention of the Computer*. Translated by David Bellos, E. F. Harding, Sophie Wood, and Ian Monk. New York: J. Wiley.

James, Henry. 1905. *English Hours*. Boston: Houghton, Mifflin, and Co.

Jammer, Max. 1969. *Concepts of Space; the History of Theories of Space in Physics*. 2nd ed. Cambridge, MA: Harvard University Press.

Janich, Peter. 1992. *Euclid's Heritage: Is Space Three-Dimensional?* Dordrecht: Kluwer Academic Publishers.

Jones, Henry F. 1968. *Samuel Butler: Author of Erewhon (1835-1902), A Memoir*. New York: Octagon Books.

Jowett, Benjamin. 1879. Letter to Abbott, 2 June. *Letters of Benjamin Jowett, M.A.*, Vol. 3, edited by Evelyn Abbott and Lewis Campbell. New York: E. P. Dutton, 1899, 206.

Kearney, Richard. 1988. *The Wake of Imagination: Toward a Postmodern Culture*. Minneapolis: University of Minnesota Press.

Kincses, Ja´ nos. 2003. The determination of a convex set from its angle function. *Discrete Computational Geometry* 30 (2), 287-297.

Klein, Jacob. 1989. *A Commentary on Plato's Meno*. Chicago: University of Chicago Press.

Knight, Samuel K. 1916. Review of *The Fourfold Gospel*. *Section IV*. *The Times Literary Supplement* (13 April), 173.

Lake, Paul. 2001. The shape of poetry in Kurt Brown, ed. *The Measured Word*: *On Poetry and Science*. Athens: University of Georgia Press.

Lamarck, Jean-Baptiste. 1984. *Zoological Philosophy: An Exposition with Regard to the Natural History of Animals*. Translated by Hugh Elliot. University of Chicago Press.

Levi, Leone. 1885. *Wages and Earnings of the Working Classes*. London: J. Murray.

Lilley, I. M. 1981. *Maria Grey College, 1878-1976*. Twickenham: West London Institute of Higher Education.

Lindberg, David C. 1976. *Theories of Vision from Al-Kindi to Kepler*. Chicago: University of Chicago Press.

Lindgren, William F. and Joan L. Richards. 2009. Edwin Abbott and the mathematics of *Flatland*. *Notices of the American Mathematical Society* 56 (January), 185.

Lloyd, Genevieve. 1984. *The Man of Reason: "Male" and "Female" in Western Philos- ophy*. Minneapolis: University of Minnesota Press.

Lovejoy, Arthur O. 1960. *The Great Chain of Being: A Study of the History of an Idea*. New York: Harper and Row.

MacKinnon, Flora. I., ed. 1925. *Philosophical Writings of Henry More*. Oxford University Press.

Magnus, L. 1923. *The Jubilee Book of the Girls' Public Day School Trust*. Cambridge University Press.

Manners and Tone of Good Society by a Member of the Aristocracy. Or, Solecisms to Be Avoided. 1879. London: F. Warne and Co.

Mathews, Nieves. 1996. *Francis Bacon: The History of a Character Assassination*. New Haven: Yale University Press.

McMullin, Ernan. 2003. Van Fraassen's unappreciated realism. *Philosophy of Science* 70 (July), 455-478.

Menger, Karl. 1943. What is dimension? *Amer. Math. Monthly* 50 (January), 2-7.

Michael, Ian. 1987. *The Teaching of English: From the Sixteenth Century to 1870*. Cambridge University Press.

Miscellaneous. 1876. *Transactions of the National Association for the Promotion of Social Science*. London: Longmans, Green and Co.

Monroe, H. E. 1889. Visiting English schools. *Education* 10 (December), 227-229.

Morley, Tom. 1985. A simple proof that the world is three-dimensional. *SIAM Review* 27 (March), 69-71.

Nabokov, Vladimir V. 1980. *Lectures on Literature*. New York: Harcourt Brace Jovanovich.

Netz, Reviel. 1999. *The Shaping of Deduction in Greek Mathematics: A Study in Cognitive History*. Cambridge University Press.

A new philosophy. 1877. *City of London School Magazine* 1 (December), 277-283.

Obituary of E. A. Abbott. 1926a. *The Times*, 13 October, 19.

Obituary of E. A. Abbott. 1926b. *Manchester Guardian*, 14 October, 13.

Obituary of Edwin Abbott. 1952. *Jesus College Cambridge Society, Forty-Eighth Annual Report.* Cambridge University Press, 16-17.

Oresme, Nicole and Marshall Clagett, ed. 1968. *Nicole Oresme and the Medieval Geometry of Qualities and Motions; a Treatise on the Uniformity and Difformity of Intensities known as Tractatus de configurationibus qualitatum et motuum.* Madison: University of Wisconsin Press.

Ouspensky, P. D. 1997. *A New Model of the Universe.* Mineola, NY: Dover Publications.

Paley, William. 1802. *Natural Theology: Or, Evidences of the Existence and Attributes of the Deity.* Reprinted ed. by M. D. Eddy and D. Knight. Oxford University Press, 2006.

Parker, Robert B. 1983. *Miasma: Pollution and Purification in Early Greek Religion.* Oxford: Clarendon Press.

Parry, Edwin A. 1932. *My Own Way: An Autobiography.* London: Cassell and Co.

Philip, J. A. 1966. The "Pythagorean theory" of the derivation of magnitudes. *Phoenix* 20 (1), 32-50.

Plato. 1963. *The Republic.* 2 vols. Translated by Paul Shorey. Cambridge, MA: Harvard University Press.

_____. 1999. *Symposium* in *Great Dialogues of Plato.* Translated by W. H. D. Rouse, E. H. Warmington, and P. G. Rouse. New York: Signet Classic.

_____. 2000. *Timaeus.* Translated by Donald J. Zeyl. Indianapolis, IN: Hackett Publishing Company.

Plescia, Joseph. 1970. *The Oath and Perjury in Ancient Greece.* Tallahassee: Florida State University Press.

Pomeroy, Sarah B. 1994. *Xenophon, Oeconomicus: A Social and Historical Commentary.* Oxford: Clarendon Press.

Proctor, Richard A. 1884. Dream-space. *The Gentleman's Magazine* 256 (January), 35-46.

_____. 1887. Gossip. *Knowledge,* (1 March), 116.

Reichenbach, Hans. 1958. *The Philosophy of Space and Time.* Translated by Maria Reichenbach and John Freund. New York: Dover Publications.

Report from the Schools Inquiry Commission. 1868a. *Parliamentary Papers,* 1867-1868, Vol. 28 (Reports of the commissioners, Vol. 4).

Report from the Schools Inquiry Commission. 1868b. *Parliamentary Papers,* 1867-1868, Vol. 28 (General reports by assistant commissioners, Vol. 7).

Report from the Select Committee on Scientific Instruction. 1868. *Parliamentary*

Papers, 1867-1868, Vol. 15 (Reports from committees, Vol. 10).

Review of *Shakespearian Grammar*. 1870. *The Spectator* 43, 1551.

Richards, Joan L. 1984. Edwin Abbott Abbott's *Flatland* and the British mathematical community. Paper delivered at Centenary Conference on *Flatland*. Brown University, 13 October.

Richards, Robert J. 1987. *Darwin and the Emergence of Evolutionary Theories of Mind and Behavior*. Chicago: University of Chicago Press.

Ridley, A. E. 1895. *Frances Mary Buss and Her Work for Education*. London: Longmans, Green and Co.

Ridley, Matt. 2003. *Nature Via Nurture: Genes, Experience, and What Makes Us Human*. New York: HarperCollins.

Roberts, Samuel. 1882. Remarks on mathematical terminology, and the philosophic bearing of recent mathematical speculations concerning the realities of space. *Proceedings of the London Mathematical Society* 14 (November), 12.

Rodwell, George F. 1873. On space of four dimensions. *Nature* 8 (1 May), 8-9.

Romanes, George J. 1887. Mental Differences between Men and Women. *Nineteenth Century* 21 (May), 654-672.

Roth, Leonard. 1971. Old Cambridge days. *Amer. Math. Monthly* 78, 223-236.

Rothblatt, Sheldon. 1968. *The Revolution of the Dons, Cambridge, and Society in Victorian England*. New York: Basic Books.

Sanday, William. 1906. Review of Johannine Vocabulary and Johannine Grammar, *The Times Literary Supplement* (4 May), 154-155.

_____. 1908. A modern Origen. *The Times Literary Supplement* (9 April), 114-115.

_____. 1917. A great work completed. *Times Literary Supplement* (27 September), 460.

Schlatter, Mark D. 2006. How to view a Flatland painting. *The College Mathematics Journal* 37 (March), 114-120.

Scrimgeour, R. M., ed. 1950. *The North London Collegiate School, 1850-1950: Essays in Honour of the Centenary of the Frances Mary Buss Foundation*. Oxford University Press.

Schwab, Ivan R. 2004. Flatlanders. *British J. Ophthalmology* 88 (August), 988.

Simpson, J. G. 1926. Funeral address. *The City of London School Magazine* 49, 119-121.

Smith, William, ed. 1878. *A Dictionary of Greek and Roman Antiquities*. London: John Murray.

Solomon, Alan D. 1992. Pick a number: What Edwin Abbott did not know about

Flatland. *Oak Ridge National Laboratory Review* 25 (2).

Spencer, Herbert. 1851. *Social Statics: Or, the Conditions Essential to Human Happiness Specified, and the First of Them Developed.* Reprint, New York: D. Appleton and Co, 1865.

_____. 1873. *The Study of Sociology.* Reprint, New York: D. Appleton and Co, 1874.

Steggall, J. E. A. 1926. In memoriam. *The City of London School Magazine* 49, 121-124.

Stillwell, John. 2001. The story of the 120-cell. *Notices of Amer. Math. Soc.* 48 (January), 17-24.

The Student's Guide to the University of Cambridge. 1866. 2nd ed. Cambridge: Deighton, Bell.

Suvin, Darko. 1979. *Metamorphoses of Science Fiction: On the Poetics and History of a Literary Genre.* New Haven: Yale University Press.

Sylvester, James J. 1869. A plea for the mathematician. *Nature* 1 (30 December), 237-239.

_____. 1884. Sylvester to Arthur Cayley, 2 November 1884. Reproduced in Karen H. Parshall, *J. J. Sylvester: Life and Work in Letters,* (1998), 253-255.

Tucker, Robert. 1884. Review of *Flatland. Nature* 31 (27 November), 76-77.

Tullberg, Rita McWilliams. 1998. *Women at Cambridge.* Cambridge University Press.

Turner, Frank M. 1974. *Between Science and Religion: The Reaction to Scientific Naturalism in Late Victorian England.* New Haven: Yale University Press.

Universities Commission Report. 1874. *Nature* 10 (15 October; 22 October), 475-476; 495-496.

Valente, K. G. 2004. Transgression and transcendence: *Flatland* as a response to 'A new philosophy.' *Nineteenth-Century Contexts* 26, 61-77.

Verne, Jules, Walter J. Miller, and Frederick P. Walter. 1993. *Jules Verne's Twenty Thousand Leagues under the Sea: The Definitive Unabridged Edition Based on the Original French Texts.* Annapolis, MD: Naval Institute Press.

Walsby, Anthony E. 1980. A square bacterium. *Nature* 283 (January), 69-71.

Waltershausen, Wolfgang S. v. 1856. *Gauss zum Gedächtnis (In Memory of Gauss).* Leipzig: S. Hirzel.

Ward, Mary Arnold. 1889. An appeal against female suffrage. *The Nineteenth Century* 25 (June), 781-788.

Warwick, Andrew. 2003. *Masters of Theory: Cambridge and the Rise of Mathematical*

Physics. Chicago: University of Chicago Press.

Webb, Beatrice P. 1926. *My Apprenticeship*. New York: Longmans, Green and Co.

Wells, H. G. 1937. Wells to J. B. Priestley, 27 February. Harry Ransom Center, University of Texas at Austin.

_____. 1952. The Plattner story in *28 Science Fiction Stories of H. G. Wells*. New York: Dover Publications, 441-461.

White, William H. 1915. *Last Pages from a Journal*. Edited by D. V. White. Oxford University Press.

Williams, David. 1850. *Composition, Literary and Rhetorical, Simplified*. London: W and T. Piper.

Woolf, Virginia. 1967. *Collected Essays*, Vol. 2. New York: Harcourt, Brace and World.

소설 옮긴이 서민아

대학에서 영문학과 경영학을 전공하고, 대학원에서 비교문학을 공부했다. 옮긴 책으로《비트겐슈타인 가문》,《고릴라 이스마엘》,《치와 오두막에서》,《도리언 그레이의 초상》,《프랑켄슈타인》,《오만과 편견》,《이성과 감성》,《책 사냥꾼》,《아르테미스 파울》,《키라의 경계성 인격장애 다이어리》 등이 있다.

주석 옮긴이 강국진

물리학 박사로 포항공과대학교에서 학위를 받았다. 뇌와 인공신경망의 이론적 연구에 관심이 많다. 일본 이화학 연구소 뇌과학센터, 뉴욕 대학교, 히브리 대학교 등에서 연구를 했다.

주 석 달 린
플랫랜드

초판 1쇄 발행 | 2017년 4월 30일
초판 3쇄 발행 | 2021년 5월 31일

지은이 | 에드윈 A. 애벗
옮긴이 | 서민아, 강국진
펴낸이 | 이은성
편 집 | 문화주
디자인 | 백지선
펴낸곳 | 필로소픽
주 소 | 서울시 동작구 상도동 206 가동 1층
전 화 | (02) 883-9774
팩 스 | (02) 883-3496
이메일 | philosophik@hanmail.net
등록번호 | 제 379-2006-000010호

ISBN 979-11-5783-079-4 03410
필로소픽은 푸른커뮤니케이션의 출판 브랜드입니다.

이 도서의 국립중앙도서관 출판시도서목록(CIP)은 서지정보유통지원시스템 홈페이지(seoji.nl.go.kr)와 국가자료공동목록시스템(www.nl.go.kr/kolisnet)에서 이용하실 수 있습니다. (CIP제어번호: 2017009211)